XINL
LILUN YU YINGYONG

心理解梦疗法
理|论|与|应|用

石阳升 陆馨云 著

团结出版社

© 团结出版社，2024 年

图书在版编目（ＣＩＰ）数据

心理解梦疗法理论与应用 / 石阳升 , 陆馨云著 .
北京 : 团结出版社 , 2025. 1. —ISBN 978-7-5234
-1533-7

Ⅰ . B845.1
中国国家版本馆 CIP 数据核字第 2024WX4531 号

责任编辑：陈心怡
封面设计：陈丽维

出　　版：团结出版社
　　　　　（北京市东城区东皇城根南街 84 号　邮编：100006）
电　　话：（010）65228880　65244790
网　　址：http://www.tjpress.com
E-mail：zb65244790@vip.163.com
经　　销：全国新华书店
印　　装：廊坊市海涛印刷有限公司

开　　本：170mm×240mm　　　16 开
印　　张：24.75　　　　　　　　字　　数：360 千字
版　　次：2025 年 1 月　第 1 版　　印　　次：2025 年 1 月　第 1 次印刷

书　　号：978-7-5234 -1533-7
定　　价：98.00 元
　　　　　（版权所属，盗版必究）

前　言

　　梦境作为人类重要的心理内容，在历史上有着重要的地位，各个文明都关注到了梦境，对梦境的解读和分析产生了各种各样的思想和理论。我们最熟悉的就是周公解梦，而中医也有对梦境的解读。作为重要的心理内容，近代的心理学也关注到了梦境，同时基于对梦境的解读产生了各种各样的理论，包括精神分析和分析心理学的理论内容。

　　荣格在20世纪早期创立了分析心理学的理论体系，距今已经过去了一个世纪左右。对于上个时代的心理学来说，基于梦境的分析和研究是心理学的重要组成部分，但是随着后续心理学的发展，越来越多的心理学思想基于现实的意识素材展开。因为这种倾向性，导致心理学的研究内容更多偏向了社会层面的分析内容，而离内在心理的内容越来越远。可以说，这个趋势延续到当下，心理学关心的是对于问题的解决，而对于内在深层的心理结构则并没有太多的发展。

　　在我们对心理学的分析过程中，我们的团队无意间发现了荣格分析心理学的理论思想背后的深层素材，也就是我们所说的梦境。显然，荣格的思想是晦涩难懂的，其本质在于其研究的对象并非我们常见的现实内容，而是通过对梦境的深入分析而产生的各种理论内容。因此，通过对梦境的分析，我们发现我们走上了荣格过去曾经踏足过的道路，我们惊奇地发现，荣格所提出的各种内容，在我们的梦境中都有对应的内容。基于此，我们重新走过了荣格所走的道路，同时见证了荣格的理论的准确性和科学性，即使到了100多年后的当下，依然有效。

　　顺着荣格的分析心理学理论基础，我们重新对荣格的理论内容进行了梳理，并发展了可操作的解梦方法，构建起了一套可操作的解梦体系，同时，

我们基于中国文字体系，总结了中国文字所具有的象征意义，给出了一整套的解梦方法论。我们还发展了分析心理学的咨询方法，沿着潜意识的咨询方法，构建了一套处理潜意识问题的心理解梦咨询技术。

读者如果对于本书有任何问题和建议，欢迎与作者进行沟通交流。

Contents

目　录

第一章 心理解梦疗法概述

一、心理解梦疗法的概念

心理解梦疗法是基于分析心理学的理论基础开创的，是以心理解梦技术、解梦咨询技术为核心的一种全新心理咨询疗法。

分析心理学是瑞士心理学家卡尔·荣格开创的一套心理学理论，这套理论以个人潜意识和集体潜意识为基础，以解梦作为该理论的重要手段。本疗法不仅从理论层面上对分析心理学进行了完善，还在操作层面上开创了全新的解梦技术和心理咨询技术。

在理论层面上，本疗法在心理结构和人格发展两方面内容的基础上对荣格的分析心理学进行了发展。

在心理结构方面，我们发展了潜意识心理结构。我们将原有的集体潜意识和个人潜意识进一步细分和归类，提出了细化后的心理结构内容。其中集体潜意识分为整合机能和分裂机能两大部分，整合机能是推动和引导个体人格发展的内在心理机能，包括自性机能、思想机能、能量机能和意志机能四个部分；而分裂机能则是产生内在心理垃圾的内在心理功能，包括情绪机能、头脑机能、欲望机能和执念机能四个部分。整合机能是集体潜意识的核心和推动力；而分裂机能产生的是内在毒素，会影响阻碍着个体的成长和完善。个人潜意识是基于集体潜意识产生的内在特定个体化的心理产物，分为整合机能产物和分裂机能产物。

个体运用集体潜意识的整合机能所产生的个体内在经验就是个体化的

整合机能产物；与此相对，当个体运用集体潜意识中的分裂机能所产生的内在经验，就是个体化的分裂机能产物。简单来说，整合机能是每个人所具有的内在成长和提升的能力，个人运用整合机能获得的内在经验和开创产出就是整合机能产物，例如各种思想理论、科学发明和艺术创作等。而分裂机能产物则是个体被内在分裂机能产物所影响后，个体所产生的内在心理垃圾，垃圾较少的时候，个体仅出现暂时的心理问题，例如个体因为和朋友吵架而产生的情绪状态；因持久的心理创伤或过度累积所引发的心理问题，比如汶川地震的幸存者因目睹家人离去，导致个体严重的急性应激障碍（PTSD），地震后五年依然经常从噩梦中惊醒，不敢看电视，害怕听到任何有关灾难信息而产生的状态。这些都是个体化的分裂机能产物。

心理结构是心理中切面的静态结构，而与此相对，动态心理变化则是人格发展。在心理解梦疗法看来，我们基于心理结构提出了动态人格发展的具体内涵，人格发展就是个体控制分裂机能、去除分裂机能产物，同时发挥整合机能、开创整合机能产物的过程。

在操作层面，我们开创了可实操的解梦技术、解梦咨询技术。在解梦技术方面，我们发展了解梦基础和可操作的解梦方法。对于解梦基础，我们基于中国文字系统，建立了系统的象征意义解读体系，我们用这套体系可以实现真正可操作的解梦；对于解梦方法，我们构建了一整套的解梦实操流程，基于这套解梦流程，解梦有了实际可操作的标准。解梦咨询技术方面，我们基于荣格的词语测试法，开发了一整套解梦咨询技术，可以帮助咨询者发现和去除潜意识中存在各种分裂机能及其产物的影响。

心理解梦疗法的核心手段是心理解梦和心理解梦咨询，其中心理解梦是通过解梦技术，分析和发现咨询者的潜意识问题；而心理解梦咨询则是基于解梦获得的结果，运用解梦咨询技术，帮助咨询者解决心理和现实问题，最终走上人格发展的道路。换句话说，心理解梦侧重发现问题，而心理解梦咨询则侧重解决具体问题，两者类似医学中的诊断和开药的过程，从而系统化地解决咨询者的问题。

区别于其他的心理咨询方式，心理解梦疗法继承了分析心理学的特点，并通过具体化的方式帮助咨询者解决内在的因分裂机能和分裂机能产物所产生的心理问题，同时，也引导咨询者发挥内在整合机能的力量，通过内在成长开创整合机能产物，促进咨询者的人格发展和提升，最终达到个体自性化的结果。也只有这样，我们才能在找寻和发挥自身价值的同时，获得并持续保持身心健康。

二、心理解梦疗法的组成

（一）理论基础

心理解梦疗法的理论基础包括心理结构和人格发展两个部分。

1.心理结构

心理结构是分析心理学的重要组成部分，荣格虽然将潜意识划分为个人潜意识和集体潜意识两个部分，但未将这两个部分的心理结构进行系统化的划分。我们基于荣格的理论基础，将这两个部分的心理结构进行了系统化的划分。

集体潜意识作为人类所共有的心理机能，它们是所有个体心理的基础，这些是每个人共有的内在结构；而个人潜意识则是个体基于集体潜意识的各种内在机能所产生的具体内在经验或产出。举例来说，每个人都有着内在产生情绪的心理机能，例如愤怒情绪，这是人类所共有的部分，属于集体潜意识；而对于每个具体的人来说，愤怒的经验是因人而异的，不同的人因不同的事情或内容愤怒生气，这种内在愤怒情绪就属于个体化的体验，它们就是个人潜意识的组成部分。

集体潜意识包括整合机能和分裂机能，个人潜意识则分为整合机能产物和分裂机能产物。

整合机能是个体的先天基因中存在的内在天赋和力量，当个体来到这个世界，能够感受自身，运用自身能力和力量并发挥创造力的时候，个体就是在运用内在集体潜意识中的整合机能。伟大的科学家、艺术家、发明家都是利用和发挥了整合机能的个体。集体潜意识的另一个部分是分裂机能，其是导致内在心理分裂的心理机能，当个体运用这些机能的时候，内在心理会产生各种的心理垃圾，引发内在分裂。对于那些让分裂机能起作用的人，他们通常有着各种心理问题或犯罪分子等。

与此相对地，个人潜意识包括整合机能产物和分裂机能产物两个部分。个人潜意识是个体特性化的部分，虽然每个人都有整合机能，但是不同的人展现出自身独特的整合机能产物，就好像爱因斯坦通过对物理世界的研究，发现了相对论，这就是属于他的整合机能产物；而荣格则是通过对心理学的研究，发现了集体潜意识和个人潜意识的理论，这个理论就是荣格特化的整合机能产物。其他的各种理论发明者都是特化的整合机能产物。与此相对地，对于那些运用分裂机能而产出分裂机能产物的人来说，也是因人而异的，很多人可能是展现偏向内在心理状态，就会展现出我们熟知的抑郁症、人格障碍或精神分裂症等心理问题；而另一些人则可能是展现破坏性的心理状态，走上犯罪道路，例如白银市的连环杀人案中的犯罪分子高某，就是连续杀害了 11 人，时隔多年后，最终被抓获。

2. 人格发展

人格发展是动态结构之间的发展，这是分析心理学所重点关注的内容。大多数心理学理论重点放在个体所展现出的表层心理问题，而分析心理学则更关注个体深层的心理状态，通过引导和推动个体走上人格发展的道路来彻底解决个体心理问题。这就好像中国传统思想中的"治标"和"治本"之间的区别，对于分析心理学来说，更多属于标本兼治。

基于这种思想，荣格提出了人格发展的三个阶段，分别是整合阶段、超越阶段和自性化阶段，分析心理学将心理问题作为人格发展的契机和出发点，基于对表层的心理问题的解决，帮助咨询者走上人格发展的整合阶段，进而引导个体意识到人格发展的重要性，并通过对个体潜意识的深入探索和分析，发现其内在的追求和使命，推动个体走上人格发展的超越阶段和自性化阶段。

心理解梦疗法继承了分析心理学的人格发展观，同时拓展了人格发展的内涵。在心理解梦疗法看来，人格发展的内涵是指个体去除分裂机能产物、控制分裂机能，同时发挥整合机能、开创整合机能产物的内在过程。人格发展的三个阶段，都是在实现人格发展内涵的过程。

理论基础是后续疗法的基础和根基，解梦技术或解梦咨询技术，都是基于心理结构和人格发展的理论为基础的，想要灵活地掌握相关技术，就要对理论基础有充分的认知和理解。

（二）心理解梦技术

心理解梦疗法的心理解梦技术是基于分析心理学的理论基础和心理解梦疗法的系统象征意义，所研发的一整套可操作的解梦技术体系。这套技术体系的目标是精准解读梦境，确定梦境对应的现实事件，将梦境和现实结合起来，从而发现咨询者潜意识存在的问题、整合机能给出的内在引导，从而基于梦境的解读，给出改变的方式或引导咨询者成长，最终引导咨询者走上人格发展的道路。

1. 象征意义

象征是一种重要的心理活动，梦境本质上是基于象征呈现出来的，因此，对于心理解梦疗法来说，我们更为关注象征。象征意味着用 A 形象代表 B 含义，这是象征最基本的内容，所以当我们理解象征意义的时候，就是在尝试理解 A 形象背后所隐藏的 B 的含义。象征意义有两部分主要内容，分别是心理结构的象征意义和文字象征意义。

心理结构的象征意义是指所有的心理结构在梦境中都有特定的象征意义，心理结构的象征性是解梦的核心和基础。比如我们梦到某个人，这个人就象征着某种心理结构的内容。一般来说，整合机能中的自性机能、思想机能、能量机能和意志机能，以及分裂机能中的情绪机能、头脑机能、欲望机能和执念机能都会以特定的象征形式展现出来。例如我们梦到老公或老婆，代表在用老公或老婆的形象象征我们内在的自性机能，这意味着我们解梦的时候，要将梦境中出现的人物形象，转化成特定的心理结构内容，从而发现梦境代表的真实含义。文字象征意义是与心理结构相关的另一类象征意义。有些特定的人物出现在梦境中，并不代表特定的心理结构，更多的是代表某种心理活动或状态，例如我们不仅会梦到人物，还会梦到特定的动物或场景，例如猫、狗或云朵，其实这些动物和人物姓名背后，都隐藏着象征含义。我们大规模解读梦境，并通过研究文字发现了这些核心文字背后的象征含义，本书在附录中给出了中文常见的单字象征意义，基于这些单字的象征意义，以及其组合产生的象征词语，我们就可以更加准确和标准化的方式解读梦境。

结合心理结构的象征性和文字象征意义，我们可以对梦境有更准确的解读和分析，让解梦从一种看不见摸不到的方式，成为真正可操作的过程，并且大大简化了解梦的流程，可以让更多人对自己或咨询者的梦境进行解读，发现梦境背后隐藏的真实含义。

2. 解梦技术

心理解梦疗法的解梦技术由四个部分组成，分别是梦境整理技术、主题发现技术、事件关联技术和梦境整合技术。

（1）梦境整理技术

梦境整理技术的目的是让梦境更结构化和标准化，使梦境更加清晰，方便解梦者和解梦师更容易地理解梦境的内容，提升梦境的可解读性。通过梦境整理技术能让解梦师对梦境有更深入的认知和理解，特别对那些复杂的梦境，梦境整理技术能大大降低解梦的难度，使得解梦有迹可循。梦境整理技术是所有后续解梦技术的基础和前提，后续其他解梦技术的操作，都是基于整理后的梦境展开的。梦境整理技术包括框架结构法和内容规则法两种。

（2）主题发现技术

主题发现技术是以梦境整理技术整理后的梦境为基础，对各个梦境、段落或小节进行抽象分析或段落链接，最终确定梦境主旨的解梦技术。应用主题发现技术可以确定梦境的内容，了解梦境想表达的是什么，可以确定梦境到底向我们传达了什么。主题发现技术包括三个具体方法，分别是抽象分析法、隐性链接法和主题确定法。

（3）事件关联技术

事件关联技术是将主题发现技术得到的结果，结合咨询者现实、心理结构或象征意义等内容，最终将梦境和现实进行关联的解梦技术。所有的梦境都是在对现实问题、行为或选择提出潜意识问题，只有结合现实，梦境的解读才具有价值和意义。事件关联技术的核心就是发现梦境主题和关联具体事件，包括三个具体方法，分别是主题事件法、心理结构事件法和象征意义事件法。

（4）梦境整合技术

梦境整合技术是指通过主题发现技术和事件关联技术得出的内容，进一步发现梦境指导意义的解梦技术。通过主题发现技术和事件关联技术得到梦境表达的内容和具体事件后，咨询者需要知道自己该做什么和怎么做，才具有指导的价值和意义。梦境整合技术就是通过一系列方法，最终给咨询者一个明确操作方式的、具有指导意义的解梦结果。梦境整合技术包含四个具体方法，分别是细节还原法、正负向确定法、类型确定法和整合引导法。

心理解梦疗法提供了一整套流程化的解梦技术，通过综合运用以上解梦技术，我们能发现潜意识的问题，明确潜意识的意图和引导，基于以上内容作为心理咨询的中的重要内容，帮助咨询者解决自身内在问题，并引导咨询者通过解梦走上人格发展的道路。

（三）心理解梦咨询技术

心理解梦疗法的咨询技术是基于分析心理学理论开发的全新咨询技术，该技术通过一整套潜意识技术和方法，帮助咨询者解决潜意识中分裂机能及分裂机能产物所引发的问题，引导咨询者跟随潜意识中整合机能的方向，不断地发挥整合机能的力量，开创整合机能产物，走上人格发展的道路。

心理解梦咨询技术是一种潜意识的咨询技术，不同于以往大多数采用语言对话方式的心理咨询技术，解梦咨询技术延续了荣格开创的词语测试法，以潜意识呼吸的方法让咨询者感受自己潜意识的状态，同时结合呼吸的方式去除潜意识中分裂机能及分裂机能产物对咨询者的影响。

心理解梦咨询技术是相对独立于心理解梦技术的，咨询师可以独立运用心理解梦咨询技术帮助咨询者解决潜意识的问题，不过若要准确定位咨询者的问题，仍需要通过心理解梦技术来发现问题和引导咨询者。心理解梦技术主要用来发现咨询者的潜意识问题，而心理解梦咨询技术主要用来解决相关的潜意识问题，将心理解梦咨询技术和心理解梦技术结合起来可以获得最佳的咨询效果。

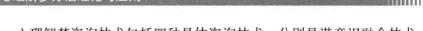

心理解梦咨询技术包括四种具体咨询技术，分别是潜意识融合技术、潜意识清理技术、潜意识成长技术和潜意识测量技术。

1.潜意识融合技术

潜意识融合技术是咨询师帮助咨询者融入潜意识的咨询技术，潜意识融合技术是解梦咨询技术的起点。潜意识融合技术是通过咨询师引导并结合咨询者呼吸和感受身体实现的，咨询师通过一系列的语言引导，帮助咨询者感受呼吸和身体，通过潜意识融合技术将咨询者从意识状态引导入潜意识状态。潜意识融合技术是后续潜意识清理和潜意识成长技术的基础。

2.潜意识清理技术

潜意识清理技术是咨询师帮助咨询者清理个人潜意识垃圾的咨询技术，主要包括认同接纳法和告疚法。当咨询者融入潜意识之后，咨询师运用潜意识清理技术，帮助咨询者清理潜意识中分裂机能及其产物，清理的过程是咨询师编制相应的处理词汇，结合清理关键词，帮助咨询者在呼吸的过程中清理潜意识垃圾。咨询师在这个过程中根据解梦技术或其他方式，发现并清理咨询者潜意识问题。发现问题是潜意识清理技术的前提，进行有针对性的清理才能起到最佳效果。

3.潜意识成长技术

潜意识成长技术是咨询师帮助咨询者的自我意识和潜意识实现统一的咨询技术，具体方式是供慕法。潜意识成长技术是当咨询师明确了咨询者需要成长和提升的方向后，通过此技术帮助咨询者从潜意识层面促进其成长的过程。

4.潜意识测量技术

潜意识测量技术是运用引导放松法和认同接纳法，帮助咨询者进行潜意识测量的技术，通过该技术，可以发现咨询者潜意识中的分裂机能及其产物的状态，同时辅助咨询师确定咨询方向，也可以作为咨询的定量评价指标。

心理解梦咨询技术是一整套解梦技术，在应用过程中，我们可以将这些技术综合使用，可以达到最佳效果。

三、心理解梦疗法的目标

心理解梦疗法的目标与分析心理学的目标是一致的，两者都是将促进和推动个体人格发展作为整体目标。促进和推动人格发展是促进个体成长和完善的过程，这个过程在分析心理学中主要包括三个阶段，分别是整合阶段、超越阶段和自性化阶段。

身为精神科医生的荣格是以解决精神疾病作为切入点开创分析心理学的，但随着其经验和思想的不断完善，荣格发现个体的精神疾病或心理问题并不是单纯的，而是系统化的。比如精神疾病或心理疾病通常在做相关治疗或咨询的时候状态会有所好转，但当治疗或咨询结束后，咨询者的相关问题很容易因为现实中遭遇的问题而再度复发。这其实是因为个体通过治疗仅仅解决了潜意识中积累的分裂机能及其产物，当个体重新面对生活时，如果不能够发挥个人的力量和价值，过去的那些分裂机能及其产物会再次产生，并重新对咨询者造成影响。这种情况重复出现时，咨询者解决自身问题的信心就会大打折扣，所以，在分析心理学看来，解决咨询者的问题不应仅仅处理当下的心理问题，更重要的是帮助咨询者发现自己的内在价值，并走向发挥其自身潜意识力量的方向，也就是走上荣格所说的自性化的过程。实际生活中，那些看起来社会化程度很好的成功人士，他们也同样存在各种心理问题，在荣格的思想中这就是个体无法做到自性化的结果。基于对这些现实问题的反思，荣格提出，要彻底解决个体的心理问题，需要引导个体走上人格发展的方向，并最终做到自性化的过程，唯有这样，个体固有的心理问题才能彻底被解决。

因此，分析心理学将推动个体的人格发展作为整体目标，在整体目标之下包含三个阶段目标：整合阶段、超越阶段和自性化阶段。心理解梦疗法完全继承了分析心理学的整体目标，并给出了更加具体和细化的解决方法。

（一）整合阶段目标

整合阶段是人格发展的第一个阶段。个体在人格发展中遇到很多问题，无论是已存在精神问题的个体，还是社会化相对完善的个体，他们在现实生活中都会遭遇各种刺激与挫折，这会导致他们累积各种分裂机能及其产物，对于已存在精神问题的个体来说，这种累积会导致产生更多的分裂机能产物；对于普通人来说；可能会因为某种特定刺激而出现内在问题。

对于那些想要实现人格发展的人来说，在成长的开始阶段，他们的主要目标是发现和清理潜意识中累积的分裂机能及其产物，在控制分裂机能的同时清理分裂机能产物，同时需要发现个体的内在天赋，发挥整合机能的力量。整合阶段有四个阶段性目标，分别是呈现潜意识问题、清理潜意识垃圾、发现内在天赋和推动个体成长。

1. 呈现潜意识问题

意识对潜意识的了解是相当有限的，我们通常无法明确意识到自身的问题是什么、核心问题在哪里，因为那些让我们痛苦的事或经验往往被意识累积在潜意识深处，并刻意阻止它们对意识造成影响。因为无法了解问题的根源，很多人即使想要解决自身的问题，尝试想要走上人格发展之路，也往往会觉得无从下手。

在人格发展的整合阶段，我们的第一个目标是发现咨询者的潜意识问题。无论是通过沟通咨询，还是通过某些行为方式，大多数心理咨询技术都是通过展现出潜意识的问题，才会有解决问题的可能。

在分析心理学中，荣格采用了多种潜意识方式来展现问题，比如他开创了词语测试、曼陀罗绘画和分析解梦等，目的都是呈现咨询者潜意识中的问题。心理解梦疗法遵循分析心理学的路径，通过解梦技术和解梦咨询技术等多种方式来发现咨询者的内在潜意识问题。通过综合运用这些方式，我们可以达到整合阶段的第一个目标，也就是充分呈现潜意识问题。

2. 清理潜意识垃圾

整合阶段的第二个目标就是清理潜意识垃圾。正如荣格所说，潜意识就像是累积了很多大粪的马棚，个体在过去的成长经历中累积了很多内在的潜意识垃圾，对此个体大都是视而不见的。当我们意识到这些问题之后，就需要去处理这些垃圾，只有对潜意识进行了清理，个体才会有更多的力量去发挥自身价值、走上自性化的道路。所以清理潜意识垃圾是整合阶段重要的核心内容。

心理解梦疗法通过心理解梦咨询技术帮助咨询者清理潜意识的垃圾，通过心理解梦咨询技术中的引导放松法，使个体的意识充分融入潜意识，随后通过认同接纳法和告疚法，同时结合咨询者的呼吸，帮助咨询者去除内在潜意识中的垃圾。

这个潜意识垃圾清理的过程需要持续一段时间，因为个体内在分裂机能及其产物是经年累积的结果，所以去除这些内在垃圾的过程也有一系列阶段，咨询者的潜意识垃圾通过清理将会被逐步清除干净，为后续阶段创造可能。

3.发现内在天赋

每个人都具有内在力量，只是因为现实生活中有很多可能性和选择，个体固有的选择和判断不足以支撑其内在发展的时候，他的心理和人格问题就会爆发出来，从而影响个体和环境。因此，在人格发展的整合阶段，我们需要通过潜意识的引导，发现个体内在优势和价值，只有知道了自身的优势之后，个体才能通过正向反馈，通过自我认同，获得并发挥出内在力量。因此，整合阶段的目标还包括帮助咨询者发现其内在天赋，同时将天赋应用到其具体的成长过程中，从而建立内在自信与力量。

4.推动个体成长

整合阶段的第四个目标就是推动个体成长，这里的成长是个体需要获得某种提升。对于个体来说，潜意识梦境会引导个体成长的方向，我们仅仅需要帮助咨询者发现这些内在的引导。对于人格成长来说，无论是学习、情感、工作或生活，每个方面都有需要成长和提升的内容。潜意识梦境会引导具体的成长方向，选择真正适合我们的成长方式和成长路径，并缩短成长的压力和阻碍。

（二）超越阶段目标

当个体经历了整合阶段后，潜意识已经因为清理而具有了某种力量，接下来将会进入个体的超越阶段。如果说整合阶段是个体的内在调整，那么超越阶段个体将逐渐开始外化。超越意味着改变个体过去长久形成的错误行为模式或不良外部环境。这个阶段有两个阶段性的目标，分别是引导行为模式改变和推动个体环境改变。

1. 引导行为模式改变

个体的潜意识垃圾背后隐藏的是个体错误或不良的行为模式，如果不改变这些行为模式，这些行为模式隐藏在基因深层，个体在成长过程中将会展现出来。实际上这些内在问题以神经系统的方式隐藏在潜意识，个体在超越阶段将会面对这些问题的影响。例如个体过去没有经历过大家的关注，当超越阶段的时候，个体在短期内获得巨大的关注，潜意识中的某些自大或骄傲的内在模式就会出现，而他们是分裂机能的进一步展现。

因此，在超越阶段，需要面对自己内在行为模式的控制，也就是进一步控制分裂机能的展现。这个控制过程可能会持续很长时间，但是这些深层的行为模式的改变是影响进一步人格发展的重要内容。行为模式的改变是个体真正蜕变的过程，因此，引导个体行为模式的改变、产生超越是人格发展的重要目标。

对于心理咨询师来说，我们需要通过对潜意识梦境的分析，帮助咨询者面对深层的行为模式的问题，并协助其克服解决这些问题。

2. 推动个体环境改变

超越阶段的另一项目标是推动个体固有环境状态的改变。这里需要面对的就是放弃某些固有的环境影响。随着个体到了超越阶段，内在已经有了内在力量，而固有的环境对于进一步的改变将会带来影响和阻碍，这种矛盾冲突随着成长的提升会逐步增加。因此，在这个阶段需要面对的就是放弃固有环境中的内容，从而完全将力量建立在自身的潜意识之中。

分析心理学理论将持续引导个体人格发展作为目标，其中推动个体环境的改变也是个体人格发展的重要目标之一，潜意识通过梦境推动个体进行环境的改变。这里所说的环境通常包括工作环境、家庭关系、人际关系、情感关系等方面的内容。

对于咨询师来说，需要推动个体面对这些改变，在这个改变的阶段，咨询者往往面对外在环境巨大的阻碍，从而产生巨大的压力和自我怀疑，咨询师需要推动个体直面自己的潜意识，通过梦境引导个体超越固有环境问题，持续推动进一步的人格发展。

（三）自性化阶段目标

在分析心理学中，人格发展的第三个阶段是自性化阶段。自性化是荣格思想的核心内容之一，在荣格看来，每个人都有自性化的内容，大多数人之所以无法自性化，本质上是因为没有解决前面两个阶段的问题。也就是说，自性化阶段的前提是经历了整合阶段和超越阶段，只有解决了潜意识垃圾、改变自身与环境的问题之后，才能够走上自性化阶段。

在自性化阶段，很多人不清楚自性化的具体内容是什么，但潜意识会告诉我们自性化的方向和内容，因此，在这个阶段，潜意识的引导非常重要。自性化阶段有三个阶段性目标，分别是明确内在使命、发挥内在创造力和实行个体自性化。

1. 明确内在使命

每个人的潜意识中都蕴含着个体的内在使命，咨询师需要帮助其通过梦境发现这些内在使命。个体都有着独特的使命和意义，个体的天赋和使命是相互匹配的，只有在使命的追求上，个体的天赋才能全然发挥，充分展现出个体和社会价值。因此，明确个体方向就显得非常重要。

使命都是特性化的，通过具体的追求展现出来。个体追求需要得到内在的引导，潜意识会告诉我们个体追求在哪里，也会告诉我们选择是否正确。在心理解梦疗法中，咨询师通过梦境发现和确定个体方向，帮助咨询者明确个体内在使命，这个是咨询师的重要作用和目标。

2. 发挥内在创造力

每个个体都蕴含着先天的创造力，不过相对外在展现的能力而言，创造力存在于潜意识中的整合机能，同时又受到个体分裂机能和分裂机能产物的影响，从而导致这些整合机能无法有效地被识别和发挥出来。分析心理学特别重视个体创造力的发挥，荣格试图让咨询者通过绘画的方式展现其潜意识的状态，这是发挥个体创作力的一种展现。心理解梦疗法同样试图通过梦境引导咨询者发挥个体创造力，最终通过创造力的发挥，让咨询者发挥个体内在价值，从而获得自我的认同和内在力量。

咨询师需要基于潜意识梦境，推动个体发挥创造力，很多创造力的内容可能是全新的，而个体固有的经验或许会认为自己不具备这种能力，但是基于梦境的内容，咨询师可以帮助咨询者建立信心，从而展现出咨询者自身内在的创造力。

3. 实行个体自性化

自性化不是一个静态的过程，当个体明确自己的方向在哪里之后，方向不是凭空就能达到的，而是需要个体不断通过自身的行动去发挥天赋，实行个体自性化才能做到的。方向就好像是路上的愿景，自性化就是行走在方向路程上的过程。在这个过程中，个体通过不断发挥个体的能力和天赋，推动人格不断地发展。

同样地，自性化绝不是一个简单或短暂的过程，自性化需要个体不断地成长，成长要面对内外在的问题，所以自性化的过程会有很多难题要去克服，通过不断努力解决这些难题才实现了成长。自性化的成长也是终身的，自性化的历程是需要个体终身去实行的，所以自性化阶段的目标就是呈现生命的意义。

自性化的路上，每个人都是孤独的，而这个时候更需要有能力帮助咨询者的人陪伴其成长。对于分析心理学的咨询师来说，就是要成为自性化个体的好伙伴，而作为分析心理学的开创者，荣格正是这样身体力行的，他是每位咨询师学习的榜样。

第二章 心理解梦疗法理论基础

任何理论方法都有延续和传承，心理解梦疗法延续了荣格开创的分析心理学，以分析心理学中的心理结构和人格发展为基础，同时也对其进行了发展和扩充。其中心理结构指的是荣格所提出的集体潜意识和个人潜意识两个部分，本疗法进一步对心理结构进行发展，将集体潜意识切分为整合机能和分裂机能两个部分，将个人潜意识切分成整合机能产物和分裂机能产物两个部分。在人格发展方面，本疗法延续了分析心理学的人格发展观念，将人格发展分为三个主要阶段，分别是整合阶段、超越阶段和自性化阶段。

一、心理结构

通常我们能够意识到自我的存在，但对心理的其他部分，我们通常并没有去深入觉察。相比外在世界而言，内在心理活动仿佛跟我们是一体的，由于我们与内在心理活动之间的交互并不是一个可以感知的过程，所以我们很难区分其存在。但当我们真实地去感知内在心理，特别是通过象征的方式去觉察梦境的时候，我们会发现内在心理不只有意识。荣格作为精神病医生，他发现通过对异常心理进行观察与分析，更容易发现其中存在的特殊心理状态。基于持续的心理分析过程，分析心理学提出了心理结构的理论，荣格将心理结构的整体称为精神，精神中包括意识、个人潜意识和集体潜意识三个主要组成部分。基于分析心理学的理论，再结合我们对梦境的持续分析，心理解梦疗法将潜意识心理结构进一步划分为两个部分，其中集体潜意识包括整合机能和分裂机能两个主要的心理功能；而个人潜意识则包括整合机能产物和分裂机能产物两个主要部分。

（一）精神

在此，我们走向了一个超越了唯灵学框架的精神概念。箴言和格言总的来说是个人的各种经验和活动的结果，是以一些意味深长的词对各种洞察和结论进行的提炼。如果你仔细分析《福音书》所说的"最初的也将是最终"，并且试图重建凝聚在这一生命智慧中的所有经验，您必定会对它之后的经验的完满和丰富感到惊奇。这是"令人印象深刻的"箴言，它以巨大的力量触及接受它的心灵，并且也许会永远影响这一心灵。这些箴言或理想凝结了最丰富的生活经验和最深刻的反思，它们构成了我们称为精神（此词最恰当意义上）的东西。当这种支配原则达至绝对支配者的时候，我们说处于它的控制下的生活是"被精神统治"的，或者是"精神的生活"。支配的观念越是绝对，越是具有强迫性，它越是具有自主情结的性质。而自主情结是自我意识面前的一个不可动摇的事实。（［瑞士］卡尔·古斯塔夫·荣格著；关群德译：《心理结构与心理动力学》，国际文化出版公司2011年5月第一版，第226页。）

从分析心理学的视角来看，精神是所有人类个体心理活动的总和，每个人都有着独立的内在心理活动，而全部人类内在心理活动的总和就是精神。精神不仅仅是我们当下活着的人的心理活动，过去很多人类的心理活动，至今还在持续影响我们每个人的个体精神。显然，我们今天还在持续被很多东西方的经典影响，无论是老子的《道德经》、西方的《圣经》或马克思的《资本论》等思想理论，各种人类社会所具有的情绪、情感状态，各种过去人们创造的艺术、建筑等，这些都是人类整体精神的组成部分。这就意味着，人类的精神是在不断地延续发展的，他们受过去的心理产物的影响，同时每个人的心理活动，也在或多或少地影响着人类社会。

从心理角度来看，像每个自主情结一样，精神现象显现为潜意识的意向，这种意向高于自我的倾向，或至少是与自我的意向相等。如果想正确对待精神的本质，我们应该认为精神从本质上说就是高级的，是一种更高的意识，从所有时代的证据，从《圣经》到尼采的《查拉图斯特拉如是说》都可以清楚地看出这一点。从心理角度看，精神将自己显现为个人的存在，有时还具有清楚的视觉形象；在基督教义中，它实际是三位一体的第三位格。这些事实表明，精神不仅仅可被简洁地表达成格言或观念，它强烈和直接的存在还显现出一种自己特有的生命。只有精神可以被命名和表达为一种可理解的原则，或一个清楚的观念的时候，它将不会被当作独立的存在；但当有关的观念或原则是不可理解的，当其意向的起源和目的都是模糊的，我们人类理性的概念不能表达它这种令人难以理解的、高级的性质时，精神就被当作独立的存在。于是，我们的表达必须诉诸其他的方法：象征。（《心理结构与心理动力学》P229。）

在荣格看来，精神是高于个体存在的，不过精神也会以某种形式展现在个体的内在心理活动之中，不过这些内在的展现形式，不会以意识的方式进行，而是以潜意识的方式进行，这些就是我们熟知的神话与梦境。也就是说，在神话与梦境中蕴含了精神的内涵，个体想去理解这些精神内涵的时候，不能依靠理性的思维，而应该运用特定的方法，也就是荣格所说的象征。精神以神话或梦境的方式，运用象征的编码逻辑来展现某些内涵，对于个体来说，要通过象征的方式来发现其中的内涵。在荣格看来，发现精神内涵的基础就是象征。

就个体而言，每个人所有的内在心理结构、心理活动或心理过程的综合称为个体精神。个体精神进一步划分为意识与潜意识两个部分。

（二）意识

意识是一种心理机能，所有的内外在感受器聚合于意识，觉察内外在世界的刺激，控制个体的行为，对潜意识的其他部分进行调度，同时对基于潜意识的状态形式对外在的重视。

意识作为一种心理机能，负责所有感官的聚合，个体存在各种内外感受器，这些感受器通过神经系统与意识得到汇集，在遭遇到刺激的时候，感受器通过神经元以电信号的方式传递到意识层面，从而被个体心理所觉察到，形成个体的感觉。个体的感觉由外感受器和内感受器组成，外感受器就是我们所说的五感；而内感受器是对我们的内在器官进行感知，典型就是胃痛、头痛等。

意识感受到内外在刺激后，会基于这些刺激产生一系列行为，而这些行为也是意识控制的内容。例如当我们遭遇了危险，遇到了野兽的时候，我们的意识是进行逃避，意识汇聚感官的知觉，做出相应的行为。如果这些刺激源自内感受器，意识也会通过控制解决相应的问题。例如胃痛的时候，我们可能会意识到要通过按摩胃部、喝热水或吃药等多种方式对内在问题进行解决。意识控制在大多数时候都是可行的，不过并不是所有时候都是可行的，在特定的状态下，意识会失去对某些身体的有效控制，某些疾病，例如癫痫、偏瘫或植物人等，都是意识的控制功能存在部分或完全丧失，类似的情况还有很多。

意识只是精神的一部分，其他的内在机能存在于潜意识之中，意识作为接受和反馈问题的聚合，对潜意识的其他机能进行辅助调度。意识在潜意识层面上会通过神经元激发其他内在心理机能，这些心理机能的运作会以一种意识无法感知到的方式进行。例如一个人对某个问题进行反思，这个反思活动就是调用潜意识中的思想机能进行的，在这个心理过程中，意识不会觉察到内在的调度机制。更明显的意识心理调度是记忆，我们可以采用某些形式影响记忆，但是意识无法控制记忆，我们可以通过不断地刺激，让记忆不断被唤醒，不过仍然会出现忘记的情况，所有意识对心理活动都是一种有限的调度，这涉及潜意识的内在运作方式，与神经系统有重要关系。不过意识的调度有时也会被潜意识的内容所占据，这时意识会感受到强烈的倾向性，这种调度会变得失去控制。例如个体在紧张的状态下，意识的调度会被紧张所影响。

意识机能受到潜意识状态的影响形成了对外在内容的重视。关于意识重视的内容最为常见的就是本能的影响，换句话说就是我们常说的生存与繁衍，这两个东西在心理层面是以避免伤害和追求满足两个基本的心理驱动力。当我们关注人类的早期，我们会发现，人类跟动物有着相似的潜意识状态，这个时候，人类是被潜意识中的本能所驱动的。

其中避免伤害意味着，当意识遭遇到外在的刺激的时候，会避免外在的影响。例如当我们遭遇了蛇或蜘蛛等动物，会有恐惧的心理状态，这个就是个体所具有的一种避免刺激的本能驱动的。而寻求满足意味着，个体希望获取生存的资料或空间，同时渴望得到更多的异性繁衍后代，对于异性和性的本能同样是根植于我们的本能的。在现代社会就是驱动个体获取更多的社会资源和地位，从而获得本能的满足。

此外，有意识心灵可谓狭小。它只包括特定瞬间的少量共时性内容，同一时间所有剩余的都是潜意识，我们只能通过有意识瞬间的顺延，得到对有意识世界的一种拓展，一种一般理解或者知觉。我们永远不能获得总体的意象，因为我们的意识太过狭窄。我们只能看到存在闪现。似乎我们总是透过一条缝隙在观察，以至于我们看到的总是特殊的瞬间，而其余的全部都在黑暗之中，致使我们在当时无法知觉。潜意识的范围巨大，而且一直是连续的；而意识则是一个被瞬间景象限制了领域。（［瑞士］卡尔·古斯塔夫·荣格著；储昭华，王世鹏译：《象征生活》，国际文化出版公司2011年5月第一版，第12页。）

正如荣格说的，个体意识之所以狭小，本质在于，意识很容易被底层本能所影响和驱动，仅仅关注很基础的内容，当个体意识关注于本能的满足的时候，更多的潜意识内容就隐藏了起来。

但是人类不同于动物的本质在于，人类在潜意识本能的驱动之下，开始发展更多潜意识，换句话说，我们可以认为人类社会的发展就是潜意识心理发展的过程。早期人类对于艺术的追求，其实就是一种潜意识的开发，人类在本能之外，开始发展更多的内容，无论是法国拉斯科洞窟壁画，还是中国古代红山文化中的玉猪龙，人类已经开始发展潜意识的艺术，而中国古代的玉猪龙，显然也是人类艺术的发展。而后来各种的名著、诗歌，同样是人类潜意识艺术的发展。与艺术相关的还有各种的科学、哲学思想，显然，这些内容，同样是人类潜意识的发展的内容。古希腊哲学家或中国先秦诸子百家，都是对于世界和人类社会各个方面的思考，而这些显然同样是潜意识的发展。个体意识很容易被本能所影响，但是人类社会的组织形式，让我们可以在解决本能生存的基础上，开始开发更多的潜意识内容，进而推动着人类社会的发展和进步。

综上所述，我们会发现，当我们研究个体心理的时候，就是需要通过意识的状态和意识所重视的内容，发现隐藏在意识背后潜意识的内容，从而深入发掘潜意识心理。

（三）潜意识

意识就像是未知的巨大潜意识区域之上的表皮或者外壳。我们不知道潜意识的支配范围有多广，因为我们对它根本是一无所知。你当然不能对你不知道的东西妄做评论。当我们说"潜意识"时，我们常常是想用该词来传达某些东西，但实际上，我们不过是传达了我们不知道潜意识是什么。我们只有间接的证据证明，潜意识的精神领域是存在的。我们还有一些科学的理由来得出它存在的结论。从潜意识形成的产物，我们能得出有关其可能本质的结论。但是，我们一定要小心谨慎，不能武断地得出结论，因为事情在实际上不可能同我们意识到的迥然相异。（《象征生活》P11。）

潜意识是个体精神中隐藏的部分，这部分包括一系列的心理机能、神经活动和内分泌活动，它们与意识相互运作，为意识提供支持，同时影响意识的状态，共同形成了个体心理的全部内容。

潜意识作为个体精神中隐藏的部分，其隐藏性是相对个体意识而言的，虽然意识每时每刻都在与潜意识保持互动，但意识很难觉察到潜意识心理活动的存在。也就是说，大多数时候，潜意识对我们的现实生活并没有直接的感知或影响，即使个体意识不去感知潜意识，生活也不会受到任何的影响，这就导致我们天然认为意识是心理唯一的存在，并且处于心理活动的通知地位。于是意识对大多数个人而言都是隐藏的，除非出现特殊的状态，意识才会感知到潜意识的作用和影响。

当意识不去感知潜意识的时候，意识的生活本质上就是被潜意识所驱动的，而这就是我们熟知的本能。本能就是潜意识的一个组成部分，显然每个人都存在着本能的生活，它们是以生存、繁衍为基本的展现形式，其决定了人们个体意识对于生活意义和目标的认知，这包括衣食住行及生老病死等内容，这些都是本能生活的体现。看起来意识决定了生活的全部，事实上是潜意识驱动着意识的选择和判断。唯有当我们去感知和了解潜意识，我们才发现，意识被深刻影响着，这种影响是多方面的，不仅仅是表面本能的部分，还有更加复杂的组成部分。举个简单的例子，在个体思考的过程中，个体会认为意识在控制着思维的过程，实际上，当我们深入到思维过程会发现，意识在提出问题的时候，在潜意识层面上，将这个思维的过程传递给了潜意识中控制思考的机能，这个部分的机能运作得出某个思路或认知，再发挥给意识，从而完成了思考的过程。但是个体很难分辨其中的传递过程，只是因为意识和潜意识本质在神经系统上是一体的，因此，导致心理过程是无感知的过程。

尽管潜意识过程是不能直接被观察到的，但是它那些通过了意识阈限的产物却能够被分为两类。第一类包括一种明显源自个人的可认知的材料。这些内容是个体获得物，或者是构成统一人格的本能过程的产物。此外还有被遗忘或被抑制的内容，以及创造性的内容。它们没有什么特别怪异的地方。在别人那里，这样的一些东西可以是有意识的。有些人能意识到其他人所不能意识到的东西。我称这种类型的内容为副意识观念或者个人潜意识。因为就我们的判断来看，它完全是由个人因素构成的，这些因素构成了作为一个整体的人类人格。（《象征生活》P32。）

如果说意识和潜意识的交互过程是无感知的，如何证明这个过程是有效的呢？这正是荣格伟大的发现，其通过对梦境和神话的分析，发现了隐藏在这些形式后面的内涵。实际上，基于对梦境和神话的研究，荣格发现了存在于潜意识中的各种心理结构，从而确定了内在的各种心理机能。当我们观察潜意识的时候，不能选择现实的内容，而要选择潜意识的内容，同时采用潜意识表达自身的方式，也就是通过象征的方式来理解潜意识，从而能够分辨出潜意识中各个心理机能之间的区别和关联，进而能够发现潜意识的深层结构。

毋庸置疑，潜意识的表层或多或少是个人性的，我称之为个人潜意识。但是个人潜意识有赖于更深的一个层次，这个层次既非源自个人经验，也非个人后天习得，而是与生俱来的。我把这个更深的层次称为集体潜意识。我之所以选择"集体"这一术语，是因为这部分潜意识并非个人的，而是普世性的。不同于个人心理的是，其内容与行为模式在所有地方与所有个体身上大体相同。换言之，它在所有人身上别无二致，并因此构成具有超个人性的共同心理基础，普遍存在于我们大家身上。（［瑞士］卡尔·古斯塔夫·荣格著；徐德林译：《原型与集体无意识》，国际文化出版公司2011年5月第一版，第5页。）

在荣格看来，潜意识分为两个主要部分，这两个部分是基于集体和个体而来的，其中集体潜意识是每个人都具有的内在心理机能，深植于个体的内在基因，是所有个体都具有的相同内在基础；而个人潜意识则是基于个体特有的部分。我们举个例子，如果说愤怒情绪作为一种人类所共有的内在机能或能力，其是深植于人类基因之中的，于是在荣格看来，愤怒情绪机能或能力就是集体潜意识的一个组成部分；但是对于每个现实的人来说，愤怒情绪的展现则是千差万别的，例如张三因为别人骂他而愤怒，李四则因为吃不到自己想吃的东西而愤怒。显然，每个人愤怒情绪的反应或刺激物都是不同的，这个因特定的刺激物而产生愤怒情绪的过程，以及愤怒后的各种反应，就属于个人潜意识的内容了。

集体潜意识和个人潜意识是荣格思想的核心内容，在荣格看来，集体潜意识由一系列的心理机能所组成，而这些心理机能正是个体心理的重要组成部分。

1.心理机能

心理机能是正常个体心理所具有的各种基本能力。这些能力意味着个体能够依靠心理活动控制某些行为或得到某些结果，例如通过思考得到正确的结果，就是利用到了内在心理机能中的思想机能。

在意识中，你能识别出众多的机能。它们可以使意识在外部心理事实和内部心理事实中具有导向性。我所理解的外部心理事实是一种关系体系，这种关系存在于意识内容和出现在环境中的诸因素与事实之间。它是一种定向体系，负责处理由我的感官机能所给予我的外部事实。另一方面，内部心理事实也是一种关系体系，这种关系存在于意识内容和假定潜意识过程之间。（《象征生活》P13。）

心理机能是与生俱来的，存在于基因层面，并且通过基因进行传递，在个体的成长过程中，这些心理机能逐渐地展现它们的能力。有些心理机能存在于潜意识中，随着年龄的成长，这些心理机能才展现出来，最典型的就是性的心理活动是随着性成熟而展现出来的。

集体潜意识是由多种内在心理机能所组成，换句话说，心理机能是集体潜意识的基础，正是有了这些心理机能，人的正常心理活动才能够展现，无论是思维还是情绪，这些都是特定的心理机能。

与此同时，对于荣格思想体系的研究，结合我们现实的分析，我们发现，集体潜意识所包含的心理机能有着两个主要的大类，它们分别是整合机能和分裂机能。

潜意识有着两副面孔：一方面，它的内容指向潜意识的、史前的本能世界；另一方面，它潜在地期待未来——恰好是因为本能性准备，旨在决定人的命运的因素的作用。（《原型与集体无意识》P222。）

整合机能是集体潜意识中推动和引导个体心理发展——包括成长、提升和成熟——最终推动个体发挥内在创造力、推动个体和环境的发展、完成内在使命的机能集合。整合机能是荣格所说的推动人未来潜能的部分。每个人的内在都具有成长的力量，这些力量需要特定的行为与刺激，让内在的神经系统和内分泌系统进行相应运行，在不断的刺激过程中，强化整合机能的力量，推动个体不断成长与提升，发挥内在天赋，从而形成个体的内在能力，最终实现人格成长。

整合机能包括四个部分，分别是自性机能、思想机能、能量机能和意志机能。整合机能的四个部分是相互作用的，内在成长需要多种心理机能共同作用。例如在学习的过程中，就是思想机能负责对知识进行理解和判断，而自性机能则负责进行创作性行为，将学习的内容进行开拓，同时还需要在意志机能的作用下不断地坚持这个过程，从而获得内在的成长。通过不断的外在刺激和利用整合机能，在这个过程中，个体的潜意识不断地获得成长和提升。这就是个体人格的完善，这在荣格的思想体系中被称为自性化。

我认为，我们的个人潜意识连同集体潜意识，都是由一系列因未知而不明确的情结或者人格碎片所构成的。（《象征生活》P60。）

分裂机能是在个体构建、维持自我的过程中所产生的一系列导致内在分裂的心理机能的总称。自我是个体本能的部分，其背后是以获取和满足的心理过程为推动力的，个体要生存就需要获取食物、领地、资源和配偶，而当个体拥有了这些拥有物后，为了维持这些拥有物，以及避免失去的状态，也是自我的展现。正是由于自我的存在，潜意识在生命的早期产生了其他四种心理机能，就是基于自我而产生的，分别是情绪机能、头脑机能、欲望机能和执念机能。如果说整合机能是为了推动个体成长的潜意识机能，那么分裂机能就是破坏或阻碍内在成长的潜意识机能。

举个简单的例子，当一个因酗酒而引发酒精性脂肪肝的病人，被医生要求戒酒的时候，这个人因为酒精的成瘾，意识上知道自己需要控制自己的行为，但是实际上酒瘾上来后，就会自我欺骗，说喝一口没事，这个破坏性的想法就是头脑机能的展现，而酒瘾本身就是欲望机能的典型状态。如果此时当事人的家人限制说不让他喝酒，而引发了当事人的愤怒情绪，这个时候就产生了情绪机能；而当事人再度喝酒，并一发不可收拾，继续饮酒的状态，就是执念机能的展现。

从上面这个例子中，我们看到，这个酗酒的病人就是典型的被分裂机能所影响的状态，当事人的自我渴望得到满足，而这个过程是以伤害自身整体为代价的，这个时候，为了维持自我的享受的过程，就是分裂机能的展现。

自我就是分裂机能的基础，由于自我的存在，分裂机能才得以产生，并基于自我引发内在心理机能上的分裂。自我推动个体朝向外在拥有物，进而影响个体内在心理的状态。原本整合机能关注成长，而内在心理机能由于自我的存在，产生了内在的分裂机能，相当于在个体的内在心理产生了两套体系，这两套体系之间的分裂，就是分裂机能的作用，不过个体可以进行控制，使意识发现或跟随潜意识的方向，从而可以抑制和清理分裂机能的作用。

分裂机能之间也是相互作用的，某种分裂机能产生后，会促使产生其他分裂机能，从而导致个体内在分裂的恶性循环。自我尝试追逐外在拥有物或避免丧失拥有物的过程，就是执念机能。自我在获取外在拥有物时受到挫折或丧失了拥有物的过程中，会产生情绪机能；同时为了追求拥有物或维持避免丧失拥有物，个体会产生各种错误认知，这就是头脑机能；而在追逐拥有物的过程中，耗费自身资源或依赖外在资源让自己获得快乐，形成成瘾性的心理过程，这就是欲望机能。整个过程持续循环，会消耗个体内在的能量，持续让分裂机能产生作用，最终导致个体的身心问题，阻碍个体正常成长和发展。

2.心理机能产物

集体潜意识是精神的一部分，这部分精神可以通过如下事实将其从否定层面与个人无意识相区隔，即它并非一如后者，将自己的存在归结为个人经验，因此，并非一种个人习得。虽然从本质上讲，构成个人潜意识的内容有时属于意识，但是它们已然因为被遗忘或者被压抑而从意识中消失；集体潜意识的内容从未存在于意识之中，因此，从未为个人所习得，而是将其存在完全归结为遗传。不同于个人潜意识在很大程度上是由情结（complexes）构成，集体潜意识的内容基本上是由原型构成。（《原型与集体无意识》P36。）

心理机能产物是指个体由心理机能所产生的各种个性化的心理产物。如果说集体潜意识的基础是心理机能，那么个人潜意识的基础就是心理机能产物，也就是说，两者是一致的。其中由整合机能产生的心理产物就是整合机能产物，而由分裂机能产生的则是分裂机能产物。

我们知道，心理机能是各种的心理能力，对于我们来说，这些能力对于个人来说就是具体化的心理体验，这个就是心理机能产物。例如我们说个体具有创造力，这个是自性机能的一种能力，当个体运用创造力的过程所产出的创造物就是自性机能产物；与此相对，如果一个人有着愤怒情绪机能，而他展现愤怒的时候，就是在产出情绪机能产物。

从心理机能的产物来看，每个人所具有的内在能力不同，因此，导致了个体能力的不一致，从潜意识来看，那些具有开创伟大的思想的思想家或创造伟大作品的作家、音乐家，他们就是运用了自身的整合机能，从而产出了整合机能产物。对于那些没有展现出自身能力的人来说，并非他们不具备整合机能，而是因为他们被分裂机能所影响，由于自我的原因，产出了各种的分裂机能，而这些分裂机能限制了其整合机能的产出。

因此，我们可以认为，个体的问题就在于分裂机能的作用及其产物，影响和阻碍了整合机能的产物，导致个体心理的问题。因此，对于我们来说，要解决个体的心理问题，需要做的就是控制分裂机能、清理分裂机能产物，同时发挥和利用整合机能、产出整合机能产物的过程，这样才能够有效解决个体心理问题。显然，荣格及其分析心理学就是这样做的。

3. 集体潜意识——整合机能

整合机能是集体潜意识中推动和引导个体心理发展——包括成长、提升和成熟——最终推动个体发挥内在天赋、推动个体和环境的发展、完成内在使命的机能集合。

个体的整合机能推动人类社会不断地发展。从人类的进化来看，人类社会就是不断地在解决自身和环境的问题，而解决这些问题就是利用个体内在的整合机能。例如人类在非洲显然是敌不过狮子的，但是非洲的马赛人则有着狩猎雄狮的传统，通过群体面和解决自身的恐惧，马赛人在心理和现实层面上就解决了雄狮对马赛人的威胁。而随着人类的发展，人类社会面临的生活方式无法承载过多人口，于是人类基于整合机能开发了种植技术，从而开启了农业文明。后来随着社会的发展，基于整合机能所具有的创造力，工业革命推动了技术的进步，从而推动了生产力的巨大提升，使得人们可以更多地将自身精力发挥在与创造性的整合机能有关的内容上面。

人类祖先所具备的整合机能，通过基因传递到了我们身上。显然，我们每个人都有着延续到古代祖先的基因，而这些祖先所经历的内容，造就了个体独特的内在天赋，基于这些内在天赋，个体就能够在现实生活中运用祖先的天赋，从而发现自身所具备的内在追求和使命。每个人都肩负着深刻的内在使命，而历史正是基于这些发挥出整合机能的个体所谱写的。因此，对于我们来说，要做的就是要发挥出祖先所传递给我们的整合机能，进一步解决自身和社会问题，推动社会进步和发展。

古之欲明德于天下者，先治其国；欲治其国者，先齐其家；欲齐其家者，先修其身；欲修其身者，先正其心；欲正其心者，先诚其意；欲诚其意者，先致其知，致知在格物。物格而后知至，知至而后意诚，意诚而后心正，心正而后身修，身修而后家齐，家齐而后国治，国治而后天下平。(《礼记·大学》)

我们古人已经发现了要推动社会的进步，需要建立在对自身的认知和成长的基础上，可见古人所传递的内容正是整合机能的重要展现。

人类不同的文明之间所比拼的内容就是社会所具有的整体的整合机能发挥的能力，而这些在现代就是各种领先的科学思想和技术的发展。显然，社会正在不断地发展，那些处于领先的社会或国家，并不是其具有的经济和军事实力，而是建立在伟大科学思想和先进技术的基础之上。欧美等国家所具有的优势，正是这些国家在过去很长时间，引领了整个社会的进步思想，无论是启蒙运动对于宗教的否定，还是后续欧洲近代思想家的大发展，无论是牛顿、居里夫人、爱因斯坦等伟大的思想家的伟大发现，还是笛卡儿、洛克、黑格尔、马克思等思想家对于哲学的思考，都推动着社会不断地发展和进步。而很多国家的衰落，其背后也是整合机能的发挥受到影响所导致的。我们看到二战后日本高速的经济发展，其整合机能得到了发挥，不过后续其经济和思想没有继续向上发展的根源，就是其整合机能没有得到持续发展。因此，在当下百年未有之大变局的情况下，中华民族的伟大复兴更需要在不断地发挥潜意识整合机能的基础之上才能够实现。

整合机能包括自性机能、思想机能、能量机能和意志机能。

（1）自性机能

自性机能在是集体潜意识中负责记录个体内在天赋和使命，提供直觉力、创造力、情感力和象征力来引导个体的外在追求，基于追求展现和发挥内在天赋，完成内在使命心理机能。

自性机能存在于个体基因之中，通过基因构建形成。每个个体都有数万年以来的人类祖先，这些祖先过去有各种现实生活经验，而这些经验就以天赋的形式累积在个体的基因中，并通过繁衍传递给后代。当个体出生之后，不仅身体不断成长，那些内在核心优势也在不断发展。在适合的环境中，个体就会将其内在天赋展现出来，之所以有些人在特定的领域天赋异禀，就是因为祖辈的经验已经刻入了个体的基因之中，在合适的时候就会以集体潜意识的方式展现在现实世界，这就是自性机能在发挥作用。

由于自性机能所记录的天赋隐藏在潜意识深处，意识很难发现自身天赋，因此，自性机能发展出了直觉力、情感力、创造力和象征力来引导个体进行特定的追求，从而展现内在天赋。其中直觉力是一种自性机能通过神经系统直接传递给意识机能的一种提示和引导，而这种直觉每个人都存在，不过并非每个人都会对其有回应，在特定的情况下——特别是危机情况——直觉力会特别明确地给予意识提醒，避免危险或引导方向，当然个体也可在特定的情况下运用直觉力，来对意识判断进行引导。情感力的引导则是个体对于特定内容的兴趣或热爱，这些兴趣和热爱蕴含着天赋的展现，因此，当个体热爱内容的时刻，就意味着可能是天赋的展现和追求的方向。创造力是另一种内在引导，这意味着，个体在发挥创造力的时刻，天赋会随着这个创造的过程来展现自身的状态，基于此，当个体参与了某种创造性活动的时刻，潜意识的自性机能就开始发挥内在天赋的力量了，从而让创造展现个体独特的特质，进而体现内在天赋。另一种引导则是基于象征力而来的方式，其中展现的形式是荣格所关注的神话和梦境。神话和梦境都是基于象征力而来的，其作用是引导意识避免不适合自身或破坏追求的内容，同时推动个体朝着适合内在天赋的方向发展的追求方向。

追求是天赋的现实载体，对于每个人来说，都需要通过具体的追求来展现和发挥内在天赋，从而让天赋得以发展。每个人天赋不同，找寻到适合自身天赋发挥的环境，这个天赋就能够得以展现，而找寻或者创造出这个适合环境的过程就是追求的过程。大部分人的天赋都是需要进行持之以恒的追求才能够得到特定的环境，而这个追求的过程，也是强化天赋的过程。

每个人都有着个体的使命，这个使命是为了解决自身、家族、民族、国家或全人类的某个或一系列问题而存在的，而这些使命的内容就是自性机能的核心内容，使命需要通过对自性机能的了解来发现内在追求，通过这个追求来实现自身的使命。个体通过追求发挥内在天赋，最终完成自身使命的过程就是荣格所说的自性化的过程。

天赋

天赋是以基因的形式累积在自性机能中的个体基础优势。每个个体都有其自身的天赋，天赋有两种形式：一种是祖先已经具备的天赋，这些天赋在祖先的生活中展现出来，那么祖先的后代也能在特定的环境中展现出类似天赋；还有一种天赋是祖先基于特定环境所独创的个体优势，这些优势被写入基因，从而加入祖先天赋，传递给后代。

天赋是个体内在基础优势，所谓基础优势就是更擅长于从事某种行为，从心理过程来说，是做某种更能够感受到正向的刺激，具备了相应的神经活动和内分泌活动的支持。这里说的天赋优势由神经系统和内分泌系统两个部分控制着，可以认为，在天赋的面相上，神经系统和内分泌系统是相互匹配的，意识通过控制神经系统展现出了天赋，而这个过程中内在也会获得内分泌系统的喜悦感。

举例来说，具有唱歌天赋的人，他们内在的心理和生理结构在他们唱歌的时候，可以更有效地控制歌唱的一系列神经活动，同时产生有效的内分泌激素刺激，使其从唱歌这件事中获得了内在的喜悦，进而形成正向反馈。

与此相对地，一个不擅长歌唱的人，他们的神经系统和内分泌系统并没有建立起相应的支持，从而无法有效地控制歌唱的行为，基于某种练习，或许可以强化唱歌的表现，但是因其内在分泌系统受到个体本身具备天赋的影响，这些人虽然唱歌，但是无法从这个非自身天赋中获取内分泌的支持，也就是说，个体无法获得深层的满足和享受，进而靠坚持练习得到的歌唱技能，无法形成某种基于天赋的追求。

天赋需要特定的行为或环境才能够展现其特质，更有甚者会需要极其苛刻的环境才能够展现。例如一个具有绘画天赋的人，他们所需要的展现天赋的行为就是简单的绘画这个行为，而这在我们现在社会很容易完成，因此，绘画这个天赋就相对容易展现出来。与此相对地，有些天赋则需要特定的环境才能够展现，例如一些著名的武将，如战国四大名将中的白起、王翦、李牧、廉颇，他们要展现出自身领导千军万马的天赋，需要在相对混乱的历史时期才能够展现，而在和平年代则可能无法展现，这就需要特定的环境才能激发出这些人的内在天赋力量。

天赋是隐蔽在潜意识中的，个体很难意识到自身天赋，也就是说，对于特定的行为或环境，个体难以完成，这个时候要了解自身天赋，就需要基于内在的引导，也就是我们说的通过直觉、象征、创造或情感等内容来发现内在天赋。在直觉中会引导意识重视某些天赋的内容；象征的梦境是重要的引导方式；而个体情感中的爱好或热情隐含着某些天赋；同时，创造的过程中，天赋会展现自身的状态。因此，对于天赋来说，需要对内在进行理解和感受，才能够有效地辨识和发现。

天赋是核心的能力，大多数人都是在利用自身的天赋而生活的，利用天赋的多少决定于个体的不同，其中越是能够开发和利用自身天赋的人，他们就越具有能力和影响力。

天赋的展现不仅仅是简单的过程，其同样需要基于追求不断地强化，也就是说，天赋是基础，而这个需要持续地训练，才能够让天赋成为解决问题或创造力的具体展现。例如对于具有破案天赋的警察，他们需要不断地基于各种现实案件来强化其自身天赋，从而成长为知名的破案专家。同样地，对于那些具有创造力的人来说，需要不断地发挥自身的创造力，例如写作完成一本小说，才能够展现出天赋的结果，这个就是某种追求了。

外在环境对天赋的展现是有帮助的，例如一个具有创造力天赋的个体，他在一个艺术家庭，自身的创造力就可以有效地发挥；而同样具有类似天赋的个体，则可能没有类似环境，因此，无法让自身的天赋发挥出来，这个时候就需要依靠内在力量来找寻发挥天赋的方式，也就是我们说的发现内在追求了。

追求

自性机能记录着个体的内在追求。追求指的是个体成长和提升的最佳路径。每个人在现实世界都面临很多需要成长和提升的内容，无论是身体和心理、现实的亲密关系、情感和婚姻，还是各种解决问题的能力，这些都是个体通过追求来完善的。

追求都是开发自身的天赋，天赋需要基于现实的追求在展现自身，例如一个具有教育天赋的人，他们需要努力地成为老师或讲师才能够展现自身的天赋，这个成为老师或讲师的目标就是追求。在实现这个追求的过程中，个体会不断地利用自身的天赋和能力，同时持续地成长与提升，最终实现这个追求。

追求的底层是为了成长和提升，不过追求的方向或内容很多时候都是自身所不熟悉的，需要突破自身，通过学习和成长，从而获取新的经验与体验的过程。对于个体来说，追求的过程并不是简单的，往往存在一定的挑战性，但是在潜意识看来，这些有挑战性的追求是自身可以实现的，或者说可以通过这个追求获取成长的，因此，个体需要走入新的领域，面对和解决新的困难，这些固有的天赋才能够得到发挥，从而获得进一步的成长和提升。有些追求不仅仅有难度，甚至是困难的，因为在个体特定的环境中，可能早年受到情绪的影响，阻碍了追求的实现，而这个时候，个体需要在追求的过程中，解决自身的很多内在情绪问题，从而面对自身的追求。

基于追求特点，内在引导个体的追求的时候，往往是先易后难。一般来说，个体的成长都是存在一个阶梯的，这个背后就是由于个体内在解决问题的时候具有的脑神经网络不同，需要选择那些个体更容易打开或构筑起神经网络的内容，从而帮助个体快速建立内在的信心，得到有效的提升。随着个体的成长，追求的内容将会逐步提升，个体将会面对那些自己过去难以面对的议题，例如一个擅长学习的人，过去总是逃避情感，面临情感议题的时候，这个追求的过程就需要个体克服和解决自身的内在问题，才能够实现追求的过程。因此，随着追求过程的不断提升，个体所面对的议题也越来越难，不过因为过去追求中所累积的经验和信心，可以帮助个体面对和解决新的追求内容。通过一个个追求的解决，个体的内在自性机能也得到有效强化和提升了。

追求由多个内容组成，有大的追求，也有小的追求，它们共同构成个体的使命。小的目标追求往往是自我通过努力就可实现的，这些目标追求是通过某些具体的操作，个体就可以完成的，虽然过程可能存在阻碍，但是个体可以通过一些方式得以解决，目标追求就是为个体实现其他追求累积经验。其次就是项目型追求，这些追求往往是通过很多目标型追求的实现最终实现的，这些需要个体不断地持续投入，项目型追求最终会得到某个结果。通过实现很多的项目型追求，个体就累计了个体的内在经验，从而为使命型追求的实现构成经验。最终个体需要面对的就是使命型追求，也就是荣格所说的自性化，这个过程就是个体通过实现很多的项目型追求，最终构建起一个体系，从而解决各种社会问题，实现使命型追求，使命型追求可能涉及很多人的努力共同实现才能够实现。

追求会产生相互影响的状态，某个人具有了某种追求，会吸引或影响相关的人具有相同的追求，就好像现代社会重视生态平衡，这个从某种意义上就是一种追求，而会影响具有相同追求的人投入其中，推动追求的实现。与此同时，现代社会的追求很多需要协同完成，因此，在现代组织中，很多时候调整的就是团体的追求，让大家具有相同的追求，才能够共同推动追求的实现。

个体的追求需要通过了解自性的状态才能够发现，也就是说，意识上认为的追求同自性的追求很多时候是不一致的，要了解适合自身的追求就需要感受和了解潜意识的状态。在平静的状态下，感受潜意识的状态，可以获得某种追求的引导，或者通过对梦境的解析，可以了解自性机能当下给我们安排的追求的内容。与此相对，如果个体追求出现问题，自性机能同样会通过梦境对意识提出警醒，引导意识进行自我调整。

使命

使命是个体需要解决的人类社会性问题和推动人类社会进步使命型追求。实际上使命是由一系列追求组合而成的。

每个人都有着内在使命，这些使命建立在其对于自身的认知基础之上，跟随内心，解决具体的社会性问题。显然，人类社会在每个阶段都有着各种各样的问题，而对于当下的每个人，其有着内在解决某个具体社会问题的使命，而这个使命的完成过程需要不断地成长和提升，实现众多的追求，最终实现自身的使命。举例来说，对于牛顿或爱因斯坦等科学家，他们就有着科学方面的使命，而他们通过自身的努力和分析，最终解决了具体问题，进而实现了自身的使命。对于大多数人来说，我们很可能无法发现自身的使命，其原因在于我们受到分裂机能的影响，无法发现自身的内在追求，也就无法发现内在使命了。

使命是多种追求的集合，完成使命需要多个方面的追求，通过不断地提升和成长，才能够完成自己的使命。使命的完成过程是解决现实的社会性问题，但是因为社会的复杂性，仅仅提出某些理论或者思想，并不能有效地解决真实的社会问题，从这个角度来看，真正的使命完成都是多方面提升的最终结果，因此，使命的完成可以认为是解决各种外在的问题，发挥自身的天赋，从而实现使命的过程，就好比玩游戏中的打怪升级一样。

可能有些人明白自己的使命，但是难点在于实现的过程或方式。也就是说，对于我们来说很多时候是找到合适的成长路径，太过难的成长路径或追求会让个体难以实现，从而阻碍使命的完成，唯有找寻到那条适合自身的成长路径，这个使命的完成才是可能的，换句话说，使命的完成都是基于解决小问题开始的，得到小的成长和提升，实现小的追求，最终获得内在经验，展现自身的天赋，不断地循环这个过程，最终实现自己使命的。

使命的完成是长期的，不是一朝一夕的过程，因此，这就意味着，个体需要不断地坚持内在追求，才能够完成。显然，社会性问题是长期形成的结果，因此，解决的过程也是一个长期的过程，对于个体来说，需要通过持续地坚持使命的追求，才能够解决这些问题。

使命会受到环境的影响。因为解决的社会性问题，并不仅仅是自身的问题，还会受到环境的影响。这有着多方面的影响，一方面可能是环境并不认可某个追求是否具有效果，也就是说，使命只有在完成之后才具有现实价值，因此，很多人无法认清其中的价值，导致对使命忽视或轻视；另一方面，则是原有环境的解决方案对使命有着阻碍或阻拦，就好像对于很多致力于将新能源作为发展使命的企业或个人来说，原有的化石能源就会阻碍这个使命的完成。因此，使命受到环境影响是必然的，这也是使命完成中需要面对和解决的问题。

使命具有相互影响的特点，很多时候，这些具有相同使命的人也会聚集在一起，吸引到具有相同使命的人，推动使命完成。例如微软的比尔盖茨曾经将"让每个家庭的桌上都有一台电脑"作为微软的使命，而这个使命显然吸引到了很多人，进而推动着使命的完成。这种使命的相互影响的特点，在当今社会中是常见的，同时也推动着社会不断地发展。

个体自性机能负责记录和引导个体发现内在使命，并推动个体朝向使命发展。当个体内在有着良好状态，意识又能够保持开放的时候，内在使命就会以各种的念头或梦境的方式引导个体意识到这个内在使命，这个过程因人而异，只要保持平静的状态，那个使命就会展现。我们的周恩来总理之所以能够在少年时代就有"为中华之崛起而读书"的认识，充分展现了周总理少年时期就能够感知到其他人无法感受到的使命感。

追求使命的过程就是荣格所说的自性化的过程，自性化的过程是追求使命的过程。

直觉力

直觉力是一种个体的机能，这种机能本质上是自性机能与意识之间的一种沟通方式，这种方式引导意识的选择与判断，朝着对整体有利的方向发展。

直觉力是自性机能基于神经系统直接向意识发送的一种信号，这种心理过程的起点是自性机能，自性机能通过神经元，让意识对当下的状态有一种特别的感受，从而让意识重新对当下的选择和判断进行分析。

直觉力是双向的引导：一方面引导意识避免危害；另一方面引导意识选择朝向正确的选择。避免危害我们很容易理解，在古代就是某些危险的环境，例如有着某些野兽的道路，而对于现代来说，可能就是某些错误的情感或工作，它们会让个体产生各种的问题，无法获得内在的成长和提升。正确选择意味着这个方向能够带给个体内在的成长和提升，这个就是内在的追求，进而有机会发现自身的内在使命，对于我们现代人来说，主要包括情感关系、学习方向、创造方向、研究方向或工作方向等等。

由于自性机能的隐蔽性，意识通常无法觉察到自性的存在。在生命进化的过程中，自性机能通过发展直觉力来与意识进行沟通和交流，但人们大多只能感受到直觉力的状态，却不清楚直觉力背后的意义和价值。对于人类来说，过去遭遇到自然环境威胁的时候，直觉力具有非常高的价值。

最后一种被定义的机能——直觉——似乎非常神秘。而且大家知道，我也像人们所说的那样"非常神秘"。那么，这就是我的一种神秘主义！直觉是一种机能，通过它你会发现即将来临的东西，而这是你实际上不能做到的。但是直觉会为你做到这一点，并且你还会相信它。如果你在房间内过着规矩的生活，做成规范的日常工作，那么，它就是一种你通常用不到的机能。但是如果你在进行股票教育，或者身处中非，那么你就会竭尽全力地使用直觉。比如说，你虽然不能预料到你在丛林中转个弯之后就会遇到一头犀牛或者老虎，但是你有一种直觉，这可能会挽救你的生命。所以，你会看到，"在自然状态下生活的人大量地使用直觉，在未知领域里冒险的人、作为开拓者的人会使用直觉"。发明家会用到它，裁判者也会用到它。无论何时，当你不得不应对你还没有确定价值和确定观念的陌生情境时，就会依赖这种直觉能力。（《象征生活》P15。）

因为意识依赖于感官，所以意识的选择和判断具有很多局限性。而自性机能的选择依赖于更深层的人类累积的经验，这些选择是通过直觉力的方式展现出来的，作用是为了提醒意识的选择和判断。一般来说，如果意识跟随直觉力的选择和判断，直觉力会再度产生，并在特定的情况下会对意识的选择加以引导，人类在这个过程中不是通过自己短短几十年的人生经历在判断，更多的是依靠整个人类的深层潜意识经验在判断。我们的祖先在经历无数次危险和问题之后，潜意识已将这些问题的经验根植于潜意识深处，并通过基因传递到我们的潜意识，而当我们再次遭遇这些选择时，自性机能就会调出相应的直觉状态，类似于一种似曾相识的感觉，这正是祖先的经验透过潜意识给我们的指引，是固有经验的展现，让我们感受到引导的感觉，这其实是人类固有潜意识经验的累积。

对于普通人来说，直觉力并非什么时候都会出现，一般来说，直觉力都是在重要的选择过程中发生作用，因为在普通生活中，直觉力的展现很容易被意识所忽略，那么直觉力的有效性就会降低。因此，在进行特定的重要选择时，直觉力就会以一种特殊的身体方式展现自己，例如浑身颤抖、呼吸或心跳异常等，从而凸显直觉力和当下选择的重要性。对那些有生存环境威胁的地方，人的直觉力更加敏感，而对于身处现代社会的人来说，由于不再遭受特别大的环境威胁，直觉力就不再那么明显，通常只有当我们遭遇了特别大威胁的时候，自性机能才会通过直觉力让我们意识到危险的存在。同样地，当我们在做影响人生的重大选择时，直觉也会出现在我们的意识中，并尝试引导我们。

我们常常利用直觉，但通常我们并没将这种状态称为直觉，例如我们做某些判断或评估的时候，会对某个判断的结论有一种莫名其妙的感觉，可能总感觉哪里不对但又说不出来，这种感觉实际上就是一种直觉，潜意识的自性通过这种怪怪的感觉在试图提醒我们哪里有问题。这背后往往隐藏着巨大的价值，那些在某些方面做得非常优秀的人，例如侦探或投资经理，他们优秀的背后隐藏着直觉的影响。就像荣格说的，医生常常面对一些闻所未闻的状况，当然需要大量的直觉，许多诊断都来自这种"非常神秘"的直觉。（《象征生活》P16。）

直觉力作为自性机能对意识的引导和提醒，就好像是意识与自性机能之间的沟通，沟通的一方说出了提醒的内容，需要另一方在选择和判断上进行特定的回应，然后这种沟通才能继续下去。那些选择跟随直觉力的人，会发现直觉力会不断出现在他们的意识活动中；与此相对地，那些觉得直觉力是错觉或没有价值的人，他们对直觉力的回应导致了错误或混乱的选择，使潜意识出现问题和混乱，甚至有时丧失生命。

直觉具有互动性，如果意识不断地跟随直觉的选择进行正向反馈，那么个体的直觉力会不断地产生，自性机能才能不断地引导个体做出更适合于个体人格发展的选择，提升个体的精神和外在状态，推动个体内外在的成熟和完善；如果个体意识对直觉力充耳不闻，那么直觉力就会降低，甚至不再出现，也就是说，内在的神经系统的刺激无法激活意识的关注，从而导致直觉下降，这会使得个体意识按照表面的判断，而非深层经验进行正确的选择，很可能导致朝向错误的方向发展，产生各种心理和发展方面的问题等。

直觉力也会被训练，换句话说，如果直觉力的心理活动在意识层面产生影响，这个心理机能就会被强化，进而自性机能会激发更多的直觉反应，来引导个体意识的行为和选择，这时候会产生直觉力，直觉力不断提升，个体的直觉就会越来越强，意识对潜意识就会越来越敏感。与此相对，直觉力如果被意识忽视、压抑或拒绝，这种状态导会致直觉活动被抑制，那直觉过程就会受到影响，进而直觉活动不再出现在个体的心理活动中。就好像用进废退，直觉力活动在这种意识状态下，会变得不再活跃与敏感，导致个体选择总是出现问题，进而形成内在问题。

创造力

创造力是基于自性机能的另一种内在能力，创造力是一种独创性的内容。创造力是在基因层面上就蕴含着的，也就是说，创造力是基于个体的内在细胞分裂过程中，形成新的不同的基因突变，从而形成创造力的。例如对于问题的新的解决思路，本质上就是神经系统活动，并且形成新的神经细胞的状态。对于绘画与艺术也是一样的，都是在通过底层的基因突变，形成个体创新的活动。

社会有很多固有的规则或内容是基于创造力而来的，创造力就好像人类的生命长河中开出的新花朵或果实。创造力是一种全新的内容，当个体进行创造力、发现独特的东西的时候，就是在发挥自性的过程，这个过程可以理解为意识在运用自性的创造力。那些开创时代的科学家，比如牛顿、爱因斯坦等，就是运用了自性的创造力。很多作家或画家都是利用创造力开创了自身独特的内容，这些内容就是创造力的展现。创造力的过程本质上就是自性展现自身的过程，当自性发挥创造力的时候，也是个体做自己的过程，在这个过程中，个体通过创造力展现出自身的价值，也推动了人类社会的发展和进步。创造力这种重要的力量只有通过自性才能被发挥出来，这个过程会让意识获得极大的满足感。

创造力发挥受两个方面的影响：一个是特定的方向和选择；另一个是内在的环境。

创造力需要特定的环境来展现，每个人都有着独特的创造力，自性机能知道这些创造力的内容，但如果意识不能创造展现这些成果的特定环境和条件，那么自性机能就无法发挥出创造力。那些发挥了自身创造力的人，因为他们找到了发挥自性机能的方式，于是自性机能就可以持续地发挥创造力，比如一个具有音乐天赋的人是需要通过音乐，而非数学来发挥创造力，同样地，一个擅长运动的人，也无法在画板前发挥创造力。通常人们对自身的创造力一无所知，那些发挥出创造力的人则能在相应的领域取得辉煌的成就。自性机能通过很多方式引导意识朝向自己应该去的位置，无论是直觉或梦境等方式，都是在尝试引导我们朝向特定的方向，发挥特定的能力。所有的创造性都是由自性机能带来的，当一个人创造新的东西，或者发现某个新东西的时候，就是自性在发挥作用。所有的创造都是由自性的力量提供的，自性的意义就是创造，我是谁就是通过创造来展现出来的，创造就是我是谁的标识。

影响创造力的内在环境则是各种分裂机能，当我们做一个自性机能创造力方向的时候，我们的头脑在想这件事能否带给我们金钱回报，或在发挥创造力的时候，觉得自己没有这个能力，这些内在的分裂机能产物会导致意识无法坚持到创造出应有的结果。所以创造力需要一个干净的内在潜意识环境，只有清理了那些影响我们自我认知的垃圾，在发挥创造力的时候才能做出真正独特的内容。所以对于大多数人来说，要发挥创造力，就要一方面将固有的内在潜意识垃圾清理掉，阻止潜意识垃圾的进一步产生；另一方面要跟随潜意识的引导，发现那个真正适合我们发挥创造力的方式，这样才能真正发挥个体的创造力，为人类文明的进步开创全新的成果和内容。

情感力

情感力是自性机能所具有的一种对于天赋、追求和使命有正向作用的内容物产生正向热爱的能力。热爱是一种自性机能对于具体的天赋、追求和使命内容的正向反应，这种反应在潜意识层面通过神经系统和内分泌激素共同作用，从而让我个体感受到这种热爱的状态。其推动着个体跟随自性机能的方向，其中蕴含着天赋、追求和使命的内容。

情感力热爱的内容能够让个体心理获得巨大的满足感，每个人都有着自身的爱好，而这些爱好就是情感力的一种基础展现，我们对于自己所热爱的东西，就会热情地投入其中，在做的过程中，个体心理获得极大的满足感，从而推动个体持续地投入。

情感力都是能够让当事人在做的过程中获得持续和成长和提升的。这也就意味着，对于我们来说，情感力是能够让个体获得内在提升的内容，很多现实的内容也能够让我们获得快乐，但是它并不是情感力的展现，而仅仅是欲望的满足，例如烟、酒、毒品等，这些内容让我们获得了欲望的满足，而这个是基于破坏内在身体能量为代价的。因此，情感力展现热爱和热情的状态，一定是能够让个体获得成长和提升的内容。

情感力的内容并不是唯一的，也就是说，对于内在的天赋、追求和使命相关的内容并不是唯一的，每个人在自性化的过程中需要众多热爱的内容，才能够不断地获得。我们在思想的成长和提升过程中，可能需要不同的思想家给我们提供不同的成长和提升，而每个阶段我们都是具有情感力的。换句话说，随着个体的成长和提升，激发情感里产生的内容物会随着成长不断地提升。

使命感是个体找寻或发现自身的使命之后，个体产生的一种情感力展现。使命感同样展现了热爱和持续的投入。显然，使命隐藏在潜意识中，要激发使命感，需要首先发现自身的内在使命，就好像孔子所说的"五十而知天命"。当个人通过一些方式找寻并发现了自身使命之后，对这个内容产生的一种强烈的热情就是我们所说的使命感，使命感会推动个体不断地推动使命完成，这就是情感力的深层展现了。

象征力

象征力是指利用 A 形象展现 B 内涵的一种能力。对于现实来说，我们很少用到象征力，但是对于潜意识梦境，都是运用象征力来编制的。自性机能通过运用我们现实的素材，编制潜意识的内涵，试图以一种象征的方式来引导我们发现内在的引导。而这些编制的方式最主要的两个产物是神话与梦境。

神话是基于象征力产生的，世界各地的文化，都是运用象征力展现的，我们发现神话很难以现实的角度去理解。以古希腊神话为例，如果我们用现实的角度去理解，会发现里面充斥着所谓的乱伦的内容，但是，如果我们用象征的角度去理解会发现其背后有着深刻的心理学内涵，而这正是荣格所研究的重点。

梦境是另一种象征力的产物，而梦境之所以对我们每个人如此重要，在于这些梦境是基于我们每个人自身的自性机能所运用的象征力所产生的，可以说梦境就是关于我们的神话，只是大多数时候，我们无法理解其深刻的内涵。当我们能够通过对梦境的分析，逐渐理解梦境的含义，我们会发现梦境内隐藏着个人的天赋、追求和使命的碎片。我称之为碎片，是因为单个梦境的容量是有限的，而每个人的天赋、追求和使命是如此丰富，这就使得梦境只能以梦境碎片的形式展现潜意识内容，而个人如果需要真实理解自己的潜意识，就需要坚持不懈地关注和理解自身的梦境，从而发现自身的神话。

人也可以运用象征力来展现很多内容，这些时候就是运用了潜意识的象征力，很多具有深刻内涵的作品，无论是文学或影视作品，其之所以受人追捧，就是创造者运用了潜意识的象征力，从而让作品具有了潜意识神话的品质，可以说，这是个人神话的一种展现形式。当个人在运用象征力的时候，就是在创造一种个体性的神话了。

显然，象征力对于个体是重要的，无论是我们理解潜意识的象征力产物，还是意识运用象征力创造某些作品，掌握象征力是关键的。而基于对梦境的理解提升象征力是最简单和有效的方式之一。

自性机能的觉察

自性机能隐藏于潜意识之中，我们很难分辨自性机能的内容。人类历史上通过很多种方式来尝试发现自性机能的状态，无论是古代的萨满祭司或后来的宗教体验，其背后都是为了发现自性机能的内容。而现代科学随着分析心理学对潜意识的关注和研究，逐渐揭开了心理结构，特别是自性机能的面纱。

自性机能作为一种重要的潜意识内容，要观察和分析自性机能，我们不能依靠现实的心理状态，因为每个人无法感受到对方的心理感受，只能够依靠一种心理产物进行科学的观察和分析，而这个观察潜意识内容的内容就是梦境。

基于荣格对潜意识的分析和研究，荣格提出了自性机能的内容，实际上，自性机能不仅仅是一个概念，对于我们每个人来说，自性机能都是可以被观察到的，而我们延续了分析心理学的研究方向，明确了自性机能在潜意识中的展现形式。

【梦案例】

1. 梦到我到男友（感觉像肖战）家去了，他家有他妈妈和一些人在。

2. 随后好像是准备下芝麻汤圆、红豆沙汤圆吃，好像芝麻汤圆是有芝麻馅的那种，红豆沙里的汤圆是没馅的小圆子。芝麻汤圆材料齐全能做，红豆沙里的小圆子没有，我说是不是要叫个外卖，或者我回家拿一点小圆子，我家里有。但后来也没另外弄，就先做了芝麻汤圆，汤是芝麻糊的做法，里面还有芝麻汤圆，我给他家的所有人都盛了一碗，基本都分掉了，感觉是要芝麻的吃完后，再做红豆的。

3. 随后我在他家弄的时候，男友好像是出去工作了，我就醒了。

这个梦中自性机能就以男友的方式展现了出来，而我们这个梦中的相关互动或行为就代表我们的意识和自性机能之间的关系。

我们知道梦境会以象征力展现潜意识内容，而自性机能作为潜意识的重要组成部分，其也会以具体的形象来展现自身，简单来说，就是梦境中的某些人物形象就代表着自性机能。一般来说，自性机能往往以我们挚爱的人作为形象，这些就是我们的男女朋友、老公老婆、好闺蜜、好朋友等，自性机能通过这些形象展现自身，而这些人的状态、互动、表达都是自性机能在展现自身的状态，通过对这些人物状态的判断，我们就知道自性机能要表达什么、有什么问题以及它们和意识之间的关系等。

当然自性机能展现自身的方式不仅仅是以上这些形象，还可能是其他的形式，在后续心理解梦技术中，我们会通过一些方法分辨自性机能，从而明白自性机能的状态。

（2）思想机能

思想机能是人类面对并解决问题，同时提供记忆力、分析力、判断力、抽象力、系统力，最终形成系统性解决方案——也就是智慧——的心理机能。

思想机能同自性机能一样，以基因的形式在个体心理中延续，这些基因会形成特定的神经元结构，在内外在的刺激过程中，展现出内在的思想机能。

第二种能够识别出来的机能是思考，如果你受教于一位哲学家的话，那么思考成了某种非常复杂难懂的东西。所以千万不要问一个哲学家关于思考的问题，因为他是唯一不知道什么是思考的人，其他任何人都知道什么是思考。你对一个人说，"现在严谨地思考吧"，他确切地知道你的意思，但是哲学家绝对不会知道。思考以其最简单的形式告诉你——事物是什么，赋予该事物一个名称。它增加了一个概念，因为思考就是知觉和判断（德国哲学家称它为统觉）。（《象征生活》P14。）

思想机能作为一种心理机能，存在着很多心理活动，这些心理活动在特定的思维过程中展现出来。从潜意识发展的过程中来看，每个个体都会在生活中遇到各种问题，最初的问题是什么是天敌，我们需要分析并对这些问题进行解决。我们还要想办法记住哪些是可以吃的，以及捕获猎物的方式，这些就是评估和判断的过程。我们要分析这些天敌的影响，通过分析、判断，最终想出解决方式，对于猎物也是同理。

相对于动物的思维过程，人类的思维过程高度发达，人类拥有跟动物一样的状态，我们会去分析和判断如何解决天敌的影响、如何更高效地获取猎物，形成人类的解决方案。人类过去面对的更多是现实生存问题，但当人类社会不断发展，人类面对的问题也在不断发生变化，人类社会在发展过程中，比如通过部落之间的冲突和竞争这些社会性问题，推动人类走入文明社会，建立了不同的规则体系，这些都需要人们利用逻辑、抽象和系统化能力，来解决表面背后的本质问题。人类在解决了现实世界的问题之后，开始进行思考了，这里说的思考是对环境、世界、存在的思考和分析过程。实际上人类是唯一能思考人为什么存在的意义的。人类利用了逻辑、抽象和系统化的方式，通过不同的方式对现实的现象和问题进行反思和解决，最终系统化地解决了这些问题的过程，就是人类的思想体系的形成。

人类所面对的不仅仅是生存问题，我们还要思考人类存在的价值和意义，这些是通过不断地感受和思考所得出的。正是在古人不断地思考和发展之下，人类才对现实世界的各种问题有了系统化的解决方案。无论是古希腊的哲学家，还是中国先秦的思想家，都是对人类自身和社会的各种问题进行逻辑分析、抽象和系统化，从而形成了一系列解决方案，这种过程一直持续到现代科学，人类面临的问题更加复杂，思想机能也在不断地发展和完善，并通过潜意识的方式传递和影响后代。

人们具有思想机能，但并不意味着每个人都具有思想，换句话说，这些思想机能的发展是要通过对问题的反思，在解决问题的基础上才能得到不断发展的。通过不断面对各种内外在的问题，我们的思想机能通过思维的过程而被强化，这种强化的过程使得思想机能不断发展。思想机能不仅仅是思考，而是通过解决问题才能让思想机能被激发，这样才能够在潜意识层面持续存在。我们获得的很多知识很快就会被忘记，因为这些知识并不是以解决具体现实问题和形成个体经验的方式存在的，这些思想机能并没有真正被发展。所以发挥思想机能需要基于内外在问题而展开，这样才会形成思想机能的思维方式，古人称之为智慧。思想机能在荣格的理论中被称为智慧老人原型，其本质带有智慧的含义。

思想机能以基因的方式在人类内部心理传递，也就是说，过去祖先思想机能的完善，在基因层面增进了内在神经，所以当我们在现代社会发挥思想机能的时候，就会产生不同的天赋状态。每个人都有独特的天赋思想机能，所以每个人都能找到适合自己的思想内容或思维方式，很容易地在潜意识思想层面激活原有的神经网络，让个体特别适合于某些方面。

以思想（idea）一词为例。它可以追溯到柏拉图的"理念"概念，永恒的思想被作为永恒、超验的形式储藏"在超天界"之中。先知的眼睛把它们感知为"家神像"（imagines et lares），或者梦中的意象及具有启示性的异象。或者让我们以解释物理事件的能量概念为例。当初它是炼金术士的神之火，或者燃素，或者物质固有的热力，类似于斯多葛学派的"原始的温暖"（primal warmth），或者赫拉克利特的"长明火"，类似于无所不在的生命力——通常被称作神力（mana，又译超自然力）的生长及神奇治疗能力——的原始溉念。（《原型与集体无意识》P29。）

思想机能是潜意识的一种独特的内在核心，是一种思想体系，累积在潜意识之中蕴含着解决问题的方式或路径，而对于我们来说，思想机能仿佛一个宝库，打开宝库的钥匙就是问题，当我们遭遇内外在问题的时候，只要开始思考和反思，就是在尝试打开这个宝库，是在尝试打开思想机能、发挥思想机能，我们解决问题的方式就形成了个体化的思想机能产物，这种产物可以帮助后来面对类似问题的人。人们解决问题、运用思想机能，最终产生思想机能产物的过程，形成了文明的发展。

问题

问题是思想机能的激发点，个体的思维活动是以问题为切入点的。这个问题可以是外在的某个问题，或者说自己问自身的问题，当这个问题被意识提出到潜意识中，问题就转化成激发思想机能相关神经活动的内容物。

人类在发展过程中遇到了各种各样的问题，而人类不同于其他生命体的一个特点就是人类能够主动地面对问题，直面问题是人类重要的特质，因为有了这个特质，导致了人类的思想机能不断地发展，这个发展过程在机体上展现就是脑容量巨大的发展。而这些解决问题的思维能力就以基因的方式留存在人类潜意识中，当人们面对特定问题的时候，这些思想机能再度被问题所激活，从而重新具备思维能力。

对于我们每个人来说，都是需要找寻到适合自己内在天赋的问题，也就是说，每个人都适合解决特定面向的问题，对于我们来说，找到适合个体内在思想机能的问题就是成长的关键。那些能够具有智慧的人都是找到适合自身思想机能的人。

智慧

智慧一种对问题的系统化解决方案，人类社会对某个方面的系统化解决方案就形成了人类的智慧。智慧是思想机能的重要产物。

智慧是在特定方面是通用的，而人类社会的每一次发展和进步，都是基于人类社会系统解决方案的发现而提升的。我们从物理学的发展史可以看到，从牛顿提出了牛顿三大定律，奠定了经典力学的基础，到爱因斯坦提出的相对论构成了现代物理的基础，物理学正是针对特定方面问题的解决而不断发展的，而这个解决方案，可以解决一系列问题，推动着人类社会的发展。近代科学的很多方面都具有通用性的特点。

智慧是可以共享的，显然，不同的个体、社会、文明之间都可以共享智慧，这些因个体对特定问题进行解决，形成的智慧是人类所共有的，对于不同时代的人来说，很多古老的智慧对于今天的我们依然有效，特别是那些针对人类自身问题的解决更是如此，这就是为什么很多的传统思想今天依然具有活力。

人类社会的发展依托于智慧的发展，虽然当下我们活在一个科技和文明高度繁荣的社会，但是现代社会人类还是有各种新的问题需要我们去解决，因为新的问题有着新的特点，我们需要面对这些问题，并形成新的解决方案，这推动着智慧不断地发展。可以说，人类目前所掌握的内容和面对的问题依然是非常多而复杂的，这也就意味着，我们需要回到问题本身，抓住关键问题，形成新的解决方案，推动新智慧的产生，从而推动人类文明的进步与发展。

作为思想机能的重要产物，智慧的产生需要运用思想机能的各个部分，也就是说，智慧的产生基于对现象的复杂思维过程，调动多种内在神经活动，在神经系统中形成对问题的复杂的思考，个体运用了多种能力，并且持续面对问题，从而在思考中形成了复杂脑神经网络，而这些复杂的脑神经网络，最终相互作用下，形成了智慧。可以说，人类的思维机能和其能力是智慧产生的基础，而不断地坚持对特定问题的思考就是智慧产生的条件，最终形成的解决方案，就是智慧的结果。

记忆力

记忆力是思想机能的基础功能，每个人都具有记忆的能力，这种能力是与生俱来的，实际上，个体要在现实世界生存，需要有太多的内容需要记录。在生命的早期阶段，个体就需要记住什么东西是能够吃的，什么东西是要吃掉我们的，因此，记忆力是生存的基础。而这种记忆力发展到了人类则变得不同，随着人类社会的发展，我们需要记录的事情从基础的生存，到了制造石斧，到后来我们需要记住如何生火，哪些植物可以食用，再到现代社会的各种规则、各种知识、人与人之间的关系等，这些都是需要我们进行记忆的内容，唯有记住这些，我们才能够在现实世界生存。

记忆力是基于大脑中的海马体进行构建的，在记忆的过程中，就是通过外在的刺激，通过神经系统透过海马体存储于大脑皮层，当意识需要回顾这些内容的时候，就是在潜意识层面同思想机能进行交互，这个交互过程在神经系统进行传递，在通过思想机能中的海马区进行检索，最终呈现在意识层面上。

那些短期记忆是很容易忘记的，因为这些内容对我们的生存的影响不大，例如上个月我们吃了什么东西，这些对生存的影响不大。于是思想机能会在定期将这些存储的神经元进行清理，从而避免过度消耗内在能量。

对于那些需要长期记忆的内容，思想机能会基于海马体进行深度神经节的构建，构建的过程一般都是基于我们所熟悉的内容，于是我们学习知识的过程，就是在构建一个关系某个知识体系的神经网络，这个类似于思维导图的过程，而越是能够联系到自身现实生活，这个神经网络构建得越紧密，从而能够维持长期记忆。记忆的过程是核心的问题等内容和索引地址存在于海马区，而具体的感受或内容则存储在不同的大脑皮层中，例如学习英语单词的过程中，涉及读和写两个部分的内容，那么海马体存储记忆的时候就是分开存储的，这个过程中我们可能出现会读了，但是可能不会写，这个时候就是两个部分的神经细胞都建立，因此，需要不断地通过写单词，刺激大脑皮层中写作这个行为的神经元，从而建立记忆，当两者都建起来后，这个内容就被记录下来了。

回忆就是对海马区的检索过程，对于那些已经建立起来复杂的网状神经节的内容，大脑就很难忘记，特别是当这些内容每天在生活中运用的时候，这些神经细胞被经常性地刺激，获取了更多的养分，从而使得记忆更加清晰。反过来说，那些我们长期不用的内容，也可能会慢慢忘记，但是如果网络已经存在，通过一些复习则可以重新建立网络。

记忆会受到情感或情绪的影响。这里情感会增强我们想要记录的内容，也就是我们学习某些知识的过程中，如果对这些内容有兴趣或热爱的，那么记忆会强化海马体的记忆状态，这些记忆会更加容易被记住。与此同时，如果我们对于某个知识有情绪，例如厌烦或不耐烦的时候，这些知识就很难被海马体构建起记忆，或者说很容易被清理。个体在情绪状态下很难记住东西，这个时候记住的更多是感受，因此，当我们学习的时候被批评了，情绪要强过知识，因此，这个时候情绪的记忆是优先于知识记忆的，此时不调整好情绪，知识更加难以记住。

分析力

分析力是思想机能的重要能力，所谓的分析力就是意识以问题的形式向思想机能传递信息，而思想机能基于自身固有的经验对问题给予解答的过程。可以认为分析是一个自问自答的全过程，这个过程中，个体无论得到的结果是否正确，这个神经系统已经在运作了，而当我们找寻到其他的回答或答案的时候，我们基于自问自答的过程，对理解和记忆外在的内容更加具有经验。

分析的过程，问题是起点，也就是说，不论是别人给我们提出问题，还是我们自己跟自己提出问题，提出问题的过程都是非常重要的，当意识关注在问题的时候，就是在向思想机能传递解决方案的过程，这个时候思想机能就准备开始运作了。

自我回答就是分析的后半段，这个过程中，思想机能会发挥作用，通过跟自己固有的经验或内容找寻对问题的回答，无论对错，这个过程就有了一个分析的流程，这个流程就在神经系统中形成了对这个问题的神经节，而我们对问题分析得越多，我们就具备更强的分析能力。

分析的过程就是通过问题和对问题的回答构建内在神经元的过程，对于那些我们熟悉的内容，我们更加容易分析；对于那些我们不熟悉的内容，通过熟悉的内容进行类比或关联等方式，我们就在将原有的神经细胞和新的分析过程进行关联，从而形成新的神经网络，让我们对这些问题的理解更加深刻，同时记忆力也会因为这些神经刺激而增强。

分析力的提升是可以通过练习而来的，也就是说，当我们面对问题的时候，同时结合我们自己的内在知识、感受、经验对这些问题进行逐一的问答的过程，就是我们在打开分析能力的过程。从这个角度来看，苏格拉底的"产婆术"就是一种通过问题来激发对方分析过程的一种方式。

分析力对于个体来说很重要，因为这些分析能力让我们能够构建更多的神经系统，从而解决社会的各种问题。同时对于社会来说，分析力的应用往往能够推动人类社会的进步。牛顿在看到苹果落在地上之后，马上就提出了问题，为什么苹果总是落在地上，基于对这个问题的分析过程，牛顿创立了牛顿三大定律，形成了经典力学理论，对人类现代社会有着深远的影响。

判断力

判断力是思想机能中对自身的分析过程或外在给出的答案中，基于事实、认知、经验、感受等进行综合分析，最终意识选择认同某个答案的心理过程。如果说分析过程是找寻答案，那么判断就是对各种答案进行分析，选择那个自身认为对的答案的过程。

判断力可能是基于自身的分析所带来的，也就是自身可以对某个东西进行分析，这个过程中就是运用了分析机能，给出一个或多个答案。这个过程也可以是外在给我们的，也就是说，当我们面对问题的时候，可能有很多人已经写出了分析报告，这个过程就是我们需要在这些分析的结果中判断是否分析正确，同时这些结果中哪个是正确的。

判断力的运用是为了解决某个或多个现实的问题，有效的判断力就是可以解决并且通过判断带来良好的结果；同样地，错误的判断可能导致个体的问题，有时候甚至导致组织或国家出现问题。历史上著名的英国巴林银行，由于公司期货投资经理错误地判断了日本股市的走向，导致银行的巨额亏损，最终这家成立了200多年的银行宣布倒闭。

判断力需要分析和经验的支持。分析是判断的基础，可以认为对问题的分析越清楚，那么判断的准确性越强。判断力同样需要个体经验，很多长期的活动，需要极强的专业性，这些专业性就属于个人经验的范畴，基于这些以神经系统为基础的经验，个人就可以做出正确的判断，实际上我们现实工作中做事情，想得到有效结果，就是需要特定的经验，没有经验，很容易判断错误。判断力从理性上就是分析和经验，不过还有些内容是超越理性的，例如我们前面说的直觉力会影响判断，但是实际上，这种直觉对判断力的影响，其本质是就是一种特定的经验。我们知道某些事情不能够仅仅依靠过去的材料，特别是对于未知的内容，往往就需要通过直觉力所形成的判断力来做出决定，这个时候，判断力就是基于固有的一种认知经验，代表过去有过类似成功经验，这些内在影响了个体的判断，在思想机能上得到了一种特殊的判断力。

判断力不仅仅基于个体经验，实际上，对于现实世界的判断，个体的经验是一个方面，更重要的是人类共有的经验，也就是我们所说的人类智慧，这里的智慧是对某个方面的系统解决方案，而这些解决方案能够在某个方面上给出正确的判断。实际上很多时候，我们前人已经对这些智慧不断地验证，从而不断地转化成个体经验，因此，掌握更多的人类共有的智慧，对我们判断力的提升有着重要的帮助。

经验力

经验是思想机能中的一种能力，当个体面对某些问题，并且自身通过自己的努力解决了，这些内容就形成了经验，存储于大脑皮层之中。所谓的经验是对特定问题给出正确解决方案的能力。

在我们面对问题的时候，个体会通过分析、判断等思维过程，尝试对问题进行解决，这个解决的过程中，内在思想机能在扩展自己的神经元，找寻解决问题方式的过程，需要行动，也会遇到各种的情绪挑战。当我们耐心解决了某个问题之后，会让我们特别兴奋，从而在神经系统中形成了经验力的神经元。

各行各业都有着类似的情况，特别是在那些需要通过不断地尝试进行解决问题的过程中，例如我们如果在做科研的过程中，很多实验的过程都是需要等待和未知，再通过查询各种解决方案进行解决，这个在软件开发过程中经常发生，遇到了某个 bug，我们就需要进行反复地调试，最终找到某个问题的解决方案，而找寻解决问题的方式也是重要的解决方案，这个对于各行业来说都是重要的，对于程序员来说，就是查 github 或类似网站，对于其他研究也是类似的。经验对现代社会特别重要，经验的累积就是神经系统对问题解决能力的累积。

经验力是可以传承的，例如当孩子遇到了不会读的字的时候，身边的人会传授这种经验，通过查询字典来解决这个问题，类似的经验传承在我们生活中经常发生。而在企业中，遇到的问题，也可以通过有经验的同事传递给新来的同事，这种传承对企业活动异常重要。现实生活中很多解决方案都是潜规则，是没办法拿出来讲的，而这些潜规则也是某种形成的经验，对特定的问题形成的特定解决方案，这些都是经验。

人类社会存在着太多的经验，而这些经验的传递是人类社会不断发展和进步的重要推动力，这些经验以各种形式存在于我们身边，有的是数据化的，例如书籍或搜索引擎等，这些内容都是经验的总结。还有些经验则是通过指引才能传递的，这个就好像很多的医生既是医生，又是医学院的导师，因为某些特定的经验形成的过程需要有人引导，不然会产生问题，而类似后者人为传递方式的经验价值更高，传递的时间也更久。很多行业之所以有着较高门槛，就是这些行业需要特殊的经验才能够胜任，因此，掌握特定经验的人，具有较高的社会价值。

经验力对每个人的个体发展都是至关重要的，能够解决既定的问题，这个能力是非常重要的，这些经验要在现实生活中将知识或别人的经验在现实中呈现出来，这个过程本质上就是人类经验的传承和传递。对于每个人来说，成长的过程，就是不断地形成新的经验，从而应对各种问题的过程，这个过程中个体累积各种解决问题的能力，最终做到自性化。

抽象力

抽象力是思想机能中对现实内容的综合、归类，进而发现表面现象背后隐藏规律的思维过程。

随着人类社会的进步，人类的思维模式也开始从表面的现象入手，尝试找寻事物的深层规律，从定居的农耕文明对天文和气象的观测，总结出了各种天文历法，以指导农业生产活动，到古希腊亚里士多德对科学的研究，再到近现代自然科学的蓬勃发展，人类就是在尝试通过小的事情中发现和总结背后隐藏的规律，这些规律就是人类文明的重要基石，推动着人类社会的快速发展。

而这些对表面事物的研究，就是以思想机能的抽象力为基础的，这种抽象力就是通过比较各种内容，并对这些内容进行综合、归类，最终提出事物发展的背后规律，再通过现实生活中的内容不断地对规律的内容进行验证、修正和完善，最终形成了各种规律性的内容，包括各种规律的总结，无论是几何学的各种公理、定理，还是牛顿的万有引力定律，再到基因的DNA双螺旋，这些都是基于抽象力而得出的。

抽象力的基础就是对现实内容不断持续地观察和分析，不断地尝试提出某些规律，再通过现实进行验证，整个过程中就是抽象力的展现。这个过程的基础就是不断地累积，科研工作者不断地反复进行实验，就是通过实验来验证抽象力的结果，进而提出相关的规律，推动人类社会的发展和进步。现代社会抽象力越来越重要，因为抽象力都是对基础内容的研究和分析，这些需要投入大量的时间和精力，才能够运用抽象力总结出有价值的规律，而具有抽象力的研究人员无论对于国家还是人类文明来说都是非常珍贵的。因此，不断地培养更多具有抽象力，从事基础内容研究，发现基础规律的人类，对推动社会进步至关重要。

系统力

系统力是将简单信息、规律，进行有机划分，最终整合形成某一维度的系统化的解决方案。这种系统化的解决方案具有深层的逻辑，基于这个解决方案，人类可以解决某个领域内的一系列问题。

系统力是基于事实和规律而来的，基础是抽象力，通过抽象力发现很多小的规律，最终将这些规律有机地整合在一起，就形成了某个维度系统的解决方案，人类社会发现就是不断地形成系统的过程。系统可以解决既有的问题，也可通过系统推广和发现新的内容，成为创新的基础。

系统力的起点很多时候就是对某个问题的分析，然后通过分析过程，运用抽象力，不断地解决问题，发现问题背后的规律，进而将这些规律放在一起，总结出一整套的体系化解决方案。牛顿基于对苹果落地问题的思考，开创经典力学，就是系统化的理论，进而解决了宏观世界和低速状态下物体运动问题。这种系统化的解决方案在特定领域范围内，是持续有效的。不过在另一个领域，这些系统性的内容可能需要新的系统力思维进行解决，比如爱因斯坦的相对论就是另一套系统化的解决方案。所以系统力是通过对某些问题思考得出的抽象内容，并最终运用系统力去验证这些内容在现实中的状态，从而形成相应的系统解决方案。

人类社会从古至今，提出了很多系统论，这些都是运用系统力而得出的，这些系统化的解决方案推动了人类社会的进步，系统性地解决了某些问题，比如荣格的分析心理理论就可以被看作解决心理问题的系统论。

人类社会在不断进步，人类的认知也在不断增多，我们所面对的问题也在不断增多，系统论也在不断增加和完善，可以用来去解决现实问题。中国自古以来就有很多运用系统力形成系统论的内容，比如中国的道家理论或中医理论，这些都是系统化解决问题的方式。而近代科学的进步更是一场系统论的革命，对我们中国同样有着重要影响，中国要引领人类社会的发展和进步，同样需要更多运用系统力，并不断地发展系统论，这样才能解决层出不穷的问题，持续推动人类社会进步和发展，重铸中国的文明之光，引领人类社会进步。

思想机能的觉察

思想机能在一个人的潜意识中，我们通常并不清楚自己的思想机能是否正确，如何做出正确的选择、判断和对自己有正确的认知，就是非常重要的。

每个人活在这个世界上都有一些为了实现预期的行动或目标，而预期的结果是由对自身和世界的认知产生的。只要我们能够发现世界上的规律或规则，我们就能通过这些正确认知，发挥更多的创造力，从而更好地生活。现代社会和现代科学就是基于思想而来的，当人们有了正确的认知之后，通过这些认知改变和创造了世界，所以科学进步都是正确思想的产物。

【梦案例】

1. 梦到我爸养了一只棕色的很大的鸟，我好像没见过这只鸟，我爸还过去薅了鸟的翅膀，展示给我看，这只鸟很通人性，感觉听得懂人话啊，而且这只鸟还会给我爸打电话。这鸟掏出电话还给我爸打了，一开始没打通，过了几秒我爸手机真的响了，好像打电话也是我爸训练的，为了这鸟有事的时候能联系上我爸。

2. 随后我爸还给了我东西喂它，好像是一个小板，我伸过去喂，它用嘴来衔，我跟它互拔，感觉它劲儿还挺大。

3. 好像床头墙上有一两只小虫，被我摁死了，我看看还有没有其他虫，好像没有其他的了，就醒来了。

在这个梦境中，思想机能以爸爸的形象展现，而这里就可以看到思想机能的具体状态和行为，进而明白思想机能和意识之间的关系。

思想机能在荣格的原型中被称为智慧老人原型，这里的智慧老人是指某种智慧的展现，智慧是指那些固有的能带给我们正确判断的思维方式或内容。实际上，对于我们内在来说，很多象征物都代表着智慧老人，比如我们的父亲、爷爷、姥爷、老师、老板或领导人等，这些人都象征着智慧。

我不会无休无止地举例。知道一切重要思想或者观点无不具有历史渊源便足够了。它们最终悉数建立在原始的原型形式之上，这些原型形式的明晰可以追溯到意识尚未思考，仅仅感知的时代。"思想"（thoughts）是内在感知的客体，全然未经思考，虽然被作为外在现象为人感知——也许被看到了或者被听见了。从本质上讲，思想是启示，不是被发明的，而是被强加在我们身上的，或者通过其即刻性与现实性令人觉悟。这样的思考先于原始的自我意识，后者与其说是它的主体，还不如说是它的客体。但是，因为我们自己尚未爬上意识之巅，所以我们也拥有一种先在的思想；它不会为我们所意识，除非我们失去了传统象征的支持——或者用梦的语言来讲，除非父亲或者国王已死。（《原型与集体无意识》P29。）

荣格在这段中已经暗示我们，实际上在梦境中出现的各种的父亲、爷爷、老师、老板、领导、国王、国家领导人等，都象征着我们内在的思想机能。通过对梦境的观察，我们能够知道自身思想机能的状态或问题。在具体的梦境中，父亲可能代表我们已经掌握的思想机能，而老师或老板则可能是那些需要我们提升的思想机能，所以当梦境中出现这些角色的时候，我们需要去思考这些思想机能背后所隐藏的问题或引导，进而明确思想机能的状态，同时在产生问题的时候有意识的进行调整和改变，以得到正确的结果。

（3）能量机能

能量机能是潜意识中负责获取、分配、利用现实资源的内在心理活动，其为个体心理提供行动力、控制力、生存力、调节力、适应力的心理机能，从而支撑个体的精神活动的发展。能量机能在荣格的理论中被称为母亲原型。

对于我们来说，资源的获取、利用、分配、清理在内在潜意识层面我们很多时候意识是不清楚的，不过潜意识通过各种内感受器让我们意识到需要获取资源，这个就是个体饿了、渴了、困了、累了等，饿了、渴了就是能量机能需要进行获取资源的行动，而困了、累了则是能量机能需要进行清理、维护的过程。现代科学中，我们知道人体有着各种的内在资源需求，就是碳水化合物、蛋白质、脂肪、维生素和矿物质等，这些内容都是人体内必需的各种资源，而资源的缺失导致的就是能量机能出现异常，同时，资源的过度累积，也会导致能量机能异常。这些异常就会以疾病的方式展现出来，而此时就是能量机能的内在资源控制出现了问题，需要意识对这些内容进行重视。我们最常见的就是维生素 C 缺失导致的坏血病，这个的本质就是资源的缺失造成的能量机能的问题。

对于人类来说，能量机能不是靠简单的行动就可以获取到生存资源，其他生命体依靠捕食就可以获取猎物资源，但是人类社会须依靠各种社会岗位来获得社会资源，这就意味着，人类的能量机能要适应社会的快速变化，通过调整自身的内在能力，找寻到适合自己的资源获取方式，从而保持能量机能的稳定性，这个过程也是内在能力的提升。

除了现实的物质资源之外，另一种重要的资源就是性的资源，也就是说，每个人能量机能都倾向于获得外在的性资源，从而获得生命和精神的延续，这个是个体内在的重要驱动力，而正常的性资源的满足，对维持正常人的生理和心理稳定都是至关重要的。

能量机能对内在资源的获取和利用有一个周期性，与我们的生命周期有关系，在早期阶段，我们对现实世界的物质资源利用率很高，在青壮年时期到达顶峰，随后能量机能的利用率开始变低，直到老年个体资源的利用率变得更低。而对于个体来说，个体的生活方式对能量的利用率有着很大影响，对于生活规律、保持运动的个体来说，资源的更新和维护相对更加高效，从而可以让能量机能保持本来的生命活力；与此相对，那些混乱的生活方式，则会导致能量机能因为无法有效地获取和维护内在资源，导致各种问题，出现能量失控，进而引发各种的疾病。

我运用下面的论据来解释这个问题。母子关系无疑是我们所知的最深最浓的关系，事实上，有些时候孩子是母亲身体的一部分，之后的许多年他是母亲精神生命的一部分，因此，孩子身上所有原初的东西都与母亲形象不可分离地融合在一起。这不仅仅对个人是真的，在历史意义上更加真。它是我们人类的真实经验，就像两性关系那样确定的根本的真。因此，在原型中，在集体地遗传下来的母亲形象中，内在具有与上面所说的同样的深层关联，这种关联本能地使孩子依赖自己的母亲。（《心理结构与心理动力学》P255。）

母亲作为个体生命来到现实世界的载体，为每个人提供生存的基础资源，这就意味着从心理上来看，母亲这种基础资源提供者形象，就会维持在我们的潜意识中，因此，当我们潜意识想要展现个体能量机能的状态或问题时，就会以母亲的形象展现自身，这个就是母亲原型的含义，如果我们观察梦境，就会发现其中所展现的状态。

每个人都有着适合自身的资源利用和获取方式，其中资源利用方式意味着适合自身的生活方式，包括适合的作息时间、饮食和运动方式等，实际上这些都是存在于个体基因中的，显然很多人擅长饮酒，这个就是一种能量机能基于基因传递给后代。而另一方面，每个人也有着适合自身的获取资源的方式，中国作为农业文明，显然，基因中就存在着通过农业获取资源的能力，因此，我们到哪里都有想要种地的倾向。而随着社会的发展，社会获取资源的方式在不断地变化，当下还有通过农业获取生存资源的农民，但是更多人则会选择通过从事工商业获取资源，我们上大学，然后进入不同的企业工作，从而获取生存资源。每个人同样有着适合自身的资源获取方式，找到适合自身的资源获取方式对于我们每个人来说都是重要的。不过因为社会的复杂性，我们很难找到适合自身的资源获取方式，这个时候，潜意识梦境会再次出现，并引导我们朝向适合自身能量机能获取方式，关注梦境的状态，对我们发现和找到自身能量机能的适合方式是非常关键的。

行动力

行动力是能量机能的重要能力，指的是个体通过自身的行动获取生存资源的能力。相对植物而言，动物的所有能量机能都以行动力为基础，也就是说，对于食草动物就是找寻草场，而对于肉食动物就意味着狩猎。与此相对地，人类社会的行动力也是基于这个基础而来的，但是却更加复杂，我们有着以农业生产方式的行动力，也有着各种其他生产方式的行动力，例如现代企业中的脑力劳动者，通过制作 PPT 和演讲的行动来获取生存资源。

对于现代人，获取社会资源的行动力不仅仅是基于简单的体力活动，与此相反，体力活动在当今社会能够获取的社会资源是相对少的，而真正能够获得较高社会资源的行动力，需要以各种的知识和经验为基础，人类有很多复杂的操作和复杂的行动，是由个体经验决定的。现代社会人类有很多知识，但这些知识或信息如果不能够通过行动力转化成个体经验，那么这些行动力就无法有效地发挥，从而无法构建起适合现今社会的能量机能。

现今社会的行动力主要是基于耐力系统而来的，因为对于现代社会来说，很多项目都是持续性的活动，因此，耐力是行动力的重要内容。与此同时，还有爆发力，短时间快速的行动，这个是很多的竞技或比赛活动中所具有的行动力，各种的体育赛事或各种的比赛类活动，其本质就是爆发力的展现。每个人内在都蕴藏着适合于自身行动力的展现方式，而现代社会中也有着与之匹配的资源获取方式，因此，个体需要通过有意识地找寻或内在引导自身的行动力，通过不断地成长和提升，发挥自身的行动力状态，才能够找寻到适合自身能量机能的行动力展现方式，从而高效地获取社会资源，这个过程中需要很多体验。

显然，人类生活中的各个方面都是社会化的重要内容，个体会因为恐惧和问题造成行动力的问题，从而影响个体人格发展。人格的发展过程需要行动力来推动，只有行动才能带来真正的体验。我们往往只是看到外在的状态，并没有去行动，那么潜意识的能量就并没有真正掌握行动的过程，比如我们看了很多培训，自认为已经掌握了，但真正去操作的时候，我们发现其实并不会。这就是行动力的缺失导致了意识和能量的不匹配。

任何过程都是需要行动的，只有行动才能带来真实的体验，很多时候认知觉得会的东西，并没有带来真正的体验和行动，导致了内在认知的偏差，会带来眼高手低、好高骛远的问题。我们自认为可以做很高级的事，但并没有真实行动操作过，我们的认知就是不可控的。行动过程中可能会遇到各种挫折和问题，这些挫折会形成各种分裂机能的垃圾，我们往往会因此放弃了行动，这就是内在问题。行动力是检验的唯一方式，任何外在经验都无法带来内在的体验，只有行动力才是真正体验的过程。

能量机能在行动力的过程中得到了发展，不断地行动也会反过来强化能量机能的运作。只有在不断的行动过程中，个体才能在潜意识层面强化相关内容、促进人格发展，古人说的熟能生巧就是这个道理。当个体找到适合自身的方向的时候，接下来要做的就是不断地重复，促进人格成长和发展，这就是由能量机能促进的。

控制力

控制力是能量机能的重要展现。所谓的控制力就是意识对于个体遭遇到内外在刺激后，通过调动能量机能，对问题的一种处理或解决。

控制力是生命体所具有的机能，人出生就具有吮吸母乳的能力，这个就是一种控制力的展现，而随着人的不断成长，身体层面的控制力也在不断地提升。而个体在产生特定行为之后，在潜意识神经层面上就对相应的行为有了神经的构建，这个时候，再度需要从事相似行为的时候，人的控制力就会再度展现。例如一个之前学会骑自行车的人，他们将会在隔了很多年，依然可以快速地再度骑行，这个就是能量机能掌握的控制力，这个是长期存在于神经系统之中的。

能量机能基于控制力，获得外在的资源，同时避免外在的伤害。生命要获取外在的资源，就需要控制住对方，无论是蜜蜂需要控制飞行，然后获取花粉，还是老虎狩猎，通过虎口控制住猎物，然后再进食，这些过程都需要有效的控制。相比较而言，人类对外在的控制力更加多样性，因为人类的生存方式不同于动物，现代社会，大多数人不需要从事基础的操作来获取生存资源，个体可能仅仅控制手机打游戏，或者在视频前直播，就可获得生存资料，这使得人类的控制力展现是异常复杂的。

提升控制力是为了避免外在的伤害，这种控制力对于我们来说是非常必要的，最基本的就是有某种危害的东西出现在我们的生活环境中，我们需要通过控制去除这些影响，例如出现了老鼠或蛇等有破坏或伤害的动物，我们就需要运用控制力。不过对于现代人来说，我们控制力的展现不是外在的内容，更多是要控制自己的生活状态，例如我们需要通过持续运动、控制运动的过程，让身体保持良好的状态，这里的控制力就是一种通过控制力强化自身能量机能的方式，从而避免能量机能出现问题，更好地获取外在资源。

实际上，控制力不仅仅是行动上的，对于我们来说，各种的心理问题也是我们需要控制的重要内容，相比较而言，心理层面的问题是个体更难以控制的，但是当我们能够有效地控制这些问题后，能量机能的控制力就会建立起来，为后面的控制提供支持。最简单就是情绪的控制力，当我们因为某件事愤怒的时候，这个时候内在能量机能就是紊乱的状态，而当我们通过一些方式有意识地控制这些情绪，能量机能就会建立起相应的处理，当个体再次遭遇类似的情绪影响的时候，就可以在能量机能的层面控制个人不再产生情绪影响了，这就是控制力的内在展现形式，也是重要的内容。因为相比于外在的控制行为，内在的控制力建立需要更大的力量和专注力，不过正像学会控制骑车一样，当我们学会控制情绪，这个控制力也就形成了，这对我们未来的生活是有非常大的帮助的。

生存力

生存力是能量机能的一个重要组成部分，生存力指是通过个体的行动力，获取生存资源的心理过程。相对基础的动植物而言，人类的生存力，从原始的狩猎和采集，再到农耕文明，人类的生存大部分时间都是依靠自然资源的，但是随着人类社会的发展，社会生产方式的不断变化，社会存在各种生产方式，而人们越来越依赖于社会群体，无论是那些古代的历法宗教人士，还是现今的各行各业，人类的生存方式发生了重大的改变，即使是农民，要生存也需要通过交易的方式获得金钱，从而购买其他产品。

现代的生存方式，使得人们的生存力随着社会的进步发生了很多变化，这种变化体现在能量机能层面就是生存力，每个人潜意识都有着适合自身的生存方式，这种生存方式就是基于个体的能量模式而产生的一种生存力的基础，个体都需要通过自身的行动力获得某种社会层面的价值展现，再依靠这些价值展现得到真正的价值，也就是我们说的金钱，再基于金钱获得我们现实生活的各种产品和服务，而能量机能在底层给我们提供了行动的方式。每个人都有着独特的行动力，正像我们之前讲的，这个行动力的特点，在任何的时代都有着与之匹配的方式，而找寻开发自身的生存力的方式，就是个体现实生存的重要课题。

与此同时，个体基于现实的关系获取的社会资源，也是生存力的重要展现，这里的关系有很多种，最典型的就是父母，对于那些有钱有资源有人脉的父母来说，实际上他们本身的潜意识中有着适合当今社会的生存力展现形式，而这些通过潜意识的方式传递给后代，或者以资源的方式传递给下一代，这就意味着，这些人的生存力更容易展现，从而具有更强的能量机能。另一个重要的社会资源获取方式就是夫妻关系，夫妻关系是一种资源的共享，这种情况下，夫妻双方共享了彼此的资源，而这个过程就是生存力的重要展现形式。

对于那些不具备社会资源的家庭来说，实际上很可能是他们个体没有找寻到适合自身的生存力展现形式，或者说，生存力如果没有在祖辈得到发展，那么就需要当事人在当下的社会环境中努力发展生存力，从而依靠自身的成长与提升，找寻到适合自身的生存力展现形式，从而获取到自身的社会价值和社会资源。

生存力本质上对于大多数人来说都是需要成长和提升的过程，这个过程的基础就是需要对自身有一个清晰的认知，基于这个认知，我们才能够明确自身行动力的方向，现实社会有着太多的选择和生存方式，哪种方式真正适合我们，这个只有我们的潜意识最清楚，因此，我们需要在潜意识的引导下，发现生存力的方向，并且基于此进行提升和成长，最终获得稳定的生存方式，建立内在的生存力。

调节力

能量机能具有调节的能力，这种调节力分别作用于身体和心理两个方面。一般来说，我们身体本身就具有自调节的能力，例如夏天过热，我们的能量机能就会通过出汗调节到合适的体温；而当我们感冒的时候，身体就会通过发烧、流鼻涕等方式进行调节，从而控制或去除这些疾病的影响。

能量机能的调节力意味着，身体会在一个范围内进行调节，当个体的资源出现不足的时候，可以通过调用内在资源来维持生命的延续。当个体资源过多的时候，能量机能会将这些资源储存起来，成为日后的资源。同样地，不仅仅是资源本身，身体还会产生各种的垃圾内容，这些就是我们内在的各种问题，而能量机能的调节机制会将这些有问题的垃圾资源，对于我们来说就是毒素，封存起来，当个体的状态好转，能量机能就会通过调节力将这些毒素排出体外。

调节力也应用在心理层面，当我们心理上存在问题的时候，能量机能就会进行调节，保持心理状态的问题，而这些心理所产生的内在垃圾就会累积在身体层面上，例如当个人因为工作产生了心理压力，这个时候，身体上就会有各种的反应，如肩背酸痛，这个就属于压力导致的能量问题，能量机能就会调节身体，当个体解决了类似的压力之后，能量机能就可以通过调节力，让能量恢复到正常状态。

调节力是生命的基础能力，给了我们生存中的容错性，不会因为某些事情而导致严重的问题。不过调节力也是有某个范围的，超过这个范围，能量机能的调节力就失效了。显然当我们处于某个极端的环境，例如过低或过高的温度下，能量机能的调节力就失效了，可能会危及生命。而对于内在垃圾的排出也是一样，如果我们总是将垃圾累积在体内，而没有给能量机能排出的条件，也就是能量机能的调节力无法发挥的时候，就会导致身体的疾病，持续的酗酒，会引发酒精肝、肝腹水，甚至肝硬化，这个时候就属于能量机能丧失了调节力。

虽然能量机能具有调节力，但是这个调节力是为了度过当前的心理或身体难关的一种能力，其背后是为了让个体在问题解决后调整回正常状态的一种能力，如果个体不能够有意识地清理这些累积的问题，就会形成各种急性或慢性的疾病，从而导致能量机能出现不可逆的损伤，最终也会在心理层面上产生各种不良的影响，显然，无论是糖尿病、高血压，甚至癌症等现代的疾病都是调节力失控的展现。

适应力

适应力是指能量机能针对特定环境的适应状态。对于不同的环境，能量机能可以通过调节力调整到某种状态，从而长期适应某种环境状态。

适应力同样是身体和心理两个方面的。人出生就是在适应环境的，我们以受精卵的形式开始适应的就是母胎的环境，当我们出生来到现实世界，我们就要适应现实世界的环境和状态，而能量机能提供给我们这种适应环境的能力。无论环境从好到不好，或者反之，我们个体的能量都能够适应。一个一直在北方生活的人，突然到了南方生活，这个过程中，地理环境的改变显然是难以适应的，但是通过能量机能的逐步调节，我们的身体机能会在一段时间后适应当下的状态。身体受到了某些损伤，例如一个因车祸截肢的人，会通过一段时间的调节后，开始慢慢地适应失去下肢的生活状态，同时，在个人的心理层面上，也在进行适应。心理层面的适应还有很多，例如一个有钱人，因为投资失败而导致一贫如洗，这个过程中，个体要生存，同样需要适应当下的状态。

适应力在现实层面和心理层面可能发生冲突，也就是说，我们可能为了某个现实生存的需要，而选择适应某个自己不喜欢的环境，但是在这种情况下，个体的心理会出现不满，导致生存和心理的失调，这个时候就会产生内在的分裂。例如一个女生嫁入了豪门，但是发现对方家里人对其要求特别高或跟自己理念不好，导致其心理上失衡，而这种稳定与富足的资源环境，同内在心理的不满就会形成内在心理的冲突，这种情况下，如果压抑自己的情绪状态，那么就会导致内在垃圾持续产生，反过来影响能量机能的正常运转。而另一种就是基于内心的状态，不再压抑内在的状态，放弃良好的资源环境，这种会对当事人产生短时间的现实不适应，但是长期看，可能还会回到良好状态，如网易的丁磊就是在不满足于稳定工作的情况下，选择下海创业，从而构建了商业帝国。

人类有着适应环境的能力，人可以暂时或长期待在某个恶劣的环境中，只要他们内在有希望或追求，他们就可以忍受这些异常的问题。例如二战中，集中营中很多以色列难民饱受了各种身心虐待，但他们还在坚持，待严酷的时期过去，能量机能就会清理掉异常的状态，恢复正常的能量状态，这是人类进化中具备的精神品质，只要环境或状态合适，能量就会排除身体和心理的垃圾，促进身体和能量恢复正常。这种适应力通过能量机能不断地传递给后人，我们的祖先都经历过很多严酷的环境，因此，暂时的困境仅仅是一种内在的历练，可以激发能量机能展现其内在力量。

能量机能的觉察

意识在身体出现异常状态的时候才能够发现这些问题，一般开始就是各种被我们称为"亚健康"的内在状态，这个就是提醒个体能量机能对于资源的运行过程出现了某些异常，需要通过正确的生活方式调整，从而让能量机能保持正常状态。如果内在持续地出现资源透支，这个时候，个体就会产生各种疾病，而这些疾病是让个体关注能量机能的一种保护机制，由于能量机能的适应力存在，有了相应的资源和修复的时间，能量机能就可以对身体进行有效的修复，从而让个体保持能量的稳定。如果持续透支却不关注，这个时候，个体的能量机能就可以会导致积重难返的状态，因为修复身体需要的资源、修复的环境，这些都不足够的时候，能量机能就无法得到改变，从而导致个体生命的结束。因此，能量机能的问题基础是对身体状态的感知，这个是基本的方式，我们感知到身体不舒服，意味着能量机能存在问题。

【梦案例】

1. 梦到我和我妈在家里，好像我要爬上高处去大橱顶上拿珍珠耳环，之前好像弄过一次还是预示过这样的场景，当时是失败了我妈还死了，感觉更有点像预示。

2. 随后我这次在爬的时候，我妈在旁边，她有点担心会不会失败，而且好像看到之前的画面是我妈晕了，我还在那里晃她。但这次我拿到了大橱顶上的珍珠耳环，也并没有发生什么状况，说明事件已经发生，而且还过去了，我跟我妈说，你没死啊，那说明过了呀。

3. 然后我想戴那副耳环，这是很华丽的那种装饰，有很多分支状的形状，上面点缀着绿色的装饰，我准备戴上试试效果，醒来了。

这个梦中的能量机能以妈妈的形象展现，而从梦中妈妈的状态，我们就可以观察出内在能量机能的状态和行为。

观察能量机能同样需要基于潜意识梦境，因为能量机能与身体紧密相关，而当身体出现某些异常情况，潜意识梦境就会展现出来。潜意识梦境中，能量机能会以妈妈、奶奶、姥姥、家里女性长辈的形象展现出来，这些人的状态就展现了能量机能的状态。一般来说，这里的能量有着几个基础的方面，可能是身体、生活方式、亲密关系、工作收入、经济状况等内容，当出现了妈妈处于良好状态，意味着以上的能量机能处于良好状态；如果妈妈出现问题，则意味着我们内在能量机能运行异常，个体需要针对以上几个方面，并进行某些调整，从而使能量机能重新回到正常的状态。

（4）意志机能

意志机能是指潜意识中负责识别与守护追求和使命，同时提供觉察力、专注力、忍耐力、持续力的心理机能。

　　意志机能主要内容就是需要识别自身的追求和使命，显然，识别追求和使命就是对自身潜意识其他部分的认知。在人类历史中，不同文化、文明通过不同的方式试图识别内在的状态，其中古巴比伦、古希腊通过占星来尝试了解内在的状态，推测世界的状态；而中国古代也有各种占卜方式，例如《周易》等都是尝试发现某些未知的内容而着作的，其背后都是在对自身的潜意识进行了解的过程。随着现代社会的发展，作为科学的一部分的心理学，实际上更加接近了解自身的真相，荣格基于梦境分析的方式，就是对自身潜意识的认知，从而发现内在的追求和使命。

　　当个体识别了自身的追求和使命，接下来要做的就是对自身的追求和使命的持续投入，人类社会的持续发展就是意志机能的重要展现。生命存在发展中的一个重要议题就是对内容的坚持和持续投入，对于人类来说更是如此，人类社会的基本生活方式都需要某个过程的展现，无论是农业、游牧业或工商业生产，而这个过程意味着个体需要将自身的意识持续地关注于某个方向，并解决在这个方向中所遇到的问题，这就是人类所具有的意志机能。

　　意志机能因其投入周期长的缘故，需要个体通过不断地投入，不过并非所有的投入都有回报，其本质在于，每个人内在有着不同的追求和使命，这就造成了个体对于解决某些问题具有不一样的心理反馈，对于那些能够从追求过程中获得满足感的人来说，坚持是很容易，从而也通过坚持完成自己的追求和使命；反过来，很多人对于投入得不到内在的满足感，这种坚持的结果往往可能就没办法完成或完成后也会出现问题。因此，意志机能的重要内容就是需要找寻到自身的追求和使命。

　　坚持内在追求和使命的过程会遇到各种外在影响和内在冲突，而意志机能的作用就是需要去除这些内外在的影响，从而持续地坚持在内在方向和使命上面。这里的守护意味着，意志机能需要去除外在的威胁，这些威胁是各种阻碍或诱惑。典型的案例就是在西游记中，唐僧被妖怪抓去或被女儿国国王诱惑，这个就是外在的影响，影响我们的追求和使命；而孙悟空就是典型的意志机能的展现，他不但有火眼金睛，还在不断地守护内在的状态。我们会发现，内在也会不断地发生冲突，那些奋斗于自身追求和使命的人，同样会受到各种情绪的影响，而这个时刻需要通过意志机能来接近内在的波动，去除这些内在波动，也是意志机能守护作用的重要展现。

意志机能通过识别和守护内在追求和使命，可以让个体的心理过程不断地提升，个体的人格会不断地发展，从而走上荣格所说的自性化的进程中。

觉察力

觉察力是意志机能对潜意识感受的觉察，通过这些觉察，我们将会感知到潜意识中的某些状态，对于个体来说，各种机能通过神经系统相互链接，同时通过内分泌系统相互影响，当内在其他心理机能要起作用的时候，他们会通过一些方式提醒意识状态，典型的就是各种心理感受、呼吸、直觉和梦境，当我们对这些内容的特定状态进行觉察的时候，意志机能提供了这种觉察力，从而我们可以了解其他心理机能的状态。与此相对，个体还可以通过主动去觉察潜意识状态来有意识地链接潜意识，这里同样可以使用呼吸或直觉等方式，这个时候，其他心理机能如果具有合适的条件或环境，就会基于意识来进行引导，而这个过程同样展现了觉察力。

觉察力所觉察的内容有两个方面：一个方面是觉察到自身的问题，也就是通过觉察的内容，发现意识在行为或选择中的错误问题，在解梦的时候经常会出现这种问题，因为大部分梦境都是在指出个体意识方面的问题，解决这些问题也是意识要做的重要内容，这是人格发展的基础；另一个方面是内在引导，对于意识来说，很多时候无法判断什么是对的，什么是有意义的，但整合机能对这些问题有着引导作用，可以告诉我们应该如何成长及朝什么方向成长。每个人都有成长的能力和力量，但意识大多数时候的选择都基于固有的经验，并不能准确地成长，如果总是选择错方向，那么成长中的挫折就会导致个体的问题，这时就需要潜意识的引导。

觉察力是个体先天就具有的能力，这是基于个体的身体结构而来的，我们存在外感受器和内感受器，在我们正常人的生活中，往往重视外感受器的状态而忽略个体内感受器的作用，但是每个人先天都具备这些能力。当我们尝试通过一些特定的状态，就可以激活这些内感受器，从而通过它们感知到潜意识的状态。换句话说，大多数时候，内感受器相比于外感受器不敏感，只有在暂时屏蔽外感受器的时候，内感受器的感知才会变得敏感，此时内感受器的运作会被放大，这个觉察力就开始呈现。此时是重要的觉察潜意识状态的时机，当类似的情况被打开，个体的内在觉察力就已经被激活了。

觉察力是个不断发展的过程，个体首先需要通过某些方式与潜意识建立关联，或者说建立觉察，基于此再不断地发展觉察力，这是意志机能的重要内容，所有的能力都是基于觉察力而来的，如果不具有觉察力，或者忽视潜意识的引导，那么个体就会遭遇各种挫折，导致人格发展受阻，甚至产生人格障碍或人格疾病。对于那些已有问题的人来说，也是需要通过觉察力来让自己获得正确的人格发展的。对于心理解梦疗法来说，主要通过感受和解梦的方式来觉察潜意识。

专注力

专注力是意志机能的重要体现，这里意味着，意识将自身的关注点聚焦在某个具体内容上，这个事情能够调动个体内在的其他部分，从而持续地投入在关注的内容之上。在处于专注力的过程中，意志机能同其他各个机能紧密关联，从潜意识层面就是神经系统和内分泌系统相互协同，而意志机能所具有的专注力是整个调动的核心点。

专注力需要某种坚持，也就是说，个体在专注于某个事情的过程中，会遇到各种内外在的刺激，这个时候就需要通过意志机能，去除那些影响我们的状态，并将精力放在专注的事情上。从潜意识的神经活动和内分泌活动来看，实际上个体每时每刻都会产生各种的意念或想法，这些都会在神经活动和内分泌活动中形成各种激素刺激，例如当下我要学习，但是还想着玩游戏或吃零食，这些想法都会形成内在激素，影响个体的专注力，这些因为特定意向形成的激素之间具有冲突，彼此之间相互影响，从而影响个体的专注力。而个体需要有意识地控制这些内外在的非专注对象的刺激和激素，这个过程就是建立意志力的过程。而在意识活动过程中，还会不断地产生各种刺激或想法，导致个体专注力的丧失，同样需要控制这些状态，从而让专注力得以提升。

从上面的情况来看，有意识地控制那些内外在刺激是重要的。不过相对来说，更重要的在于，我们所专注的对象是否正确。换句话说，当个体专注于某些于内在追求和使命所违背的状态的时候，这时虽然形成了专注力，但是这些专注力并没有给我们带来提升，将专注力发挥在内在神经系统的成长、解决内在问题、控制内在状态，这些专注力的对象重要，才能够让专注力得到正确的发展，否定将会导致内在神经系统和内分泌系统的紊乱，进而影响个体内在的状态。例如很多成瘾性的状态，打游戏成瘾本质上就是一种专注在有问题的方向上，导致个体无法自拔，而游戏本身大多数时候并不能够带给个体内在的成长和提升，这个时候个体的专注愈多，个体的内在问题也会越明显。

专注力放在对的方向，进而去除内在外在的刺激，这个才是正常的专注力展现的过程，也是个体意志机能发展的重要基础。

除了短期的专注力之外，还要培养的是持续的专注力，个体专注于某个内在的追求上面，需要的不仅仅是某个时间点的专注，更多需要持续地关注于追求和方向，唯有持续的专注，才能够在神经活动和内分泌活动中形成特定的状态，解决特定方向上的问题，这样的专注力能够解决现实的问题，进而有效推动内在追求和使命的运行。

忍耐力

忍耐力是意志机能的另一种能力。在个体处于内在追求和使命的过程中，可能会遇到各种问题或挫折，意志机能就需要通过忍耐力等待适合的环境或状态，从而解决特定的问题。

追求的过程从来不是线性的，而是一个波动的过程。当我们处于波动的提升阶段，追求呈现出良好的状态，而内在心理状态也是良好的；但是当个体处于下降或低谷阶段的时候，个体就需要通过利用忍耐力，面对追求的不顺利和挫折，等待自身和外在状态的转变。通过意志机能的忍耐力，个体能够应对外在的挫折，这个阶段，实际上就是个体神经系统在调整，去除那些负面的情绪和问题，当个体调整好心态，那么整个过程就会开始转变，虽然这个过程可能因为不同的追求有着不同的阶段，但是只要坚持内在方向，就会得到良好的结果。

忍耐力是学会面对挫折带来的，人生中不会是一帆风顺的，通过意志机能可以提升个体的忍耐力，对于未来充满希望。实际上，我们中华民族具备着强大的忍耐力，我们的基因和文化中有着面对逆境的忍耐力，同时可以通过忍耐，找寻到解决问题的方式，持续不断地解决问题。"故天将降大任于斯人也，必先苦其心志，劳其筋骨，饿其体肤，空乏其身，行拂乱其所为，所以动心忍性，曾益其所不能。"孟子所表达的就是一种忍耐力的心理状态。近代中国被西方列强的武力占据，形成了半殖民地半封建社会，而我们中国共产党就是通过忍耐力，不断地面对和解决问题，从而带领中国人民走入新中国，解决了长达一个多世纪的社会问题，这就体现了我们党和民族所具有的忍耐力。

忍耐力是成长和提升的重要议题。对于我们现代人来说，成长和提升往往都是需要持续的，一般来说，学习新的知识或技能的时候，个人从潜意识层面上需要重新构建神经系统的结构和内分泌系统的支持，而这个过程对不同的人是不一样的，也就是入门阶段可能有着很多的挫折或挑战，因此，就需要运用忍耐力，持续地投入其中，才能够在潜意识层面构建起相应的内在结构，从而使得个体获得成长与提升。

守护力

意志机能的另一个能力是守护力，个体在坚持内在方向的过程中会受到来自内外在的影响，这些影响会让个体无法真正朝着自身追求的方向努力，守护力就是守护追求和使命不被内外在所影响的一种能力。

人类具有守护的能力，我们会守护自身所拥有的东西，例如家人、家园等。但是当我们深入潜意识会发现，守护力不仅仅是守护外在，守护力的基础就是守护我们自身的潜意识。当我们足够了解潜意识的时候，就会发现，很多时候，个体所守护的并不是正确的，换句话说，我们可能因为守护了错误的东西，而伤害了自身的潜意识状态，最简单就是守护某些现实的利益，从而伤害了自身的追求和使命，从这个角度上来看，我们需要明白守护力需要正确的内容，当我们守护了错误的内容，这个时候，守护力就成了具有破坏力的执念机能，伤害个体的内在机能。因此，守护力需要建立在对自身潜意识的正确认知之上，唯有如此，才能够真正地发挥自身的守护力。

个体要走上人格发展的道路，往往都会遇到需要改变自身环境的情况，这时就需要打破原有的某些稳定状态，对于大多数人来说，最害怕的就是打破稳定，这时他们会基于自身固有的经验对个体选择进行阻挠。个体生活在环境之中，环境对个体的选择总有固有的看法，当我们找寻到自身的方向，身边的人会很难理解我们的选择，特别是身边的亲朋好友，他们会基于自身固有的经验对我们的选择进行各种阻挠，而这个时候，个体就需要利用守护力来守护自身的方向。

个体所追求的方向，是需要守护才能完成的，我们做的很多选择，在外在看来可能都是异想天开的，这时就需要我们不断运用守护力，才能够坚持面对外在挫折和影响。

守护力在底层潜意识的运作就是个体遭遇到外在压力之后，神经活动和内分泌活动都将会呈现异常的状态，这个时候，就需要有意识地控制这些神经活动和内分泌活动的影响，将自身调整回正常状态，从而守护自己的追求和使命。

当个体展现基于潜意识的守护力，很多时候，外在的人可能会看不清楚我们的选择，环境会认为这个人疯了，从而影响我们的追求和使命，这个时候个体更是须展现守护力的时刻，通过不断地坚持正确的追求，坚持不懈地解决所面对的问题，才能够真正带来对自身和环境的改变，推动社会进步。

意志机能的觉察

意志机能对个体的人格发展至关重要，没有意志机能，个体就处于迷失的状态，很容易将错误的内容作为自己重视的内容。因此，发现和调整意志机能的状态，推动内在的成长是至关重要的。

意志机能基于现实层面很难判断正确性，也就是我们意识认为对的追求内容，在潜意识看来可能是错误的，但是意识无法分辨。这就类似于西游记中出现的孙悟空和六耳猕猴一样，个体重视的内容只有从潜意识层面才能够分辨真伪。

【梦案例】

1. 梦到我和王佳佳在一个好像是游戏的大的室内空间里面，开始我有可能打死了妖怪，随后我持续给王佳佳开保护罩。

2. 随后出现一个特别灵活的小怪物，它攻击王佳佳，我就追着怪物打，开始追不上，随后被怪物打到残血，我就往回跑。

3. 接着我就想，如果这里怪物多些，我升级一下就能打过这个怪物了，感觉我能够打死这个怪物，醒了。

这个梦中，意识展现出的守护的状态，就是意志机能的典型展现，而通过对意识和其他心理机能之间的状态，我们就可以观察到当前意识机能的状态。

意志机能会在潜意识梦境中展现自身，不过这个过程需要细致分辨，对于梦境的分析来说，梦中出现的意识状态，展现了意志机能的状态，例如梦中意识同自性机能、思想机能、能量机能之间的关系，如果状态良好，处于意志机能的状态；如果内在出现同自性机能、思想机能、能量机能的冲突，那么意志机能的守护力就失效了，需要当事人有意识地调整。同时梦境中出现的某些人物，也是意志机能的展现，这里可能是自己的兄弟姐妹、好朋友等，同时对于特定人名也有展现意志机能，例如梦境中人物的人名出现王、强、志、勇等，也代表意志机能的具体展现。

4. 个人潜意识——整合机能产物

整合机能产物指个体基于整合机能所产生的内在的个体化能力和外在的具体产出物。整合机能作为内在一系列机能，每个人在现实生活中可能会或多或少地运用它们，而当个体运用自身的整合机能的时候，在潜意识层面就是相关心理机能通过神经系统和内分泌系统相互关联，最终形成了特定方面的内在经验。与此相对地，通过整合机能所产出的结果，同样是整合机能产物的外在展现，例如艺术家通过画笔绘制画作的时候，这些画作就是整合机能产物，事实不止艺术家绘制的作品是整合机能产物，我们每个人从小绘制的内容，都属于整合机能产物，而那些艺术家只是持续不断地强化自身的整合机能，持续形成整合机能产物，又基于这些整合机能产物获得了外在世界的认可，于是成了艺术家。

因此，我们每个人都会在一生中不断地运用整合机能产生整合机能产物，那些成功的人士都是基于自身的整合机能，不断地基于内在形成整合机能产物，从而获得世界的认可。每个人都有独特的天赋，这就意味着，适合我们自身的整合机能不同，我们要开发的整合机能产物也是不同的，找寻并开发到适合自身的整合机能产物，这个就是每个人做自己的基础。

整合机能产物对应整合机能，分别是自性机能产物、思想机能产物、能量机能产物和意志机能产物四个组成部分。

（1）自性机能产物

自性机能产物是个人运用自性机能的各种功能所产生的各种行为或结果。这些产物在个体心理层面上就是各种的能力或经验，而展现在现实世界就是所产出的各种内容物。

从意识上来说，运用自性机能的各种能力的过程就是产出自性机能产物的过程。例如某人有着某种现实的工作选择，而他选择工作的方式是通过运用直觉力进行选择的方式，这个选择的过程就是心理自性机能的心理产物，而外在选择的结果就是自性机能的现实产物了。

自性机能产物对于个人来说是个性化的内在心理经验，但是其结果可能是个人化的，也可能是大众化的内容。举例来说，艺术家运用自己的创造力创作了伟大的作品，这些产物的一部分是他们内在化的经验，但是其产出的艺术作品，则可以影响到众多的人，这种个体的自性机能的产物就在现实层面具有了大众影响力。

虽然我们现在知道了自性机能产物的重要性，但是很少有人能够持续不断地发挥个体的自性机能。因为很多时候，自性机能的发挥和现实的价值之间是相反的，也就是说，大多数时候，自性机能产物很多时候都很难具有现实的价值，导致了可能我们对某些内容有热情，却无法持续地产出相关内容，并且会被身边环境所否定，特别是那些需要长期持续投入，不断累积才能够展现结果的方向，自性机能产物的获得就更加困难了。但是从另一方面来说，正是这些坚持不断地运用自身自性机能的个体，才获得我们现代人类社会的尊敬。伟大的艺术作品、重大科学发现等都是这种自性机能产物的一部分，而正是这些基于自性机能的艺术和科学产物，推动着人类文明不断地向前发展和进步。

大多数人在现实生活中或多或少都运用了自性机能，并且有着累积自性机能产物的内在经验，只不过大多数人并不知道这些就是自性机能产物。例如某个人跟随自己的直觉进行了选择，这就是内在心理上累积了自性机能产物。

自性机能需要持续地运用和投入才能够具有产物。而另一方面，很多其他的心理活动则影响着自性机能的发挥，这里主要就是那些存在于集体潜意识中的分裂机能和分裂机能产物，这些内容导致了个体无法发挥自性机能的力量，阻碍了自性机能产物的产出过程，因此，需要排除这些影响，自性机能才有产出的环境和条件。

（2）思想机能产物

思想机能产物是个体运用思想机能解决特定问题产生的经验性产物。思想机能产物就是利用思想机能的成果，这种成果可能是某种想法的表达，也可能是某种演讲、书籍、理论等。思想机能产物形成了科学和各类理论的基础，我们目前所学习的各种思想体系和内容，其本质就是解决具体问题的思想机能产物。

思想机能的重要过程就是解决问题，正确的问题能够充分发挥思想机能的内在机制。当个体思考问题的时候，就是在运用思想机能。例如牛顿思考苹果为什么掉在地上，就是围绕这个问题不断反思的过程，从而通过思考发现了万有引力定律。人类对内外在的探索，都是对问题的思考，外在我们会思考自然环境、植物的规律，让我们有了农业文明。现代科技的发展也是对问题的思考，例如考古中发现的各种古生物，我们会反思这是什么，并且对它们进行分析和思考，这个过程就是思想机能发展的过程。自古以来对内在心理，也是在不断思考的，例如人类古代对心灵的研究，以及近代对心理的研究，这些都是思想机能起作用的过程。

对于现实世界来说，思想机能产物有适用范围，它们是为了解决特定问题产生的，有特定的适用性，只有针对特定的范围才能有效果。例如欧几里得所提出的几何原理适用于平面几何，而后续指罗巴切夫斯基提出的双曲几何和黎曼提出的椭圆几何则适用于不同的范围。因此，对于思想机能产物来说，需要界定其范围，基于此，也可基于不同的范围发现新的内容。

对于那些想要运用思想机能产物解决现实问题的人来说，重要的在于将这些思想机能产物应用于现实世界。应用这些过去的经验，才能够检验这些思想机能产物是否正确。例如很多管理理论，如果仅仅停留在理论上，而没有应用到现实的管理中去，那理论就只是理论，无法真正解决现实中的问题。同时基于对思想机能产物的现实应用，我们也可以在应用中发现问题，进而提出相应的解决方案，从而发展成我们自身的思想机能产物，实际上，很多思想的建立都是基于在过去思想的应用中发现其无法解决当下新的问题，于是人类社会的思想才不断地发展。

人类有着解决现实问题的能力，但是我们发现，人类社会随着发展遇到了各种新的问题，这就意味着，我们可能解决了某个范围的问题，但是这个问题的解决可能会产生新的问题。例如过去农业中应用 DDT 杀虫剂杀死害虫，但是我们发现应用了杀虫剂确实解决了害虫，与此同时，也杀死了益虫和鸟类，影响了自然环境。这就是典型的解决问题带来了新的问题，因此，人们需要重新思考，如何用更加自然的方式解决这些问题。类似的还有因为引入新物种，导致物种入侵的问题。与此同时，人类社会的发展，还会发现很多新的范围，而这些范围内有了新的问题，人类就需要对某个范围进行认识和解决。

个体所面对的问题具有相似性，但又是不尽相同的，我们可以通过思想机能分析和判断解决现实的问题，而不是随意地选择和决定。古人的某些智慧，在今天依然能够解决我们的问题，很多我们遇到的问题，其他人或组织已经给出了解决方案，因此，学习和阅读，增加我们对解决方案的了解，对形成我们自己的思想机能产物有着重要的作用。

（3）能量机能产物

能量机能产物是基于内在能量机能而构建的产物。能量机能产物在个体内在就是各种控制力经验，这些是为了强化或稳定自身资源的稳定性和外在获取资源的能力。

强化或稳定自身内在资源的方式就是正确的生活方式，其中包括生活规律、清淡饮食及持续运动。个体内在有着生物钟，而生活规律，对能量的稳定有很大的帮助，其中早睡早起是关键的内容，睡眠中能量机能就会发挥内在调节力，一方面消耗食物，同时还会清理内在的无用的资源、内在的垃圾，从而维持内在能量机能的良好状态，而这些生活方式就是能量机能产物，累积在每个人的潜意识中。另一种强化能量机能产物的方式，就是各种的运动，运动可以调动起内在能量机能，通过运动，机体获得了运动的经验，这个就是能量机能产物，足够多的能量机能产物，能够有效地清理内在垃圾，提升自身活力，减缓衰老，对个体利用生存资源有着非常大的帮助。

能量机能产物的另一个内容是现实生存资料的获取和外在的生存资料本身。生命在进化过程中，就在不断地竞争着生存资料，雄狮会通过击败其他雄狮，获取对方的领地和雌狮，掌控生存资料，而这个抢夺成功的雄狮，在潜意识层面上就有了个体化的能量机能产物，它们具备了获取生存资料的经验，同时外在的领地是它们具体的生存资料。同样地，对于人类来说，生存资料的获取也是基于各种经验，因为社会的复杂性，获取生存资料的方式非常多样，而每个人在自己的工作中，需要掌握某种获取生存资料的方式才能够生存。例如一个财务人员，需要在企业中从事财务工作，从而获取生存资料，这个处理财务相关业务的经验能力就是个体化的能量机能产物，而获取的薪酬就是外在的能量机能产物。

人类社会的复杂性在于，每个人能量机能产物具有多样性，不同的人出生在不同的环境，他们有着不同的生存资源，而这些能量机能产物会被传递给下一代，这就会降低后代能量机能产物获取的压力。不过随着社会的变化，获取资源的方式在不断地变化，这就导致了固有的能量机能产物无法适用于新的时代，例如过去东北很多工厂的工作都通过接班的方式传递给自己的下一代，不过随着中国经济发展，这种能量机能产物不再有效，人们就需要新的能量机能产物来适应新的环境。因此，找寻到适合自己的能量机能产物是关键的，每个人内在的能量机能都有着各种可能性，可以在新的环境中找寻到适合自己的方式，因此，需要的就是基于内在的探索，发现新的能量机能产物的构建方式。

（4）意志机能产物

意志机能产物就是个体利用意志机能在现实经验中所累积的觉察经验、控制经验和守护经验。现实生活需要各种坚持才能够完成。中国作为具有农业文明的国家，每年种植农作物的过程就是利用意志机能的过程。那些在现实中做各种项目的人，就是利用了意志机能，最终拥有了意志机能的经验，也就是意志机能产物。

这些意志机能产物有些是个体能够意识到的，有些则是通过基因传递给后代的，所以不同的人具有的意志机能及其产物也是不同的。每个人都具有意志机能，只要在特定的环境状态，个体都能发挥出意志机能，最终产生意志机能产物。

觉察经验是意志机能产物的重要内容，现代社会的选择如此之多，个体很难做出选择和判断，而觉察经验就是利用觉察力而来的一种内在状态。觉察经验可以帮助发现自身问题和引导个体方向，是有重要价值的。

控制经验也很重要，因为个体在现实生活中会有各种刺激或问题，这时就需要个体控制自己的状态，才能具有良好的人格发展。在现实生活中，很多人就是因为无法控制自己的内在问题，才导致了各种问题。所以控制自己是重要的经验和意志机能产物。

守护经验是个体在人格发展和改变的时候所必须面对的。大多数成功人士都是通过不断打破舒适圈来去除不适合自己的状态，最终找到适合自己的方向。但是在过程中会遇到各种挫折和问题，身边的人可能很难理解我们的选择，但是那些能够坚持内在方向的人，都能获得自身的成就感。例如网易的丁磊，当初毕业后到电信局工作，但他并不喜欢这份工作，所以准备从电信局辞职，但家人强烈反对，丁磊不顾家人反对，坚持守护自身的方向，最终缔造了网易的神话。

意志机能产物是人格发展的基础，任何有成就的人都是不断坚持自身的选择和判断，最终实现了目标。作为中国人来说，我们民族有一种意志机能产物的累积，所以我们更能发挥意志机能，愚公移山的故事就是这种内在机能的展现。对于真正想要人格成长的人来说，就是要不断地运用意志机能，产生意志机能产物，最终实现自性化。

5. 集体潜意识——分裂机能

分裂机能是个体构建、维持自我中所产生的一系列导致内在分裂的心理机能的总称。自我是个体基于外在环境所产生的一种复杂的心理过程，是为了避免伤害，同时获得某种满足。

自我产生是为了避免伤害，因为环境中存在各种能够伤害我们的东西，我们需要区别自身和它们之间的关系，从而躲避这些伤害。我们从小就知道身体是我们自己的，我们可能因为被火烧到手感受到痛苦，于是从心理上，我们明白身体是自己的，要避免伤害，就需要远离火焰的伤害。自我还要获得满足，因为在现实生活中，我们需要生活好，就需要通过努力拥有某些东西、实现某些目标。例如我们需要通过努力赚钱，从而获得生活资源，这样才能够在现实社会有效存活。

自我本身并不会产生分裂机能，但是在自我的构建和维持的过程中，会因这两个过程中产生内在的分裂机能。自我构建过程是随着年龄的增加而不断增加的，受到年龄和自身能力的提升而增加。构建自我的过程会因为环境的影响而产生各种阻碍和问题，例如青少年在学习过程中，个体就在构建自我，这个过程中，环境有着比较和成绩，而基于这个目标的构建过程，分裂机能就会产生，在学习中，如果学习成绩不够好，自我构建就会产生各种矛盾，例如自卑情绪。同样地，在自我构建的过程中，还受到环境的影响，例如父母和老师对我们的肯定或否定，都会对我们构成自我产生各种的影响。显然，一个孩子总是被否定，其自我就会受到影响，同样地，如果一个孩子一直被肯定，但是因某件事而被否定，这个孩子的自我构建就会出现问题，从而形成内在的分裂机能。

分裂机能是并不是人类所独有的，在生命的进化过程中，我们可以观察到，其本身也有自我的构建，就好像非洲的狮群，雄狮控制着领地，同时通过气味、吼叫等形式标识自己的领地，而这个领地显然就构成了狮子的自我，而其他雄狮闯入领地，雄狮会为了捍卫自己的领地而与其他雄狮发生斗争。原领地的雄狮如果胜利，那么它将会通过行为捍卫自我；与此同时，如果捍卫失败，显然，从潜意识层面上就会产生失去自我的状态，进而在心理上产生分裂机能的作用。

分裂机能就是基于这种构建自我和维持自我的过程来展现的。其中个体在追逐某个目标失败的时候，就会在潜意识层面上产生各种情绪，也就是自卑和自我否定，但是实现目标就会产生自我肯定的状态，这些心理状态都是以神经系统和激素的形式展现的，对于自我实现的，我们可能会认为没有内在的分裂机能，显然，心理过程是复杂的，当个体实现了某个目标之后，出现了自大的情绪状态，那么从潜意识层面上，也产生了分裂机能，同时会消耗个体的自我，在后续的行动中出现各种心态。兵法中诱敌深入，让对方获得某种暂时的成功，这个就是利用指挥官的一种自大的心理状态，因为自大情绪会引发轻敌和忽视的心理状态，用过去构建的自我，对当下的状态产生错误判断。历史上孙膑和庞涓的战争中，孙膑就是利用了庞涓好大喜功的心理，战胜了庞涓。实际上，在生活中，人们都受到这种心理的影响，例如赌博就是典型的状态，赌博者在获得胜利之后，就会产生自大的心理状态，从而导致自我判断出现问题，而输了之后，还想要翻盘，这种就是自大情绪的延续，类似分裂机能持续作用。

构建自我之后，就是维持自我，如果维持自我失败，个体同样会产生各种分裂机能，例如个体的金钱，很多人炒股或事业失败，就会引发各种情绪问题，甚至自杀，其背后就是维持自我失败的状态。同样地，还有情感、婚姻、事业、权力、名望，都可能因为失去导致维持自我的失败，进而引发分裂机能。实际上，维持自我不仅仅包括外在拥有物，还可能是自己的生命，就好像很多人统治者追求长生不老，背后就是恐惧失去生命，这种恐惧也会导致分裂机能的产生。

分裂机能包括情绪机能、头脑机能、欲望机能和执念机能。

（1）情绪机能

情绪机能是自我期望受到挫折后的痛感，和自我期望实现后的快感的双向心理过程。

自我预期是追逐外在的拥有物的预期，这些预期在生命的初期是生存的基础内容，例如吃奶和排泄，当个体能够得到满足，会觉得快乐，而预期如果得不到满足，个体就会产生痛苦的情绪。这两个情绪是基本的内容，在人类诞生初期就存在的。

随着个体的成长，自我对于外在环境的期望也会越来越多、越来越高，例如学习、工作、情感等，当个体因为现实生活预期的时候，这种预期的实现与否就影响着个体自身的状态。当个体预期得到满足，个体就会产生快乐，而当个体预期遭遇了挫折，个体的内在心理就会产生各种的情绪状态，进而影响个体的认知、行为。

自我预期存在于潜意识中，大多数时候，我们并没有意识到，我们被这些预期所影响，这些预期会同时存在很多个，它们不再是基本的生存需求，可能是个体受到环境影响，或自己产生的自我期望，无论如何，当自我期望实现的时候，个人就会觉得满足，例如自我期望买一个名贵的包包，买到之后，个人就会感觉快乐，此时就是神经递质中的多巴胺会分泌。而另一些时候，当自我期望无法实现的时候，个体就会产生挫败感，导致个体内在的心理失衡，例如已婚女士，知道了老公出轨，并且要跟自己离婚的时候，感受到的内在痛苦，就是自我预期稳定婚姻受到了影响，导致了内在心理的失衡，此时自我内在心理处于一种抑制的状态，这种状态是多巴胺得不到满足的后果，于是产生痛苦感。

心理预期有着不同的目标，这些目标有些是基于外在的目标，有些则可能就是内在自性机能的内在追求。对于那些处于内在追求中的人，同样也会受到情绪机能的影响，也就是说，个体在追求的过程中，也会存在自我预期，而这些预期可能成功或失败，进而产生内在的情绪状态，而个人就需要掌握一些方式，有效地控制和清理这些情绪的影响，才能够有效地推进内在追求顺利进行。

人类的情绪是自我遭遇挫折后所产生的特定反应，这些反应会带来痛苦。简单来说，如果一个人嫉妒了，例如我们的领导重视别人而忽视了自己，个体的价值感和自尊心就会受到影响，也就是说，自我预期的拥有物就是领导的重视，当这个预期拥有物无法得到，个体就会觉得痛苦，此时对于拥有物的占据者，个体就会产生一种嫉妒情绪。如果我们本来有着稳定的工作，但后来被公司辞退了，这时个体原本的拥有物丧失了，也就是原本的稳定经济来源、社会价值感、成就感等发生了丧失，此时个体也会产生因为丧失导致的情绪，例如产生价值感的缺失，此时就是自我否定，而当个体因为公司让自己丧失了尊重和面子，可能就会产生愤怒情绪。当个体拥有物有失去的风险的时候，自我就会产生恐惧情绪，例如秦始皇统一天下，成为千古一帝，但是之后却到处求仙，希望找寻长生不老的方法，实际上这就体现了秦始皇恐惧死亡的心理状态，而秦始皇在去世之前生病了，却讨厌说"死"字，就体现了其对死亡的恐惧状态。同时秦始皇的陵墓，本质上也是秦始皇对死亡恐惧的延续，他内心深处希望通过陵墓，让自己在另一个世界也延续自己的拥有物，其背后都展现了秦始皇对死亡的深深恐惧感。

个体在拥有物之后，由于自我的存在，也会产生某些情绪状态，例如通过努力，在工作中获得了升职，于是开始觉得自己比身边的人强，此时产生的就是自大的情绪状态，因为这种拥有物强化了自我的存在，让个体获得某种快乐的感觉。有些时候，自大情绪变成骄傲、狂妄等心理状态，其背后就是拥有物的存在强化了自我，其本质还是渴望证明自己的情绪机能在起作用。而情绪机能产生后，会影响很多的个体判断，也就是说，在认知上自大的个体会出现各种轻敌或无法接受别人建议的状态，最终导致一败涂地。历史上的项羽拥有着个人的能力，同时还有家族的资源，项羽通过多次战役，获得了楚霸王的名号，但是却过度自大，从而导致最终败于汉高祖刘邦，最终于乌江自刎。

个体因为自我受到了影响的时候，如果不能够对痛苦进行有针对性的处理，那么就会通过寻求外在的快乐，让自己暂时忘记或忽视痛苦的状态，例如喝酒、抽烟等。这些都是通过获得外在的快感来逃避当前的痛苦感觉的状态。实际上，很多末代帝王，例如夏桀，在面对王朝内在的各种问题的过程中，感受到了痛苦，因此，他们不断地寻求享乐，同时只想听取自己想听的，本质就是逃避执政过程中的各种问题所带来的痛苦。而类似的情况也发生在很多末代帝王身上，享乐和残暴只是他们逃避问题的展现，而其内心深处却是各种痛苦，基于此，会越发地享乐和残暴，导致持续的混乱，最终便国家崩溃。

情绪机能独立运作，并且会持续影响个体状态，实际上情绪机能是意识关注到自我拥有物的问题的时候产生的，这个是通过神经活动和内分泌活动共同作用的，让个体处于内在激素导致的兴奋或应激状态，而这些情绪产生的过程，会在潜意识层面影响个体对现实的认知，耗费更多的内在资源，同时促进个体追求满足感，持续地处于痛苦和寻求快乐的状态之中。而这些情绪机能产生的神经活动和内分泌活动，如果出现特别大的影响，就会形成内在的毒素，持续影响个体的内在状态。

情绪是最具传染性的，它们是精神传染病的真正载体。（《象征生活》P23。）

情绪机能是一种载体，也就是说，情绪机能不仅仅是自己的，其他人的情绪机能也可能会被某种行为或言论所影响，这时个体的情绪机能就被外在影响和强化了。每个人的阴影中都存在着各种内容，情绪反应是人类特有的一种反应状态，处于情绪中的人，就是在展现出潜意识垃圾累积的状态。

因为在情绪中，就像这些句子表明的：你离开了，被放逐了，你正当的自我被撤开了，一些别的东西占有了你的位置。我们说，"他疯癫了"，或者"魔鬼在控制他"，又或者"什么东西今天附上他了"，因为他看起来像一个被支配的人。原始人不说他出离愤怒了，他们说一个灵魂进入了他并把他完全改变了。类似于此的一些东西发生在情绪上。你完全被支配了，不再是你自己了，你的控制力几乎为零。这正是一个人被他的内层所掌握的那种状态。他防无可防，只能握紧拳头，保持缄默，然而它已经控制了他。

情绪机能如果产生，会在内在神经活动中占据主导地位，可以认为，这些与情绪相关的内容的神经元占据了意识状态，此时意识被这些情绪激发的神经活动所占据，因此，情绪产生的时候，个体的内在处于一种失控的状态，意识机能和情绪机能高度关联，这种关联很多都是潜意识上的，而意识只是觉察到自己处于情绪状态，并不知道自己为什么会这样，也就是内在的自我被影响和触及的时候，意识被强行拉在情绪机能所连接，而这种连接往往不是意识机能想要去除就可以去除的，也就是情绪机能基于神经活动和激素活动的双重作用，持续时间更长。例如个体生气的时候，很难一下子就让生气的情绪消失，这是因为神经活动激发情绪，并产生相应的激素分泌，而这些激素分泌，促进了更多的神经活动，可能出现越想越生气的状况，此时意识就被情绪机能完全影响了。

情绪机能的细分

人类具有丰富情绪机能，显然，情绪机能对于人来说有着不同的分类，而了解这些具体情绪的运作模式对我们处理和解决它们有着重要的作用。以下我们列出了个体经常遇到的情绪状态及其背后的成因。

悲伤情绪

悲伤情绪是自身拥有物可能丧失或已经丧失后的情绪状态。一般来说，这种悲伤就是丧失所造成的影响，我们会认为自己彻底失去了自己的拥有物，而自己就是不好的，这种强烈的不好的感觉，就是悲伤的状态。死亡是典型的悲伤引发的状态，当我们失去了亲人之后，我们会产生悲伤感，这个在心理层面上某个原本维持我们心理正常的内容物失去了，而此时就是一种悲伤感。分手和离婚也会引发悲伤情绪。有些时候，悲伤也可能是对国家的感受，"国破山河在，城春草木深。感时花溅泪，恨别鸟惊心"。诗人杜甫在他这首《春望》中就体现了对丧失国家的悲伤情绪。

委屈情绪

委屈情绪指在对自我认知不充分的情况下，遭受了外在否定时产生的情绪，从而影响了对自己的认知，这里说的否定可能包括：指责、误解、不公正的待遇。通常由身边人的指责所引发。每个人都有自我认知，而很多时候自我认知受到环境的影响，我们在社会中生活会被别人评价，有时候评价高于自身认知，有时候评价低于自我认知。当一个人对自身认知不充分、不知道自己真正价值和能力的时候，通常需要通过外在环境获得正向的认知，比如父母、夫妻、老板、社会舆论等。这些评价对当事人的自我认知有着重要的作用和影响，当外在重要的人对我们有负面评价或行为的时候，就会产生委屈情绪。委屈情绪会影响个体的行为，当委屈产生，个人在从事相关行为的时候，委屈就会出现影响当事人的状态，从而可能更加阻碍相关的行为。

自卑情绪

自卑情绪是指人在对自我认知不够充分的情况下，在与外在比较过程中所产生的对自我的否定认知，觉得自己是不好的，进而引发的内在痛苦的情绪状态。自卑情绪是人对自我认知不充分所导致的，实际上每个人都是独特的个体，有着自身独特的能力和天赋，所以人是不需要进行比较的。但是在大多数人的成长过程中，都会经历来自外在环境比较的过程，也就是在当事人对自身能力认知还不够充分时，比较就已经开始了。当这些比较产生，我们在比较失败后，就会产生自卑情绪。当然自卑也可能是因为身边人的否定所导致的，例如父母总是否定孩子，这个时候，孩子的认知就会出现问题，认为自己就是不好的，很容易做事情遇到挫折，就会归结到自己不行，于是产生自卑情绪。

惭愧情绪

惭愧情绪是指一个人在违背自身价值观或外在环境道德标准的情况下，进行了某种心理活动或行为后，对其他人造成了真实或想象中的伤害时，产生的自我责备与否定的情绪状态。惭愧有时候基于心理活动产生，比如我们偶尔会想象出某些画面来，从中产生惭愧的情绪，例如亲人之间的混乱关系。这在梦里会很常见，例如一个已婚女性，在梦中梦到自己和丈夫以外的男性发生了亲密关系，梦里觉得特别兴奋开心。但是醒来以后，她会感觉到惭愧，觉得梦到这样的事情是对不起丈夫。更多时候惭愧是行为所引发的，当我们违背了一贯秉持的道德观和价值观、实施了某些行为后，产生内在心理冲突，觉得当初自己不应该这么做，基于此就会内心中产生惭愧情绪状态了。

后悔情绪

后悔情绪是指一个人无法满足目前的心理需求时，认为自己过去曾有机会却因种种原因没有把握，产生的一种基于想象的自我否定和责备的情绪状态。后悔是对自己过去行为或选择的否定与谴责。后悔意味着当下的心理需求无法得到满足，这里的心理需求有很多可能性，比如觉得现在的生活不如过去，觉得自己过得不好，都是过去错误的行为或选择造成的。人总是追求变得更好，例如事业失败的人渴望得到成功的满足，情感不幸的人渴望获得幸福，这种心态会让人对自己过去的选择和行为进行评判。后悔造成了当事人持续地活在过去，无法面对当下状态，会活在情绪的轮回之中，无法做真正的自己。

抑郁情绪

抑郁情绪指当一个人受到挫折后，自我陷入悲伤情绪和自我否定的认知中，当事人产生持续低落的心理状态。抑郁中的人会不断抑制自身能量。抑郁代表我们对自己的否定，否定我们获取快乐的能力，认为我们从此无法快乐。每个人从小到大都有能带给自己快乐的事情，或认为追寻某样事物能让自己快乐起来，同时我们会为了这件在意的事情而努力。当体验过这种事物的快乐，后来又失去了，而之前的满足是任何事物都无法替代的时候，这时抑郁就产生了。例如一个处于热恋中的人，突然遭遇分手的情况时，就会引发抑郁。抑郁是一种抑制内在兴奋的状态，抑郁会阻碍获取快乐的能力，当事人在抑郁的时候，他们对任何事情都提不起劲。短期的抑郁会失去满足感，产生自我否定，当自我否定无法好转时，就会产生长期抑郁。每个人都受到情绪的影响，因此，渴望获得外在的满足，有着内在伤口的人，在获得外在满足并随之又失去后，当事人受到的影响将会是非常深远的。

怨恨情绪

怨恨情绪是一个人受到与自身、外在人或者外在环境有着直接或者间接关系的挫折事件的影响，引发自我对自身或者外在世界（人、环境、事物）产生指责的负向认知，进而产生深层强烈不满的情绪状态。一般人在经历了挫折之后才会引发怨恨，这种挫折可能是失败或失去。在失去方面，失去的可能是具体的东西，比如家庭分割房产的过程中，由于兄弟姐妹间的抢夺，自己没有分到财产，所以对家人怀恨在心；失去的也可能是心理上的东西，比如在公众场合受到他人当众侮辱，失去了尊严，会对其产生怨恨情绪。失败是一种个人的心理感受，例如在工作中做某个项目，由于其他同事不配合，最终项目失败了，当领导怪罪的时候，会因为觉得同事不配合自己才失败，因此心生怨恨。怨恨的对象常常是导致自己发生巨大挫折的人，一般是父母、男女朋友、老公老婆、孩子等，因为这些人往往会给我带来巨大的伤害；而仇人或仇家也是很容易产生怨恨的对象，因为对方导致自己家道中落，例如伍子胥过去就对楚平王掘墓鞭尸，这就是典型怨恨情绪的展现。

愤怒情绪

愤怒情绪是自我预期的外在拥有物无法实现，或自身拥有物可能丧失或已经丧失后，个体指责导致我们产生当前状态的外在现象的一种强烈心理状态。愤怒情绪会因为我们本来想要某个东西，但是无法实现，从而引发愤怒，我们很容易在别人插队的时候，产生愤怒情绪，这个就是我们本身要获得的拥有物，也就是队伍中的位置，被别人占据了，我们丧失了位置，这个激发了我们指责外在导致我们失去位置的心理过程。愤怒过程中一定会有自我可以指责的对象，因为这个东西我们丧失了，这个可以是外在，而还有些时候，愤怒可以对自己的，例如某个人出现刚才被插队的情况，当事人可能会生自己的气，也就是说，为啥今天出来做这个事情，不出来就没事，这个愤怒的对象就指向了潜意识。不满和生气都是轻微的愤怒情绪。

嫉妒情绪

嫉妒情绪是指在具备可比性的两个人中，当事人在想象中进行比较，觉得自己是优于对方的，但在比较中却无法胜过对方，导致当事人内在悲伤觉得自己是不好的，进而对对方产生怨恨的情绪。当事人会因嫉妒产生否定、鄙视、敌视、攻击对方的行为。嫉妒首先存在于两个具有可比性的人之间，例如两个同班上学的同学，他们的学习成绩显然是可比较的，排名靠后的同学可能会嫉妒排名靠前的。或如同个公司的两个职员，他们的环境是相同的，因此，两个人有可能发生薪酬、职位的比较。嫉妒比较的也可能是外在的事物，例如某个聚会场合，有个朋友买了新的包包，在场另一个朋友想买但没钱买，于是没买的那个就会心存嫉妒。嫉妒很多时候是在想象中进行的，很可能只有嫉妒者自己暗自比较，而被嫉妒者是完全不知道有这回事的。嫉妒者从自己的认知中觉得自己是优于对方的，但是当在比较中没办法胜过对方时，就会产生嫉妒。历史上有着很多因为嫉妒而产生的事例，庞涓因嫉妒孙膑的才能，恐其贤于己，因而设计让他遭受了膑刑。

讨厌情绪

讨厌是指自我固有认知对人、事物、行为等的负向评价，从而引发的内在想要躲避或者远离的情绪。讨厌是由认知的评价所引发的。每个人对事物都有不同的评价与认知，被当事人评价为好的，都是当事人希望接近甚至想拥有的，这能给他带来满足感、让他感觉好；而被当事人评价为不好的，会让他失去满足感、失去舒适的感觉，当原本舒适的心理状态失去的时候，当事人的感觉就不好了。人的生活基于过去的认知，这些认知大都基于经验，讨厌某些事物或某些人都是由认知而来的，有时候听到某人说的话、看到某种行为，会让我们觉得讨厌，这种讨厌可能与过去的经历有关系。例如我们会讨厌老鼠或者蟑螂，因为我们过去的学习经验告诉我们，这些东西会产生疾病并且伤害人的健康。所有的讨厌都是基于认知而来的，当觉得这些东西会伤害我们或具有潜在伤害的时候，我们就会讨厌这些东西，进而希望远离它们。有时候人会讨厌自己、会讨厌自己的行为或状态，比如外貌、形体、脸上有雀斑等；也可能是讨厌自己的某个行为，比如走路不好看、做事太纠结等。讨厌自己的人一般通过改变外在来改变自己，比如通过整容、健身改变自己的外貌和形体，通过学习或采用其他方式改变自己做事的方式。由于我们认为讨厌的东西会伤害我们，或具有潜在的伤害性，我们往往希望躲避或者远离它们。例如当我们看到一个人在公共场合流鼻涕、打喷嚏，我们觉得靠近他可能会被病菌传染。当一个流浪汉靠近我们的时候，我们会觉得身体或钱包有危险，赶紧躲开他。讨厌某些事物的认知受身边人或环境的影响。比如父母对某件事的态度影响着孩子的好恶。例如父母认为人抖腿的行为是不雅观的，不可以抖腿，那孩子以后遇见抖腿的人，也会觉得这种行为讨厌。

烦恼情绪

烦恼情绪指一个人处于一种想要解决又无法解决的痛苦的心理状态。大多数人希望通过变得更好来解决当前的问题，但很多时候人无法真正解决那些感觉不好的事情，于是烦恼就产生了。这些感觉不好的事可能是金钱的匮乏、情感的缺失、无法获得名望和权力等。烦恼都是当事人不接纳现状所引发的，对烦恼问题努力越多，会产生越多的烦恼与困扰，根本原因在于烦恼的核心是对外在不满足，觉得自己是不好的。烦恼不是一下形成的，而是逐渐累积的结果，人们烦恼的事都同自身的痛苦有连接，是让当事人觉得自己是不好的事情。这种对自身的否定评价，会驱使当事人不断地尝试解决问题，越是事与愿违，越是要去解决，进而带来更多的问题。所以有时候想要解决生活上的烦恼，往往会带来更多的烦恼。

怀疑情绪

怀疑情绪是指一个人基于过去的固有认知与经验，担心会受到伤害或挫折，因而对自身或外在环境不信任的心理感受。怀疑是基于自身过去的经验而来的。一个人会怀疑自己的原因在于，过去曾受过类似的伤害，那再次面对外在事件的时候，当事人就会怀疑自己的能力。例如一个人考驾照屡考屡败，从此怀疑自身能力，不敢再参加考试，担心再次失败。如果我们固有的认知认为某些事物会带来伤害，那当我们经历这些事情的时候，就会怀疑外在会对我们造成伤害。这些固有认知可能是我们曾经遭受过的伤害，也可能是由想象引发的。

恐惧情绪

恐惧情绪是指一个人遭遇了挫折或者伤害后，在潜意识中所形成的、对引发挫折和伤害的特定事物或状况，产生的紧张不安的情绪。恐惧是一个人遭遇了某种伤害之后产生的心理状态，例如一个人被狗咬过后，从此一见到狗就有恐惧感；恐惧也可能由身边人遭遇的伤害而引发，例如当事人目击了车祸现场脑浆迸裂的场面，从此对车祸这种事很恐惧，每次过街的时候总是异常小心，唯恐被撞。恐惧的事物可能是具体的东西，例如蛇或者老鼠，也可能是抽象的概念或者感觉，例如听了鬼故事后，从此对走夜路有恐惧。对抽象事物的恐惧一般与死亡有关，大多数的文化对死亡都有恐惧，人们会觉得因为死亡而失去很多东西，特别当身边重要的人死去，自身的处境会更加艰难时，人会对死亡产生负面的认知。死亡是自我的失去，目前我们拥有的满足感即将因为死亡而全部失去，所以往往人恐惧的不是死去，而是死亡带来的失去。恐惧也可能是一种挫折感，当人对某件事有了挫折感的时候，就可能对此产生恐惧，例如有人对考试感觉到恐惧的原因是因为当事人惧怕考试失败。有些恐惧是因为身边人的恐吓而形成的，受到身边环境的影响，当事人可能想做自己要做的事情，但身边人会影响当事人，并使当事人产生恐惧的感觉。例如父母在孩子小时候会用各种方式恐吓他们远离危险的事物及行为，由此产生的恐惧并非由具体的伤害而引起，而是由出于保护而做出的恐吓所形成。父母因恐惧失去孩子，而进行恐吓避免危险，这是我们对某些事情的恐惧来源。

忧虑情绪

忧虑情绪是指一个人基于固有恐惧情绪，引发了对未来可能发生负向事件的具体想象，基于这种想象产生的内在紧张不安的情绪状态。忧虑是基于恐惧而引发的对未来的想象。忧虑是基于恐惧情绪而来的，当人的潜意识中对某事有了恐惧之后，这种恐惧会迫使当事人对未来产生思虑，从这些思虑引发更多的不安和恐惧，这些思虑就是忧虑。恐惧是一种认知，比如人都恐惧死亡，人都知道自己会死，但不知道什么时候会死、不知道会怎么死，于是人们就开始想象死亡发生时的场景，这种想象就是忧虑。

压力情绪

压力情绪指的是一个人受到自身或者外在固有认知的作用，当自我意识无法生成该种认知时，内在产生的紧绷感。这里说的固有认知包括目标、身边人的预期、世俗法规等。当事人发现当他无法获得这种固有认知的时候，自身会产生不好的状况，引发自我否定和悲伤，这时会产生压力。压力大多是由目标引发的，这个目标可能是外在对我们的要求，也可能是我们对自身的要求。目标都是为了实现某种成功，都是渴望证明自己的能力，只要有目标，就会产生压力。人们的目标有很多，例如：考试要考多少分，要考上哪个大学；年底升职；一年后买房子等等。

焦虑情绪

焦虑情绪是指一个人忧虑未来会发生挫折时，例如失败或失去，自我由于想尽快解决当前问题而给潜意识造成的压力，所引发的紧张不安心理。焦虑来源于忧虑，是基于对未来的担忧所形成的，担忧的是害怕遭遇挫折，例如失败或者失去。焦虑是为解决当前问题，自我给潜意识造成的压力。当一个人担心可能会失败时，就会产生担忧，为了尽快解决忧虑的问题，就会给内在潜意识更多的压力，继而产生焦虑。例如担心考试会不及格，于是拼命复习，甚至废寝忘食地学习，这个过程显然给自身潜意识造成很多的压力。焦虑也有可能是失去，失去会让我们觉得自己状态不好，引发内在悲伤。例如一个人知道自己得了癌症，出于对死亡的恐惧、不想面对死亡，当事人会产生很大的焦虑，自我意识想通过各种方法治好自己，会有解决癌症问题的压力，过程中自我意识将这种压力转移到了潜意识，带给潜意识更大压力，引发内在更大的不安与混乱。

沮丧情绪

沮丧情绪是指人对一件有预期的事没达到自己设定的心理目标时，所产生的低落心理状态。人之所以会沮丧，原因在于我们预设了心理上的某种预期或目标，我们渴望实现预定的目标，因为这样会让我们感觉好，当现实中我们的预期并没有实现时，内在会产生失落感，进而引发悲伤的情绪，这种状态就是沮丧。沮丧由预期而来。预期是一个人基于现状、对未来的一种预测，一般预期的都是外在的某种状态、某件外在的事，我们渴望能实现这种预期。当预期实现，当事人会觉得开心或者快乐；但如果预期没有实现或落空，失落引发悲伤，痛苦就会产生。

气馁情绪

气馁情绪指的是一个人遭遇挫折之后，对原先坚持的目标或信念失去了信心，从而想要放弃原有目标的情绪。当人遭遇挫折时会引发内在悲伤情绪和自我否定的认知，对人的信念产生了影响，由于害怕再次遭受挫折，于是想放弃原本坚持的事情。显然，所有的追求或者目标都是建立在某种信念之上的，当一种信念在执行的过程中遭遇了外在的挫折，也就是当事人内在觉得痛苦，使得当事人对原有的信念产生了怀疑或者动摇。气馁是自我否定的认知导致的，认为自己是不行的，没办法实现目标，如果不解决气馁，个体很容易对原本坚持的事情产生放弃的想法。

绝望情绪

绝望情绪是指一个人对目标、希望有着固有信念，在受到自身或外在的影响下，当事人认知到信念彻底破灭时，引发的内在痛苦的心理感受。绝望建立在目标或希望之上，人们总是渴望在未来可以变得更好，能解决目前遇到的各种问题、痛苦、悲伤。人们无法改变过去的痛苦，于是将期待交给未来，渴望未来会有所不同。当基于未来的目标因某个巨大的挫折，导致自己认知上认为目标或希望彻底无望了，这个就会引发巨大痛苦。绝望情绪所造成的痛苦是非常剧烈的，会引发巨大的心理失控，很多人在绝望下会产生自残或自杀的念头，甚至会付诸实施。

自大情绪

自大情绪指人在对自我认知不够充分的情况下，在与外在比较过程中所产生的对自我的过度肯定认知，觉得自己比别人好很多，进而获得某种心理的满足感。当个体自大的时候，内在存在一种优越感，觉得自己是好的，但是这种优越感是基于一种错误的判断。自大情绪的背后是自卑情绪，也就是说，那些自大的人，通过内在有着自卑的状态，过去的自卑使得他们努力工作，然后他们表现出自大的状态，以掩盖深层次的自卑情绪。自大是对自我的错误判断，从而也会对环境产生错误的判断，通常自大情绪最后会转化自卑情绪。历史上有太多因为自大而导致失败的案例，吴王夫差因为自大，不听劝告，放了越王勾践，后来勾践卧薪尝胆，击败了吴国。

情绪机能的觉察

情绪机能相对于其他的心理机能是最容易觉察的心理机能，因为情绪的影响是直接的，其会使得意识陷入其中，但是对于不同的情绪状态我们可能并不能够准确觉察，可能我们会陷入绝望的状态，但是自己并不知道自己处于绝望的状态。还有些时候，我们可能是知道自己被情绪机能所影响，但是并不知道什么让我们产生了具体的情绪。基于情绪机能的状态，我们可以从现实咨询和梦境两个维度对情绪机能进行觉察。

在现实咨询中，我们可以通过咨询技术帮助咨询者发现其被什么情绪状态所影响，结合上面的情绪机能的细分，我们就可以发现当时具体被什么情绪影响，以及这些影响背后的原因。

【梦案例】

1. 梦到说中央纪检的人来检查，他们在一个屋子里，外面好多人都在排队，说是要通过检查才能到另外一个地方，我感觉我不是那里的人，和我没关系，心想检查不到我。

2. 此时，居然有人叫我进去，有个男官员A说要检查我的学历，我告诉他，我是 2015 年交通大学毕业的，男 A 就问我什么专业，梦里怎么也想不起来。

3. 随后他说，你都工作那么多年，怎么会才毕业，说着他就要给我们这边的局长打电话核实情况，我心里立马很紧张，梦里怎么想都想不起来专业，可是又很着急，我想说，我的档案是真的，但是脑子就像短路一样，男 A 很严肃，不理我。

4. 接着男 A 的电话打完，说我没问题，可以走了，我觉得花了好多时间检查我，后面的人要等到晚上也查不完啊，这时候，有个声音在说，每个人只管当下，我心里不服气地说，官员是管当下他的检查了，难道不顾及别人的感受和辛苦吗，这是什么破当下理论，气醒了，醒来还很生气。

这个梦境中，梦主展现了很多的情绪，无论是对检查的恐惧、不安、紧张，还是检查后的愤怒、生气，都是典型的情绪展现。

梦境中的情绪与现实中的感知是一致的，所以通过梦境，我们可以直观地发现情绪机能的状态。我们可以通过梦境对情绪机能进行观察，从而发现解梦者情绪机能的内在模式，帮他们解决情绪问题。有些情绪机能的作用很容易理解，但是有些情绪机能我们只看到情绪本身，并不知道引起情绪的原因是什么，例如梦境中遭遇了枪击或海啸等情况，我们不仅需要了解情绪的状态，更需要发现到底是什么刺激或影响而产生的情绪，找到引发这些情绪起因的方式就是梦境分析。

（2）头脑机能

头脑机能是在自我对于现实问题的过度美化或过度丑化，从而逃避解决现实问题。对于那些个体内在渴望得到的内容，个体会通过思维美化问题，进而让自我达到满足的目标；与此同时，当个体遭遇到一些自己认知中无法接受的情况的时候，就会丑化现实内容，进而逃避现实问题。

当个体欲求某些目标的时候，会通过美化这个目标，让自己获得某种状态。例如一个因病被医生要求戒烟的人，他会在想要吸烟的时候产生一种念头"就吸一根烟，对健康没啥影响的，后面再戒也不迟"，于是开始吸烟，而一旦吸烟的行为开始，个体就会发现无法停止吸烟，而引发更大的身体问题。这个就是个体因为欲求的原因，而逃避正视自己身体的问题，通过一种美化或暂时合理的方式，让自己可以安心地做出某种行为，其本质就是不愿意面对现实的真实状况。

同样地，当个体对本应该面对，但是却因为各种原因而无法面对的情况，头脑机能就会放大这种问题的困难，或者通过某种合理化的认知让自己暂时逃避这个问题，类似的情况在现实世界中经常发生。例如当一个人做了噩梦，于是身边的人会说梦都是反的，于是形成了梦都是反的认知，这种情况下，只要噩梦就是"好梦"，从而不用关心噩梦到底什么含义。还有女士在身边的朋友都知道老公出轨的情况下，并且拿出相关的事实，依然选择相信老公，因为这个女士害怕失去现在的生活，即使老公出轨也选择无视，她的认知就是不去认老公出轨这个事实，形成内在心理的问题。

有些头脑机能形成了更加底层的个体认知，它们构建起了个体对于身边环境或整个世界的错误看法和判断。例如一个从小就经历父母婚姻问题的孩子，会在潜意识层面认为是自己的原因导致父母不爱自己，这种心理底层的逻辑就是"我是不可爱的"，这种底层认知会让当事人在情感中放大那些不被爱的情况，从而导致其情感生活很容易出现问题。而一个从小学习不好的孩子，可能会形成"我很笨"的认知，于是在遭遇困难的时候就会强化这种认知，从而导致一事无成。类似的底层认知在潜意识层面发生作用，个人在经历相关事情的时候，就会将现实的问题归结为这些底层认知，因为这些认知的存在，个体就不需要去改变，也不想要去改变，导致个体的心理和现实生活的问题和困境。

有些头脑机能的认知并非自己产生的想法，而是现实传承下来的某些认知或想法会被当事人加以利用在自己的生活中，例如有些在某金融机构的女士，通过和高管发生性关系，从而获得了某个职位，而身边的人都在纷纷议论她，但是她却认为"人不为己，天诛地灭"。而类似继承来的头脑认知还有很多，因为是传统的认知，使得个体可以违背一些基本的个体的原则，通过一些违背社会伦理道德的方式来获取某些自己欲求的东西。

头脑机能的底层驱动力是以逃避现实问题为基础的，于是首先影响的就是个体的思想机能，由于思想机能是需要通过面对现实问题来激活内在大脑神经元的，当个体的神经元受制于头脑机能的作用时，个体的思想机能将无法发挥正常作用，从而无法发展思想机能，导致认知上形成各种问题，影响现实的生活。生活中所有的问题都是需要解决的，而在头脑机能的作用下，个体就会形成逃避现实问题的倾向，而这些逃避越多，现实的生活就更加不顺利，引发个体心理和社会适应性的问题。

头脑机能会影响个体对自身的认知，这种认知包括自身的能力和价值，会产生要么认知过高，但是现实层面受到打击；要么认知过低，导致自己出现持续自卑的状态。两种状态都会导致个体无法真正展现自己的内在天赋，有效地运用内在力量。与此同时，头脑机能还会影响个体对现实世界的真实认知，他们可能会受到环境的影响，对世界有一种错误的判断，从而导致他们就用这种错误的想法生活，而没有真实地探索当前状态背后的真实原因。

头脑机能因为其逃避的特性，使得个体想要改变和提升的时候很快就会遇到头脑机能的影响，改变基础就是正视自身的问题，而这个改变很快就会被头脑机能的各种想法所影响，各种奇怪的想法就会出现，"我为什么要改变，所有人都是如此"等念头会影响个体的状态，阻碍自我改变和提升的过程。

持续过度发展的头脑机能会在思维层面上产生某种病变，这些病变可能引发各种严重的心理问题，例如精神分裂症，这些问题就是头脑机能的持续作用，造成内在思维层面的分裂，其背后就是神经系统和内分泌系统持续异常所导致的状况，患者无法区分真实和想象。

头脑机能的细分

头脑机能在现实生活中有着很多具体的展现，这些头脑机能的展现有两个倾向：对于欲求的美化及对于问题或责任的逃避。对这些头脑机能的认知对我们后续通过心理解梦咨询技术帮助来访者处理头脑机能的影响有很大帮助。以下列出了典型的头脑机能的思维方式。

错误信念

错误信念在现实生活中常常存在，个体抱持某个错误的信念，从而导致行为上的问题。典型的就如"人不为己，天诛地灭"，而基于这个错误信念，个体的任何恶劣的行为都可以合理化，这个人就会心安理得地杀人越货，因为他们信奉这样的错误信念，做出很多恶劣的行为就会心安理得，甚至很多人会认为自己是正义的。例如在电影《七宗罪》中的连环杀人犯，他就打着为天主教惩罚别人的一种信念，不断地残忍杀害别人。类似的情况在现实生活中也是非常常见，相比较于个体的错误信念，群体性的错误信念破坏力更是惊人，很多的邪教都是基于这些错误信念犯下很多恶劣的行径的，制造东京地铁沙林毒气事件的奥姆真理教就是典型的案例。

错误预期

错误预期是指自身存在某些错误的预期想法。预期想法在现实层面对别人就会产生两种状态，对别人低于自己预期的时候，就会产生一种"应该"心态，也就是说，要求别人应该如何，这种预期想法如果无法实现，或者说低于自己的预期，此时个体就会产生各种的情绪反应。例如老婆认为老公应该记住结婚纪念日，并且应该隆重地庆祝，但是老公根本没有在意，这个时候，老婆就会产生愤怒情绪，因为老婆没有达到应该的预期。如果某些人低于我们预期，我们就会产生一种"凭什么"的心态。例如老板可能批评了下属员工张三，而张三觉得自己能力强，并且业绩都是自己做出来的，于是会跟自己的其他同事抱怨说老板凭什么批评自己，这就是张三心理有着一种觉得老板应该重视或称赞自己的预期，但是老板给出的结果大大低于这个预期，就会产生凭什么的心态。应该心态也可能是对自己有着过高的错误预期，当某人认为自己应该获取某个比赛的冠军，但是结果却没有得到的时候，个体的错误预期就会导致内在的痛苦，甚至引发各种情绪问题。

自我否定

自我否定是为了逃避目标或结果而产生的一种否定自身的心理过程。自我否定可能是对目标的否定，这里很容易发生的就是在我们做某件事的时候，认为自身无法胜任，这个否定感就会影响个体行为，从而导致做某事失败了。例如一个人要去参加某个演讲比赛，他觉得自己能力不够，于是自我否定，导致自己更加紧张，最后比赛失败了。对结果的自我否定是对于某个不好的结果，于是认为自己就是不行的，进而强化自我否定的状态。实际上现实生活中，自我否定的心理很可能是在青少年时期受到环境影响所造成的，父母或老师如果一直否定我们，我们很容易觉得自己做啥都不行，而当遇到什么事情的时候，就会怀疑自己，导致更加自我否定。自我否定在个体心理影响很深远，这些认知会在潜意识层面引发情绪机能的自卑情绪，造成自我分裂，导致个体无法有效地发挥整合机能的力量。

合理化

合理化是一种典型的头脑机能，分为目标合理化和结果合理化，它们都是逃避责任的心理过程。目标合理化意味着为了得到某个结果，从而合理化自己的目标或行为；结果合理化是为了逃避某个自身不想要或无法承受的结果，而找寻某些内外在的借口，来获得心理上的慰藉的心理过程。

目标合理化是因欲望而产生的自我欺骗状态。当我们想要某个追求，我们会合理化自己的行为，从而在心理层面上不再产生内在冲突，使得行为可以推动。例如一个因吸烟得了肺病的病人，当事人有着吸烟冲动的时候，会合理化自己的行为，认为再抽一根烟就戒烟，并不会影响身体的健康，但是一旦开始吸烟，就会再度持续吸烟。

结果合理化则是对于某个结果，自己不想要承担责任，而将问题归咎于内外在。这里的合理化可能是内在的，例如一个人考了不好的成绩，于是合理化说自己就是笨，所以成绩不好，这个就是以否定自身的方式。更多时候，个人会将问题归结于别人，例如某个公司工作的员工，工作做不好，于是将问题的责任归咎于公司管理不行，正是由于公司管理混乱，导致我工作做不好，这个不是我能力不行，而是因为环境不给力。

合理化影响个体对现实的正确认知，导致个体总是会以逃避的想法来理解世界，进而引发个体认知的偏差，也会放大个体欲望和执念。

问题泛化

问题泛化是对个体应该面对问题的一种逃避心理过程。在心理咨询过程中，我们经常遇到某些咨询者，咨询师指出了咨询者的问题，咨询者就开始逃避问题，例如说起咨询者有情绪问题，需要控制自身情绪的时候，她们会说，类似"每个人都会有情绪的吧""其他人不也这样骂"这种回答，来将自身问题泛化到群体性问题，从而认为自己不解决也是对的，因为大家都是如此，我不解决也是正常的、应该的，这种问题泛化导致个体逃避自己需要解决和面对的问题，背后是个体内在有着某些情绪影响，要解决这些问题需要针对情绪进行处理，而不能够直接通过沟通解决。

转移话题

转移话题是另一种个体面对问题的逃避心理。通常个体遇到某些自己不想面对的问题，会选择顾左右而言他的状态，通过谈论其他的话题，从而避免面对当前的问题。这种情况下个体心里害怕面对这些问题，因为他们觉得自己无法解决，从而在思维层面上就用另外的话题来掩盖自己的需要面对的问题或情绪。这种情况在心理咨询中也很常见，咨询者很容易将问题转移到其他方面，从而可以逃避面对自己需要面对和解决的问题。这个头脑问题同样需要基于情绪处理，而非沟通解决，因为思维层面上这些人已经习惯如此，很难改变，唯有解决了情绪，思维过程才能停止。

过度幻想

过度幻想是指个体因现实生活的痛苦，而强化自身内在幻想，通过内在幻想带来的满足感，进而导致更加脱离现实的心理状态。例如某个现实的大龄女士，自己想要感情，但是一直没有办法找寻到自己满意的情感对象，于是通过各种的言情小说或恋爱电视剧来让自己获得某种满足感，还幻想某个时间会遇到自己霸道总裁。类似的过度幻想在现实生活中是常见的，这些通常是逃避自己需要面对的现实问题而产生的内在思维活动。这种过度幻想的持续想象会影响人对现实的判断，愈多幻想，对现实和自身更加不满意，引发更多的情绪，这就形成了恶性循环，让当事人深陷其中，无法也无力面对和解决现实问题。

目标美化和丑化

对自己想要的内容，思维会有美化的倾向；与此相对地，对那些自己不想要的，个体就会丑化内容物。通常美化的内容都是个体欲求的，但是这种想要的东西，很可能并不是适合自身的潜意识的内容物，例如很多抽烟的人，会认为抽烟可以让自己获得某种兴奋感，于是美化抽烟的行为，扭曲事实，即使自己已经有病了，还会美化抽烟这个行为，不承认抽烟带来的内在伤害。与此同时，对那些自己不想要的内容，个体就会丑化这些内容，从而让自己可以避免这些内容。现实咨询中遇到很多女生对亲密关系中的性行为异常厌恶，她们就会丑化性行为，认为这个是不好的，从而避免亲密关系。美化和丑化的想法很多时候都是违背现实规律的，而这些同样与整合机能不一致，可以通过潜意识发现那些错误认知的深层次原因。

头脑比较

头脑比较是另一种头脑机能的展现。头脑比较会导致个体失去自我，这里有两个状态：一种是比较中占据上风，就会引发骄傲或自大倾向；与此相对的是比较后占据下风，就会引发自卑和自我否定。这种比较头脑可以是自发比较，也可能是外在比较强加给我们的比较结果，例如父母会拿邻居家学习好的孩子跟自己比较。无论哪种比较，只要我们在意，我们就会被影响，从而引发内在情绪状态。头脑比较还会造成个体迷失：一方面对自身的真实迷失，不知道自己真实的能力；另一方面会对自身的选择迷失，例如情感中出现多个人的时候，不知道到底是选择有钱的，还是选择更加喜欢的。

外在归因

问题外化就是个体将问题大多归咎于外在因素，例如当个体的工作遭遇挫折时，他们会说是老板的问题，或者说因为父母没办法给他更好的教育，所以找不到好工作。如果上述说法不能奏效，那个体会归咎于政府导致了他的挫折，于是开始憎恨政府。这种情况下的个体总是找外在的毛病，这种将问题外向化的方式，带来的是抱怨的情绪和表达。外在通常不会让个体满意，所以一般都可以找到原因，因此，个体就可以通过抱怨外在，达到不需要改变自己的目的，所以本质上是这些人不知道或不愿面对自己的问题，他们不能接受是自己不好的这个事实，于是将所有的问题外化，这种外化的模式就是一种头脑机能。

这种思维模式非常普遍，其实几乎所有的问题都可以找到外在的原因，但朝向外在的头脑忽视了自己内在的状态，他们对外在有情绪，又不想面对自己内在痛苦的事实。因为一旦个体开始找寻自己的问题，他们就会觉得痛苦和自我价值感低。个体面对自己伤口的过程是非常痛苦的，所以会把问题归咎于外在，从而逃避面对自己的问题。

头脑机能的觉察

头脑机能作为自我认同的一部分，并不是那么容易分辨的，个体往往很难发现和面对自身的头脑问题。对于大多数人来说，认知形成之后，除非发生重大的挫折或影响，大多数人的认知都是会持续地认为自己是对的，人们很少会承认自己有问题。

正因如此，我们要观察某个人是否处于头脑机能的状态，就不能够通过现实的沟通。

显然，大多数人都不愿意承认自己有问题，这或许也是为什么梦境会以象征的形式展现，因为这也就意味着，当我们分析梦境的时候，需要通过象征的方式去思考问题，从而发现很多梦境中所指出的问题，特别是我们以一种观察者的视角看待问题的时候，我们会发现这些梦境中展现出来的头脑的问题，并非别人的问题。要知道梦境是一种个人化的内容，它们指出的往往都是自我内在的问题，所以对头脑机能，我们需要去分析，其中很多时候头脑有很多种影响，其中有着众多的象征物，而其中当梦境中的父亲出现问题的时候，很可能是头脑机能对思想的影响。如果梦境中出现某些逃避的状态，那么就展现了当事人有着某些逃避的想法或念头，这个可能存在头脑机能。同时某些特定的内容，例如魔、鬼、妖、怪等内容就是潜意识试图告诉我们某些内容正试图破坏我们的状态，我们被这些内容欺骗了，而类似的象征事物还有很多，在后续我们的象征意义章节，我们将会进行深入的探讨。

【梦案例】

1. 梦见跟闺蜜在一起，她前面一直不开心，好像是哪个男A伤害了她。

2. 我们来到一个公交站，我在站台收拾鞋，都放在一个黑色大袋子里，各种拖鞋。

3. 随后闺蜜在我身边拿了一双鞋想让我帮她一起拿，我已经拿了很多了，她只有一双都懒得拿，我有点烦，没帮她拿，闺蜜生气了，说有事先走了，然后开车走了。

4. 接着我拿着一堆鞋好像还有她那双，她没等我自己走了，我有点郁闷，准备去打的，看了下还要走一段路。

5.后来到了公司,坐电梯,闺蜜进来了,上半身裸,皮肤很白,胸部是平的,没穿衣服她很自然没所谓的样子,我赶紧拿了个黑色提包给她遮着,醒了。

梦主现实中为大龄女青年,跟自己男朋友闹别扭了,母亲处于冷战状态,于是有逃避情感的倾向,潜意识希望梦主现在这个年龄应该主动跟对方修复关系,但是梦主认为自己工作太忙了,应该是对方主动跟她和好,于是导致了情感关系最终破坏了,梦主还觉得没情感关系也挺好,自由自在挺好。而这种头脑机能的错误预期作用,导致梦主情感生活出现问题。

头脑机能的作用是通过潜意识梦境展现其真实状态,而通过梦境的分析,我们就可以发现其背后的根源,从而对控制和清理这些头脑机能有着重要作用。后续的技术中我们会对头脑机能的影响进行分析和解决。

（3）欲望机能

欲望机能是个体遭遇了内外在刺激后,自我通过对现实资源的破坏性利用中获取暂时的内在快感,以逃避现实的痛苦的心理机能。

欲望机能具有现实的破坏性,这种破坏性是展现在破坏自身或破坏外在中展现的。对于内在的破坏来说,当一个人不快乐,会想要通过暴饮暴食的方式来获得满足,而暴饮暴食的行为对于身体能量来说就是具有破坏性的垃圾。身体需要更多的能量来处理过度的物质,而如果当事人在心理层面上喜欢这种快感,那么就会在现实生活层面一旦不快乐,就开始暴饮暴食,导致身体过度肥胖。食欲就是典型的自我破坏。同时还有些人会通过一些真实的伤害自身的方式进行,有些人心理有了问题,于是就开始自残,这种自残行为就是自我破坏的另一种展现,这也是欲望机能的另一种展现。

对于外在破坏性,则是通过从破坏外在的事物中获得内在的快感,这种破坏性可能是生命层面的,例如通过虐待猫或者家暴,就是通过伤害动物或身边的人来获得快感,而这就可能形成一种欲望。同时还有则是基于现实金钱的破坏,盗窃、抢劫、绑架等违法行为,都是通过对于外在金钱的获取,获得自身物质和心理上的满足,这种就是典型的外在破坏性行为,也就是欲望机能的展现。

欲望机能的产生是因为某种现实的刺激导致内在心理失衡,这种心理上失衡的最明显展现就是处于某种巨大的情绪机能的状态。例如学生因考试成绩不好而选择暴饮暴食，或者女士因为同男朋友吵架，开始到商场疯狂购物，通过这些欲望行为，个体于是在心理层面上获得内在快感，于是平抑了之前的痛苦，而这种就是一种典型的逃避状态。

欲望机能是基于某些破坏性的行为，于是形成了快感，平抑了之前的痛苦。但是，个体如果产生了某种欲望行为，个体心理就会陷入这种欲望行为之中，只要不快乐，个体就会产生欲望，持续一段时间之后，欲望机能将会在心理层面上占据主要地位，个体可能陷入持续性想要欲望满足的状态，而这种满足的时间和频率都会大大缩短。最开始的时候，个体可能通过饮酒来获得满足，而成瘾之后，当事人每天都要喝酒，只要一天不喝酒就不舒服，这就形成了强烈的依赖性。

戒断反应是欲望机能的特点。个体获得满足感的过程是一种神经系统兴奋，而这种兴奋感是有戒断性的。我们对某种欲望的满足，在欲望获得满足之前，心理有着强烈的渴望，趋势个体进行欲望满足的行为，而当个体获得了这个满足，神经系统兴奋性就会下降，个体不想要做相关的欲望行为，这个就是戒断的状态。再到下个阶段，当事人再度因为某些刺激，产生了内在欲望，于是再次强烈地渴望满足，形成了戒断反应的状态。

当个体受到欲望机能的影响，将会导致现实生活层面的巨大问题。如果个体做出破坏自身的欲望行为，那么因为这些成瘾性行为，个体的身心会受到巨大影响，例如一个酗酒的人，他们的工作就会受到酗酒的影响。如果这个是更加严重的毒瘾，那么当事人就很可能丧失了社会生活的基本方面，他们无法工作，因为这些欲望会时刻引诱当事人陷入欲望的行为，于是当事人没办法正常工作生活。与此相关的另一方面，因为这些欲望行为，个体的社会关系也将会受到影响，要知道，酗酒、吸毒、赌博等行为会给家庭关系带来巨大的影响，在破坏自己的同时，也破坏了当事人的现实关系。当事人自身和现实层面都因为欲望机能而被破坏了，当事人就陷入了一种状态无法自拔。

个体只要陷入欲望机能的影响，就很难戒除，这种欲望机能所产生的影响越强烈，个体越无法抗拒相关的欲望行为，只要再度陷入欲望行为，那么个体就会无法停止。之所以个体很难戒除欲望行为，因为欲望行为有着强大的内分泌系统的支持，也就是说，这些内在的欲望行为会形成强烈的内分泌激素的刺激，而且这些刺激浓度很强烈，而它们作用于意识机能，意识机能一方面被痛苦影响，另一方面被这些欲望激素影响，意识很难抗拒这些。特别是对那些毒品型的欲望刺激，个体意识对抗就更加困难了。无法抗拒并不是说不能够抗拒，只是相对来说，意识很容易陷入其影响，无法自拔。如果意识强烈地对抗欲望，那些激素会在某些行为后被清理，不过这个过程需要很长时间，意识要长时间地对抗这些欲望的激素影响，如果对抗了几次，欲望机能的激素就会相对降低，或者说，意识能够对抗某些浓度的激素影响。但是对抗不是当下就可以的，一般来说，对抗欲望机能的影响可以说是一生的，因为只要在生命中因为某个阶段陷入了欲望机能的影响，这种欲望机能的影响就会再度占据主导，导致当事人对自己灰心失望，心态上的失败，会让个体丧失对抗的勇气和力量。

对那些对外的欲望机能行为，它们的破坏性更加巨大，影响更加强烈。显然，当个体通过破坏外在的金钱或人来获取自身的满足感，这种破坏性就是现实层面的对别人的伤害了。从这个层面上，盗窃、抢劫都属于对外在金钱的破坏，获得自身的满足，这种是现实的满足。对于那些强奸犯来说，通过强奸别人，获得自身性的满足感。杀人犯，则是杀死别人获得内在满足感。而这些都是刑法所重点打击的，也就是限制人内在具有的恶。我们可以认为荀子所说的性恶论中的"恶"，就指的是个体心理所具有的欲望机能。

个体的欲望机能对外的破坏性行为是具有某种破坏性，但是群体的破坏性就是"魔鬼"的范畴了。我们都知道二次世界大战，德国人对犹太人的灭绝人性的破坏，各种集中营中进行惨绝人道的破坏性行为，就是德国群体性欲望机能的展现。而日本在二战中在中国进行南京大屠杀，同样是典型的欲望机能的群体性破坏，展现了日本人集体潜意识中的欲望机能的恶的方面。

今天使我们受到威胁的巨大灾难并非物理或生物事件的肆虐，而是心理事件。那些战争和暴动威胁着我们，在很大程度上，只不过是心理上的传染病所致的。无数人随时有可能被新的疯狂所毁灭，紧接着就会发生新的世界大战或毁灭性的暴动。现代人不是在受野兽、地震、崩塌和洪水的肆虐的摆布，而是在跟他心理的强大力量做斗争。它好比帝国，远超世界上任何其他力量。启蒙运动将自然和人类制度从神那里解脱出来，却对人类灵魂深处的恐怖之神视而不见。无论在哪里，如果你看到心理那势不可挡的权威，就会觉得我们对上帝的敬畏不是毫无道理的。（［瑞士］卡尔·古斯塔夫·荣格著；陈俊松，程心，胡文辉译：《人格的发展》，国际文化出版公司 2011 年 5 月第一版，第 172 页。）

从荣格的描述中我们可以看到，荣格已经看到，群体性的战争，并不是战争本身，而是其隐藏在群体心里中的具有破坏性的欲望机能。这些国家打着某种看起来伟大的旗帜，其深层心理则是欲望机能，而这种欲望机能在二战时候达到了顶峰，给世界带来了巨大的破坏和混乱。而世界反法西斯联盟正是对这种群体性欲望机能的限制。

控制欲望机能的产生和作用对我们每个人都有着至关重要的意义，就个人来说陷入了欲望机能的影响，会在现实层面失去力量，这些欲望对象成了阻碍个体发现内在天赋、追求和使命的重要内容物；对于群体来说，这种欲望机能会传染，影响社会的稳定，正因如此，各国都重点打击这些基于欲望机能的犯罪行为。

欲望机能的细分

人类社会的欲望机能是非常多的，而这些欲望的影响也是深远的，对于我们来说，需要了解这些欲望的状态，从而在咨询的过程中帮助咨询者解决相关问题。以下列出了现阶段典型的欲望展现：

食欲

食欲指的是一种通过饮食获得内在满足的欲望展现。这里的饮食并非我们现实层面的饮食，正常人都有着食欲，这是没有问题的。而产生食欲的基础就是因为自己痛苦，就去通过吃东西获得满足感，类似于暴饮暴食或暴食症。这些人因为痛苦无法排解，吃东西就会获得满足，于是不停地饮食，很多人就产生了肥胖。这就是破坏性的饮食，因为体形导致他们更加自卑，现实层面工作、生活和关系都受到影响。而这种状况下，会让当事人陷入不快乐就吃的恶性循环，从而无法自拔。还有些获取满足的食物，例如湖南人喜欢吃的槟榔，也是一种典型的食欲，只不过这种破坏性并不明显，类似的食欲内容物还有很多。

色欲

性行为作为人的一种正常的生理行为，本身并不是具有破坏性的欲望。但是如果这种性行为是基于一种逃避的心理，或者具有破坏性的性行为，那么这个就是色欲的范畴。典型的色欲展现就是卖淫嫖娼，就卖淫行为来看，卖淫女是为了获取物质资源，出卖自己的身体，她们是以对自己身心的破坏为基础，而嫖娼者也是破坏性的，通过付出物质资源，破坏别人的身心，从而获得满足感，这就是典型的性欲。类似的行为还包括为了某种利益而产生的性行为，其背后就可能是具有色欲的展现。另外一种破坏性的性行为就是强奸，这个也是典型的色欲，这些人通过强迫别人跟自己发生性关系，这种破坏性就是色欲的典型展现。还有一种现代常见的色欲，就是各种的色情黄片，这些黄色影片具有破坏性，而个体看了这些色情电影，并且通过手淫的方式来获取满足感，而这种很容易形成手淫成瘾，显然就受到了色欲的影响，而这是以破坏自身能量和心理带来的。很多时候，手淫会导致对现实层面的亲密关系产生不良影响。

烟欲

吸烟这个行为可以让人获得满足感，很多人就是因为压力大或者心理有某种不快乐，就会疯狂地吸烟，这种情况给自己的身体带来了破坏性，同时因为吸烟也会给身边的人带来破坏。这种破坏是相对没那么快速的作用，因此，我们很容易忽视烟欲的影响，但是显然，吸烟会对口腔、呼吸道、肺部有着破坏性影响。

酒欲

酗酒是典型的一种欲望机能的展现。饮酒有着悠久历史，少量的酒精对身体破坏性毕竟小，但是个体如果因为现实原因，形成了酗酒的习惯，这个就是典型的酒欲。很多人会每天都饮酒，不喝酒就不舒服，实际上这些人是用酒精麻痹自己的神经，从而可以逃避现实的影响，这些酗酒导致的就是现实生活和行为的丧失。同时酗酒对身体的破坏性是明显的，酗酒会产生各种疾病，对身体各个部分都具有破坏性。

游戏欲

现代游戏成瘾已经成为另一种欲望机能的展现。通过打游戏，个体很容易获得心理的满足和成就感，于是深深陷入游戏欲的影响。少量的打游戏并不会产生问题，但是很多人在游戏中寻求快感中，产生了游戏成瘾的状态，甚至影响到了自己的身体，因为玩游戏黑白颠倒，有些人持续玩游戏，基本不睡觉，最后发生了猝死的情况。游戏成瘾也会影响个体现实生活，在虚拟中获得满足感，他们在现实生活中就各种逃避，从而形成恶性循环。

购物欲

购物是普通的个体行为，但是如果通过购物获得某种满足感，逃避自己的痛苦，就会形成某种购物欲，甚至有人通过透支信用卡进行购物行为。而这种购物欲是一种宣泄，当个人不开心的时候，通过购买某些商品，这个过程就会让自己获得快乐。这种行为会让个体过度透支自己的资源，影响自己的生活状态。

赌博欲

赌博欲是另一种影响深远的欲望。显然，赌博可以让人获得某种满足感，当赌博获胜，内在那种满足感的刺激，会让人深陷赌博欲中。而赌博欲的另一面则是赌场或赌博方通过各种方法让当事人一定会输，输钱是一定的，但是赌博欲形成之后，就没办法停止，于是个人就会想尽办法弄钱，无论从身边的家人弄钱，或者借高利贷赌博，后面就可能会转变成盗窃、抢劫、诈骗等方式获取金钱来赌博。这种赌瘾以破坏自身金钱的方式，在潜意识层面上影响个体，使得个体无法自拔，陷入赌瘾的人，其破坏性是持续的，直到一贫如洗，他们也还是会想方设法弄钱，最终就会走上犯罪的道路。

毒品欲

相比于普通的上瘾内容，毒品带给个体的破坏性是强烈而明显的。吸食毒品的人有着强烈的内在反应，而这种反应在神经系统和内分泌系统中很容易成瘾，几次就可以导致个体成瘾，当个体产生毒品欲望的时候，内在反应是剧烈的，无法抗拒的欲望感。显然，毒品的破坏性也是明显的，这种破坏性在身体和心理两个层面起作用，从身体层面上，毒品破坏各种内在器官，因其本身就是内在垃圾，让身体负担过重，很快身体就会出现异常；另一方面在心理上，个体吸毒之后，心理上就失去了自我，完全被毒品所控制，生活除了毒品之外都没有任何兴趣，这种破坏力太过强烈，因此，我们国家对毒品严格打击。

破坏欲

破坏欲是另一种典型的欲望，其通过破坏物品或生命获得满足感。而对于破坏欲来说，开始可能就是基于破坏某些东西来的，例如有些人不开心了会去砸别人家玻璃，或者刮别人的车，而如果持续几次，就形成了破坏欲。相比于破坏物品，更多则是破坏生命，很多就是虐待猫咪，有些则是猎杀动物，这些都是破坏欲的展现。一旦形成破坏欲，后续破坏的就可能发展到人身上，很多连环杀人犯，都是从虐待猫咪开始的。杀人犯就是典型的破坏欲的展现。有些人的破坏欲则可能是针对家人的，典型的就是家暴，通过家暴展现破坏欲，从而获得满足，所以家暴的行为会持续展现。

犯罪欲

盗窃、诈骗和抢劫等犯罪行为都是具有破坏性的犯罪欲，大多数时候，这些人通过以上的犯罪行为获得了金钱，同时，在心理层面也获得了满足，持续多次之后，当事人就会形成内在的犯罪欲，他们会持续性地通过这些犯罪行为获得现实和心理层面的满足。实际上有些家里很有钱的人，他们也会有偷盗欲，不偷盗就不舒服，这就是陷入了偷盗欲。这些行为是基于对其他人的金钱、身体或心理层面的破坏为基础的，因此，犯罪欲是各国法律打击的重点。

欲望机能的觉察

欲望机能的形成取决于我们的满足感，我们往往可能在意识层面上暂时抑制了欲望机能的影响，但在深层潜意识层面可能已经沦陷了。现实中，我们只要有成瘾性的行为都是因为产生了欲望机能。因为欲望行为大多数时候都是不好的行为，很多人在人前都会掩饰其有着欲望的行为，而这些欲望行为对个体心理的影响又是特别重要的，因此，在咨询中，我们可以通过对梦境的观察发现咨询者潜意识被欲望机能影响的状态。

【梦案例】

一、梦到梦中梦，开始我快要入睡的边缘，已经梦到自己即将入睡了，梦里突然有人敲门，像是有人拿着锤头敲打门，非得撞破门才甘心的声音，硬是被梦里的敲门声吓住了，梦到自己醒了，实际上还在梦里，感觉自己心脏还在噗噗跳动得挺快。

二、

1. 随后切到一个地方感觉是有可以吞下人类一切的生物，人也许会把比如说负面情绪，秘密，梦等都告诉他，然后他大嘴巴鼓鼓的，吃得胖胖的咽下去，它看起来是爬行动物，似乎不像是地球上的生物。

2. 接着切到我和闺蜜 A 在一个房间陌生房间里面讨论性的话题，我和 A 说的话题涉及到了 2 男 2 女还是 2 男 1 女来着，并不是说她接受玩这种，而是观念上会理解这种行为的存在。

这个梦的梦主有着亲密关系方面的问题。虽然在开始咨询的过程中，梦主不想承认相关内容，但是随着梦境咨询的进程，我们还是通过梦境的持续展现，发现梦主内在阴影中隐藏的亲密关系方面的问题。梦里那只吞下一切的生物，就是一种欲望机能的展现，代表梦主已经有了过度依赖亲密关系的状况，梦主的自我意识受到了影响。但是潜意识通过梦境提醒梦主这种行为所蕴藏的问题，所以梦里对方敲的行为就是执着于想要梦主接受这些行为，引发了梦主潜意识的恐惧和不安的状态。

通过上面案例，我们可以看到，对于很多欲望机能的问题，潜意识会通过梦境展现出来，而这些内容显然是咨询者难以启齿的，因此，基于对梦境的细致分析，我们可以发现咨询者隐藏的问题，基于对这些问题的解决，才能够有效的推动心理咨询的进程。

（4）执念机能

执念机能是因为内在心理缺失感，而通过坚持外在错误目标作为获取内在满足的心理机能。

执念机能基于内在满足，这种内在满足是外在目标方面的满足，从而弥补自身的缺失感。人都是需要目标的，人可以通过追逐外在目标获得存在的价值和意义，外在目标能带给人内在的满足。如果一个人没有外在目标或内在方向，那他的生活会变得空虚，当事人会受到空虚情绪的影响，引发内在痛苦。人长期没有目标或方向是不行的，因为没有目标就没有生活的意义，没有意义的生活是无法持久的。没目标的时候，人会有慌张和不舒服的感觉，在这种情况下，人就会去寻找生活的意义，把生活的意义变成了目标。这里所说的生活的意义往往都受到环境的影响，也就是世俗中升学、情感、婚姻、家庭、事业、金钱、财富之类的事情，这些成为人们的目标。

执念机能通过追求外在目标获得满足，当个体为追求某个外在目标的时候，他们是基于否定自身天赋、使命的基础上，虽然这些人在追求外在目标，并通过意识强制维持一种神经系统的体系，让追求外在目标的心理获得可以维持，这种维持因为没有自性机能的支持，并且不符合自身天赋，往往带来很多自我伤害，例如很多人想要赚钱，并且将赚钱作为自己的某种目标，这个追求赚钱的目标就是执念机能的展现。因为是执念机能，赚钱往往是基于破坏自身或破坏外在带来的，那些电信诈骗分子，就是通过欺骗的方式获取金钱；还有那些通过出卖自身肉体的方式来赚钱的行为，包括以陪睡的方式来获取项目的成功，这些都属于执念机能的展现，为了目标不择手段。大多数时候，这些赚钱的想法很多是无法实现的，基于此，当事人会产生某种自我否定的状态，转化成觉得自己没有价值和能力，因为无法赚钱。因此，执念机能实现往往都是基于破坏性的欲望方式，无法实现就会引发内在混乱。

执念机能是在用自己的能量去追逐错误的方向，很多人都是内在空虚的情况下去追逐外在的，从而引发了更多的心理或情绪问题。就像西西弗斯神话故事说的那样，当事人不断推着石头上山，但最终还是会落回到地面。因为这些并不是他们生命的核心或正确目标，追求错误的目标只会造成当事人的痛苦情绪，还会产生支撑目标的欲望和头脑。这些人通过不断地进行自我麻痹让自己保持在看似正确的方向上，但这个过程会产生持续的痛苦，会出现各种挫折和刺激，这些都是在提醒当事人问题的存在。

一般都是个体将某些现实经历，激发了执念机能的产生。个体可能会觉得自己缺失某些东西，于是造成了当下的痛苦或问题，那么个人就会反向认为，只要自己通过努力，实现了这个目标，自己的现实问题就能够以解决。例如一个从小在农村长大的孩子，家里很贫穷，遭遇了很多痛苦和别人的鄙视，而他会认为，只要自己有了钱，就可以获得快乐。这种典型因为某个方面缺失导致的现实痛苦，而开始产生一种执念机能的状态。

对于执念机能来说，追逐外在拥有物能够让内在自我的问题被掩盖，也就是说，个体内在可能因为现实的情绪、头脑或欲望的影响，导致个体认为通过追逐某个外在拥有物就可以解决自身内在所存在的问题，在这个过程中，看起来能够解决这些问题的目标就成为个体执念的目标，从而也就构建起了个体的自我。对于那些执念目标不适合于自身的个体，其内在就会因为追逐目标的过程产生更多的痛苦和问题；而对于那些能够坚持执念目标的人，他们可能会通过外在获得某种意义上的成功，不过个体并不会因为这些拥有物获得内在心理的平静，正相反，很多看起来成功，但是不适合自身的人，他们会因为这些拥有物而变成某种负担，造成个体的内在问题。

与此相对地，当个体已经建立了其自身的拥有物之后，自我为了延续这个过程，需要付出很大的努力，以避免丧失这些拥有物的过程，这个是执念机能的另一个作用。我们在心理咨询过程中遇到的很多问题都出现在婚姻问题，显然，婚姻本质并不是一种外在拥有物，但是如果个体将婚姻看作自身外在拥有物的时候，个体就会因为婚姻的潜在丧失引发各种内在问题，这里个体如果为了自我去维持婚姻的状态，就可能形成执念。同时，那些具有成就的人，即便拥有天下，如果这些成为拥有物，那么个体也会产生新的心理问题，例如秦始皇统一六国后，就陷入了对死亡的恐惧，一方面派人寻求长生不老的灵药，另一方面害怕听到"死"这个字。从秦始皇的反应来看，其将自己的成就作为外在拥有物，并且想要长生不老，这个不想丧失的心态，就形成了长生不老的执念。

执念机能受到环境影响。不同的环境中，执念机能的具体展现形式不同，不同文化中重视的目标不同，对大多数人追求的内容也不相同，例如在一个拥有很多网红的地方，成为网红就会成为一种错误目标；而对于那些宗教盛行的地方，就会存在很多的邪教组织，通过包装的形式来迷惑大众，从而获得自身的财富。

在追求外在的执念过程中，个体一般会强化这种执念而忽视其他的影响，个体会觉得自己的执念能带来非常有价值的东西，他们会放大这种价值带来的好处。因为这些目标让他们有了存在的价值和意义，所以在追逐的过程中，如果他们遭遇了否定自己目标的情形，他们会认为只有自己是正确的，因为他们只能看到对自己有利的部分，认为外在的认知都是错的，会选择忽视或否定那些外在的认知，同时加强他们的坚持，让他们继续自己的选择和目标。

执念机能总是被过度美化，为了保持执念机能，个体必须放大执念机能带给个体的好处，只有这样个体才会有持续追逐目标的能量，如果个体觉得目标不能让自己获得想要的，那执念就会动摇，个体的心理将会呈现巨大的波动。所以个体总是会美化目标，让自己相信只要实现了目标，自己当下的所有问题都会得到解决，然后保持持续不断的追逐。如果外在否定他们的执念内容，在这种情况下，个体的价值和存在感会出现分裂，因为他们存在的根基被打破了，进而产生内在混乱，他们就会出现愤怒甚至攻击对方的行为，以维持自身的内在执念目标不被外在影响。

执念机能的细分

执念机能的内容物非常多，不过现实层面有着很多典型的执念机能的内容物，这些是特别容易形成执念机能的，以下列出执念机能的具体内容。

赚钱

赚钱作为现实生活的一部分，每个人都需要通过付出劳动获取回报。不过如果将赚钱作为某种追求的目标，这个在潜意识层面上就可能是执念机能的内容物。也即赚钱不应该是目标，而应该是某种结果。如果将赚钱作为目标，那么赚钱就会形成一种压力，而大多数赚钱的方式都是无法获得高额回报的，于是要么通过一些重复性的劳动，以伤害自身健康的方式来获取超额利用；要么通过某些非法的方式，例如黄赌毒，来获取利益。实际上很多赚钱的方式正是利用大家想要赚钱的想法而达成欺骗的，例如很多理财产品的高额回报，就是利用了很多人有着赚钱的执念，于是给予高额回报，但背后则是庞氏骗局。因此，赚钱只要成为内在目标，就变成

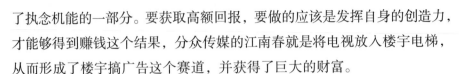

了执念机能的一部分。要获取高额回报，要做的应该是发挥自身的创造力，才能够得到赚钱这个结果，分众传媒的江南春就是将电视放入楼宇电梯，从而形成了楼宇搞广告这个赛道，并获得了巨大的财富。

婚姻

婚姻作为现代社会的重要组成部分，其本身并不具有执念机能，但是如果婚姻成了执念机能的内容物，就会展出特殊的状态。正常的婚姻应该基于情感的基础，而不应该成为一种形式。如果说当事人执着于结婚，就会产生各种的心理和社会问题，例如有些人不停地相亲，但是始终找不到适合自己的；还有些人将婚姻作为改变自身社会现状的内容，对婚姻有着过高的要求，导致自己没办法嫁出去。还有就是两个性格不合适的人因为父母要求结婚，结婚后总是大打出手，最终不得不离婚。还有些情况则是因为情感不合，一方想要离婚，但是另一方执着于婚姻，用尽各种方法不想离婚，导致婚姻的混乱影响了现实生活。婚姻的问题对个体生活的影响深远，当存在执念机能影响的时候，婚姻就会变得复杂且混乱。

情感

有些人会执着于情感，这种执着分为多种形式，其中一种是当事人对于某种不合适的情感依然坚持的状态，虽然对方已经没有了任何感情，但是还在坚持。另一种执着于情感则是不能够没有情感，一旦没有了情感就会觉得孤独和不安，导致分手后就会再次找寻其他的情感。这种情况如果发生在有婚姻的情况下，就会导致不断出轨的情况发生。还有些时候则是当事人在同一时间同很多人保持情感关系，而当事人会满足于情感带来的刺激感。大多数人执着于情感是因为情感能够带给个体很大的满足感，而这种执着于情感的状态会引发很多的心理或现实的问题，造成内在的混乱和外在的失控。

面子

面子是指个体为了维持自己的外在展现，而扭曲或压抑自身内在的心理过程。面子是一种虚荣心，觉得自己需要对外展现出某种状态，或为了达到某种有面子的状态，扭曲事实。为了维持自己的面子，很多人会付出自己所不具备的资源用于维持面子，最后到了维持不住，就遭到了面子的反噬。历史有着很多因为好面子导致不好的下场，项羽鸿门宴中明知道刘邦对自己在政治和军事上的威胁，依然没有杀死刘邦，最后导致兵败乌江自刎的下场，很大程度上因其受到面子的影响，从而丧失了除掉刘邦的最佳时机。类似好面子的情况在我们生活中也比比皆是，很多人看到朋友有奢侈品包包，于是为了面子，自己借贷也要买类似的包包。

名望

名望是另一种执念机能的追求目标。名望能够带来很多东西，让更多人认识和重视自己，能够给当事人带来现实和心理的满足。但是当名望成为一种执念机能的目标，就会带来心理上的各种问题和扭曲。很多人为了出名不择手段，有些人直播跳楼，有些则涉及色情内容，而这些就是普通人想要成名的方式。成名意味着个体有着内在的支持，如果没有内在的能力或价值，即使成名了，如果为了利益不择手段，很快就会遭到反噬。例如王安石所写的《伤仲永》，就是因为仲永利用了名望获利，最终导致失去了自身的创造力。因此，名望不应该成为执念机能的一部分，个体应该基于自身的能力，发挥自身的天赋，让名望变成一种结果。

成功

成功是另一种执念机能的内容，现代社会有很多成功学大师，教会大家如何获得成功，其背后都是利用了人们渴望成功的心理。大多数时候，成功心理是利用了外在成功的人士作为自己的榜样，于是模仿对方，想要成为像对方一样成功的人，于是用各种成功的励志故事来激励自己，认为自己只要坚持，就可以达到目标，但是他们并不知道自己是谁，应该做什么样的事情，他们总是在模仿别人，而不了解自己。执着于成功的人会借助各种方式来给自己洗脑，让自己觉得自己会成功，但是他们往往没有实的行动的支持。当梦想幻灭后，他们会换另一个内容来让自己继续保持在执着于成功的状态中。

孩子

孩子是生活的一部分，但是有些时候，生孩子也会变成执着的内容。很多省份的人有着生男孩的执念，于是很多家庭为了生男孩会不停地生孩子，家里有了好几个女儿依然在继续生孩子。这就是一种执念机能的重要内容。有些人甚至选择代孕等方式。显然这些都是执念机能的展现方式，很多都是违法的行为。

考试

现代有很多执着于考试的人，他们考取各种证书，用于证明自己的能力，但是他们仅仅是学习知识，考取证书，但是并没有真正地将这些知识应用于解决现实问题。考取各种证书仅仅是为了满足自己觉得自己厉害的这种心理。当这些考试或证书成为执念机能的一部分，个体不考证书就会不舒服，但在现实生活层面并没有任何的提升，而当事人还会活在自己提升的幻觉之中。

知识

提升自身的能力本身并不是问题，获取更多的知识。但是如果将获取知识作为执念机能的一部分，知识就会变成问题。有些人会制订每年读多少书的计划，而这种读书的方式仅仅是为了读书或让自己觉得厉害，显然知识并不能够给当事人解决现实问题的能力，变成了某种满足感。同时，当某种知识作为执着的一部分，个体会为了捍卫某些自己认为对的知识，而拒绝承认现实的事实，显然，对于那些目前仍然支持神创论的宗教国家来说，他们就会执着于神的内容，而拒绝承认物种起源这种基础的事实，带来了心理层面的扭曲。

成绩

学习成绩作为我们社会重要的组成部分，其很容易成为执念机能的内容物。很多时候，我们会将学习成绩作为评价一切的标准，提高学习成绩的执念就变成了压力。而这些压力很多时候并不是孩子的，而是父母执念的一部分，他们通过给孩子报各种辅导班，剥夺孩子休息的时间的方式，给孩子增加压力，从而得到好的成绩。而这种情况下，孩子的心理有着巨大的压力，很多孩子心理上就是失衡的，甚至会因为学习压力太大而导致自杀的情况，而这正是父母的执念机能作用所造成的恶果。

工作

工作也会成为执念机能的一个内容物。很多人就处于工作狂的状态，他们所有的时间和精力都放在工作上，这会导致出现健康问题，有些人为了工作持续熬夜，导致身体出现很大问题，甚至发生猝死的情况。因此，工作作为生活的一部分，人们需要重视，但是需要平衡好工作和生活，不能够将所有的内在能量都放在工作上，忽视了身体和生活的其他方面。

运动

运动是一种健康的生活方式，但是其也可以变成一种执念机能的内容。很多运动员为了运动而忽视自己的身体状态和健康情况，此时过度的运动就会变成一种执念机能的展现。现代很多人通过器械的方式来强化自己的肌肉，通过过量饮食蛋白粉，有的甚至通过注射激素的方式，来打造外在的强壮的体形，但是就潜意识来说，这些方式都是透支自己的能量。还有些人则是通过超量的运动，最终导致危及自身健康，例如有很多人在长时间的马拉松过程中发生猝死的情况。因此，运动如果超出了自己身体能够承受的范围，或从事了自身不适合的运动，都是会对能量机能带来伤害的。

执念机能的觉察

执念机能作为一种内在心理机能，其对于深处执念中的人来说是不容易觉察的，换句话说，因为执念机能的美化状态，当事人很难承认和面对自己坚持的内容是执念机能的展现，特别是对于那些投入了很多时间和精力的执念内容，当事人更加无法面对。因为执念机能的特点，潜意识内心无法直接指出个体的问题，只能通过象征的方式来展现出执念机能的状态，而这种象征的展现，让当事人以为是其他的事情，从而不会给当事人带来明显的影响。但是对于我们心理咨询师来说，我们可以通过梦境的觉察，发现潜意识中执念的内容，进而发现其当前执念背后的原因，可以帮助咨询者解决这些执念的影响。

【梦案例】

一、

1. 梦到在一个小镇上走，有外国人和日本人开的小店，有一家店里有卖古董珐琅表。

2. 后来我和一个比我年长一些的女性 A 走在山上，路上有块地方开着些好看的小花，那个年长的女性告诉我这是萝卜花，感觉是谁知道她喜欢为了她特地种在这里的。

3. 然后我开始尾随一个长得像美国富豪的人，跟着他走过一段半米高的只有一只脚那么宽的墙顶，最后快下来的时候有点害怕，就先坐下来再踩到地上。

4. 这时候看到地上有张报纸，果然是报道美国富豪一家的，说他娶了小护士（照片上小护士看起来已经50多岁了），带着前妻生的两个孩子，一家人生活得很幸福美满，我才知道我尾随的果然就是美国富豪。

5. 感觉他为了吸引我进去在他家准备了什么好玩的东西给我。

二、

1. 接着梦到阿姨和我说她又怀孕了，是个儿子，我当时心里想她两个月前刚流掉了一个女儿，现在就可以马上又怀孕吗？

2. 然后我问阿姨，那你生孩子的时候工作怎么办？她说这个工作她不管的，肯定要先生孩子。

三、

1. 之后切到闺蜜B告诉我她拿到两张今晚不眠之夜的免费票子，问我一起看一下不，我看看脚上穿的是高跟鞋，说这样跑两万步大概不行吧。

2. 闺蜜说我们不跟主线人物，就跟一楼游泳池边上的支线人物，我一看我们其实已经站在一楼游泳池边上了，就答应了。

四、

1. 随后梦到在一栋建筑里面坐电梯，电梯蛮小的，上上下下坐了几次。有一次进电梯觉得里面特别挤，上下左右都挤。

2. 然后出来后发现刚才那部电梯里面其实有四个人，怪不得那么挤。

五、

1. 梦到自己买了张火车票，车次是970，然后赶在最后检票时间里面跳进了闸机。

2. 到了站台发现站台上停的就是我这辆车，关门前冲进去，往右走几步就是对应我座位号码的位子，但是座位上用红字写着老弱病残孕专座，醒来了。

梦主是女性，本人对于亲密关系特别的在意，但是并不在意稳定的现实关系。最近梦主接触到了一个成熟男性对自己有好感，开始梦主并未在意，后来发现确实对方想要跟自己建立亲密关系。但是因为现实环境的限制，梦主和对方在一起的时间比较少，因此，只能够抽时间，不过真正走到亲密关系，梦主有些失望，梦中亲密关系以老弱病残孕的形式指代对方的生理机能已经老化。

从这个梦中，我们可以看到当事人存在的执念机能的展现，从梦境来看，梦主已经意识到自己的存在的问题，但是依然还是选择对方建立亲密关系。这个就是执着于亲密关系的展现，实际上进而希望从亲密关系中获得某些利益，因为对方有着某些现实资源。

一般来说，这种情况当事人很难直接跟咨询师讲出来，不过通过潜意识的梦境，我们就可以发现咨询者内心的深层问题，并且基于这个问题的认知帮助咨询者针对性的解决这些问题。因此，基于梦境的执念机能觉察，对于心理咨询有着非常大的帮助。

6. 个人潜意识——分裂机能产物

分裂机能产物是人类在内在分裂机能作用下的，个体内在心理所特有的产物。分裂机能是基于自我的追求和守护而产生，但是在心理层面上的自我是人类所共有的，到了个体本身，自我却有着特异化，每个人都有着不同的自我，个体的环境、文化、认知等共同造就了个体的自我，而这种自我就形成了个体特性的一部分。

每个人构成自我的部分不同，导致了个体分裂机能所产生的内容物也不相同，其背后是心理活动同神经活动、内分泌活动共同作用的结果。例如最为简单的愤怒情绪会让个体产生肾上腺素，从而导致整个内在的对抗性提升，而这个过程会让当事人跟对方的冲突升级，而被激怒后，分裂机能进一步运作，产生更多的分裂机能产物，这种情况下，激素很难处理，而且分裂机能的神经活动和内分泌活动会被潜意识记录，当遇到类似的刺激后，分裂机能会再度运作，进一步维持分裂机能产物。每个人会有愤怒的时候，但是每个人具体愤怒的事情或内容刺激物不同，导致了个体个性化的分裂机能产物，从某种意义上来说，这些产物都是个体真实的内在经验或内容物，它们共同形成了个体心理的具体内容。

虽然每个人都有分裂机能，也会在生活中不断地产生分裂机能产物，但是显然，我们要学会解决这些问题，唯有解决这些问题，并且控制分裂机能的运作方式，才能够让个体获得成长和提升。

分裂机能产物包括情绪机能产物、头脑机能产物、欲望机能产物和执念机能产物。

（1）情绪机能产物

情绪机能产物是个体基于情绪机能在现实生活中遇到的各种挫折后所产生的个体化情绪经验累积。

情绪机能产物就是个性化的情绪体验。张三可能因为别人插队而气愤不已，李四则认为这种没什么好气的；而李四认为别人动了他的东西而生气，张三则劝他不要生气。每个人都因为现实环境和个体经验有着自身独特的情绪体验。与此同时，张三可能比较自卑，而李四可能比较自大，显然他们的情绪机能产物就是不同的。这些个性化的情绪状态，形成了我们所说的性格的一部分。

情绪机能产物具有累积性。我们都有过类似经验，就是因为愤怒导致身心不舒服、胸口疼，甚至胸部疼痛好多天，而这些情绪机能产物在后续一段时间可能会减弱淡化，不过，实际上这些情绪机能产物如果我们不去有意识地进行清理，就会累积在潜意识中，从而造成持续的影响。我曾经见过一位年逾古稀的咨询者，她的妈妈已经过世好多年，但是她过去对她不好，于是现在提起她妈妈还是显得非常愤怒。显然，这些情绪机能产物不会因为时间而彻底消失，而是隐藏在潜意识深处形成内在伤害。

情绪机能产物会持续地产生，同时强化影响，促使其他情绪机能产物不断产生。例如我们和某个同事吵架了，我们当时产生了愤怒情绪，随后我们看到这个人就会产生一种厌恶情绪，随着时间推移，我们的厌恶情绪可能持续增加，再次可能还会与对方冲突，再次愤怒。很多时候，男女朋友或夫妻之间就是被这些持续累积的情绪机能产物所影响，最终导致关系破裂的。

情绪机能产物的产生也会引发其他分裂机能产物，同时影响整合机能的作用。比如当我们愤怒或嫉妒的时候很难做好当下的工作或学习，当我们处于情绪之中的时候，我们会产生各种错误的想法，例如我们会想报复攻击我们的人，这时就引发了头脑机能，产生各种想要报复对方的想法，如果真的这么做了，并伤害了对方，这就是执念机能在起作用了；如果没有去做伤害对方的事情，而是通过喝酒的方式来满足自身的欲望，此时就是欲望机能在起作用，引发欲望机能产物，同时也会产生持续的自我否定和怀疑的状态。所以情绪机能产物会造成一系列内在的混乱，导致自我内外在的持续失控。

案例：女士，公司员工，年纪轻轻就和老公结婚，而老公因为读书，而她也一同陪读，过去两人关系良好，但是到了国外，她没办法工作，整日在家里，也听不懂当地语言，情绪问题就开始展现，总是抱怨老公，因为在国外，老公选择宽容老婆，坚持到了老公毕业后，两人一起回国，回国后，老婆的状态并未改善，老公实在无法忍受，最终选择与其离婚。因婚姻是该女士最为在意的生活议题，女士特别看重婚姻，因此焦急的想要再婚，联系了婚介公司每周都安排相亲，急迫的希望早点嫁出去，但因其目的性太强，过程很不顺利。因此，该女士产生了很强的怨气，当时该女士在一家公司上班，她因情绪无处发泄，恰巧公司只有猫咪，这个女士被公司员工发现私下里虐待公司的猫咪，同时，领导发现其跟同事沟通也很大情绪，最终试用期没过就被公司劝退。

从这案例中我们可以看到，当事人有着内在的愤怒情绪和怨恨情绪，因为这些情绪无处发泄，就转变为伤害猫咪的行为，就是我痛苦也要让其他事物也痛苦的心态。同时当事人还有着头脑的想法，认为公司不干净，所以导致自己的行为不好，自己相亲不顺利，这种就是将自身的问题推给环境的一种头脑认知。

情绪机能产物的短暂累积并不会产生太大影响，但是如果情绪机能产物累积过度，就会引发身体层面的各种问题。例如很多时候，内在的肿瘤就是因为情绪机能产物累积导致的。如果这些情绪累积不在身体层面上起作用，那么就会转化为心理问题，可能引发各种的神经症，导致心理异常。

了解自身的情绪机能产物，并清理这些情绪机能产物对我们每个人都是至关重要的，通过观察这些情绪机能产物，我们可以发现内在的问题，所以认真对待情绪机能产物是每个人的必修课。情绪机能产物对于心理咨询师来说也是至关重要的，这些情绪是心理咨询的抓手和切入点，通过解决这些问题，我们的咨询就可以顺利进行。

（2）头脑机能产物

头脑机能产物是个体在现实生活中自身所产生的指向自身生活的各种错误认知。每个人对不同问题产生的认知是不同的，每个人都可能会对不同的事情产生错误认知。例如学习不好的人，会认为自己无法真的学好，或者认为自己是笨的，这种认知如果是个体所在意的事情，就会导致否定个体内在的整个人格，造成心理失衡。

案例：女士，从小同父母生活在一起，青少年时代一直看席慕蓉、席娟等言情小说长大，对情感充满了王子公主式的幻想，但其实没有谈过真正的恋爱。随着年龄的增长，父母总是催婚，于是梦主开始尝试相亲和接触男性，不过由于自身不切实际的幻想，总爱挑对方各种毛病，相亲无数次后好不容易遇到了一个各方面都挺合适的潜在对象，却觉得对方不够主动，各种埋怨和指责对方，当情感得不到满足之后，她又回到了用言情小说或言情剧来满足自己，填补自己情感空虚的状态。

这个案例中的女士就是受到了头脑机能产物的影响，导致对情感的错误认知，这种状态严重影响她正常的社会状态，如果不能有效解决这种错误认知，每天幻想自己能够遇到王子，那她现实中的情感和关系都是无法正常的。即使遇到合适的也会因为要求太多而错过情感。同时现实情感关系的影响，也会导致她觉得自己情感不行，是不被人爱的，对生活的其他方面也会产生影响。

每个人头脑机能产物的特点不一样，但都是对现实生活的逃避，有些人因为恐惧，认为和别人发生亲密关系就会怀孕，于是拒绝发生亲密关系，进而影响情感的稳定性。有些人则会因为想要满足自身的欲望，在医生要求戒烟的情况下，依然对自己说吸一支烟，但欲望一旦开始，就无法停下来，这时头脑机能产物就会导致欲望。

头脑机能产物有着复杂的特质，现代社会有太多的认知和想法，这些想法和认知会导致个体的问题，而如果不解决这些问题，将会在现实生活中造成各种影响，有些人则可能会因此对其他人造成伤害或造成群体性的伤害，类似社会事件也时有发生，比如有人会在幼儿园门口持刀砍伤小孩等。

对头脑机能产物的处理是心理咨询的重要内容，这些固有的头脑机能产物会影响个体改变和提升，只有意识到自身存在的问题，改变才能够真实发生，因此，去除这些头脑机能产物是心理咨询的重要议题。

（3）欲望机能产物

欲望机能产物是个人利用欲望机能获取满足的个性化具体行为，这种满足感是因人而异、因地而异、因时代而异的。不同的人产生的欲望机能产物也是不同的，有些人可能是暴饮暴食，有些人可能是打游戏，有些人可能是虐待猫，有些人则可能是杀人，例如那些连环杀人狂，就是通过杀人来获取满足感，当某些情绪累积了之后，这种渴望被满足的感觉就出现了，最后刺激个体去产生特定的行动。

每个人都会产生特定的欲望产物，欲望机能产生后，这种满足感很难被压制，情绪只要产生，特定的欲望状态就会产生。

案例：已婚男士，家境非常优渥，同时受到家庭影响，保持着传统信仰，平日吃斋参禅，有着令人羡慕的婚姻和事业。但是因为自身条件好，现实生活中总会有很多女性主动投怀送抱，而他总是控制不住自己的本能，不断地建立混乱的亲密关系。但是因为受到传统信仰的影响，每次关系结束之后，自己都特别的懊悔和内疚，下定决心要改掉自己这种不好的行为，但是过一段时间，再次遭遇类似境况，其又会陷入类似的混乱亲密关系，自己的思想和行为在不断地冲突和内斗，当事人自身对这个状态非常困扰。

案例中的男士就是有着色欲的欲望，而他所具有的社会地位和资源支持着他可以保持这种破坏性的性行为，此处破坏的就是家庭的稳定，包括自己的和其他人的家庭。类似的欲望机能产物在我们的生活中时有发生，这种情况会导致自身的内在生活问题，同时也会影响自身婚姻和工作的稳定性，处理不好会给人造成持续的影响。

不同的环境也会引发不同的欲望机能产物，例如那些深处身边有着毒品环境的国家，他们就更可能被毒品所影响。不同的时代也会有自己独特的欲望机能产物，虽然色欲从古就有了，但是基于日本色情文化的黄色电影则是现代才有的色欲的产物，因此，我们发现欲望机能产物随着社会的发展不断地变化，但是其背后的欲望机能却一直存在。

处理欲望机能产物对每个人都是至关重要的，因其成瘾性的特质，要控制欲望机能，同时清理欲望机能产物是需要极大的力量的，也需要特定的方法，不但要控制欲望机能产物，还要控制引发欲望机能的各种情绪机能产物，唯有这样才能够彻底解决欲望机能产物的影响，不然个体再次有了内在心理痛苦，欲望机能产物又会重新产生。

（4）执念机能产物

执念机能产物就是个体基于现实所产生的特定执念内容。每个人因现实经历和环境不同，个体所执着的内容不同，可能是因为小时候父母离异的原因，导致个体执着于情感关系，一旦没有情感就会不安。有些则是因为长期贫穷，导致个体因为恐惧贫穷，开始贪婪地累积财富，历史上南宋的右丞相陈自强就是如此，他长期贫穷，成了丞相后，开始买官卖官，导致了南宋官场的黑暗，促进了南宋覆灭。显然，不同的执念机能产物，对个体带来不同的影响，需要针对个体分辨。

案例：女士，自觉有着不错的相貌和身材，一直抱持的信念就是希望找寻有钱的另一半，她自身对有钱的定义是希望找寻身价几十亿元的另一半，之后终于找到了一个身价近10亿元的企业家做男朋友，当在一起的时候，她非常开心，但是对方有家室，对方承诺说会和老婆离婚，然后就会娶她，她也信以为真，但是拖了三年，对方依然迟迟未动，这让她非常痛苦，最终不得不和对方分手，自己觉得非常痛苦，而经历了这个男朋友之后，她的眼光更高了，看不上任何身价低于10亿元的男人，就是要找身价几十亿的老公。随着年龄不断提升，整个相貌和身材都有某些改变，但她择偶的想法却一直保持不变。

从这个案例中，我们发现个体执着于嫁给有钱人，从而想要借此改变自己的命运，类似的执念机能产物很多人都有。这种执念机能产物使得个体将自己的能量投入到错误的方向，而最终产生了失败的结果。

对于心理咨询来说，我们需要帮助咨询者识别出他们的执念机能，并且引导个体去除这些执念机能的影响，这样个体的内在心理才能够有力量发现属于自身内在的天赋，从而走上追求自身使命的过程，也即去除执念机能产物是成长和提升的基础。

二、人格发展

人格是指个体心理受到环境影响所形成的一种特定展现形式。

心理结构作为心理中静态的内在结构，与此相对地，内在心理还存在着变化的过程，这个变化就是人格的展现。每个人都有着独特的人格特质和倾向，可以说，个体人格正是内在心理结构中心理机能之间相互作用的结果。

个体人格随着个体内在心理的不断发展逐渐形成，不过这些内在心理结构之间的内在关系受到环境的影响，很多人因为在生命的早期阶段，由于父母过于强势，导致了其内在人格上出现压抑和自卑的状态，这就是个体的内在分裂机能处于主导地位，当个体处于这种状态下，其人格也会呈现出压抑的状态，而这种压抑就会影响个体的整合机能展现，从而人格无法有效地适应现实环境。

因为人格的展现和外在环境的适应性，实际上是个体内在心理和外在环境之间的一种适应性状态。当个体处于良好的环境状态，其人格就处于良好状态，也就意味着个体的心理结构中的整合机能处于良好的位置，个体会展现出成长和创造性的状态中；与此相对地，当个体的内在心理和外在环境出现不适应，个体内在心理被分裂机能的状态所影响，个体会展现出人格层面的各种异常或问题，人格问题或人格障碍就是这种社会化适应中所展现的异常状态。

虽然从某个时间点上看，人格处于一个相对稳定的状态，但是我们要知道人格并非一成不变的。我们经常会发现，本来相对稳定的人格状态，因为遭遇了某种重大的人生事件或挫折，导致当事人一蹶不振，其背后就是因为个体受到的内在分裂机能占据了主导位置，有着太多的情绪或自我否定，而当事人无法处理这些问题，导致人格发展就处于停滞状态了。

不过从另一方面来看个体内在潜意识中的整合机能一直在推动个体心理的成长与发展。就好像植物总是朝向太阳生长一样，这个底部的推动力就是我们的整合机能。而这种从过去不好的状态回到整合机能的状态的过程，就是人格发展。

（一）人格发展概述

人格发展在心理上是个体发挥整合机能，不断地产生整合机能产物，同时限制分裂机能的影响，去除累积的分裂机能产物的过程。个体通过内在清理，不断进行自身成长，最终发挥自身创造力，发展自身价值，为推动群体和社会发展而努力，最终实现自性化。

人格发展可以认为是一种人格的提升，我们通过上面的心理结构可以看到，人格受到潜意识的影响。那么对于我们来说，人格的发展则意味着两个方面：一方面，个体人格成长需要识别和限制内在分裂机能的作用，同时去除固有的分裂机能产物；另一方面，个体人格成长就是需要发挥整合机能，从而产生整合机能产物。举例来说，就是当一个曾经对学习恐惧的孩子，想要重新开始面对学习，要解决的首先是其之前对学习的固有恐惧情绪，这个就是分裂机能产物，同时要帮助孩子克服恐惧，不让恐惧影响学习的过程。当孩子不再恐惧某个学习内容之后，还要让孩子对学习的内容产生兴趣和热爱，这个就是激发孩子的内在整合机能，当孩子热爱学习之后，学习成绩的提升就是个体产出的属于自身的整合机能产物。人格发展就是基于这两个方面进行运作的。

在人格发展之后，个体对环境的适应性就会提升，显然，我们知道，人格发展就是在面对和解决问题，而过去人格中的问题实际上就是固有的问题，那么当个体运用整合机能和产出整合机能产物的过程，就是解决问题的，从而获得了人格的发展。而对那些人格存在问题的人，其本质就是在分裂机能的作用下逃避自身的问题。例如很多人不开心就会喝酒，这种是逃避自己内在问题，从而造成了更多分裂机能的产物。

每个人的潜意识深处都是渴望成长和提升的，在分析心理学或人本主义眼中，个体内在人格的成长是有基本动力的。人格成长的动力就好像植物一样，每棵植物都渴望阳光、渴望成长。动物和生命也有着相同的内在动力。人格成长的内在动力就是整合机能所推动的，也就是推动个体发现自己的天赋和使命，不断通过追求自身成长和提升。每个人都有着成长为参天大树的内在驱动力，只不过因为内外在的环境导致个体无法发挥出自身的内在力量。很多人深陷在内在冲突的泥沼之中无法自拔，虽然很多人并不喜欢这种状态，但却没有很好的方式解决这些问题。

可以说，所有的个体或社会性问题，都是由于人格没有得到足够发展所导致的，人格不完善造成个体的认知产生问题，同时通过关系影响身边的人。同样地，当人格发展遭到了错误的影响，整个社会都会出现群体性的问题，比如二战或类似的问题，就是群体性的人格问题的展现。

每个人内在的动力引导人格发展，人格发展也是社会文明发展的典型展现，近代科学的发展就是人格发展同步进行的，因为原有的社会形态阻碍了人格的发展，随着科学的发展，人格发展得到了继续。可以说人格发展和社会发展是相辅相成，是相互促进、相互推动的状态。

（二）人格发展的阶段

人格发展在分析心理学中的三个阶段就与这些内容相关。荣格提出人格成长的三个阶段分别是整合阶段、超越阶段和自性化阶段。

1.整合阶段

人格发展的第一个阶段是整合阶段。在整合阶段之前，个体对潜意识的认知通常是模糊的，人们关注或重视内在潜意识的状态，直到发生了某些外在刺激，使得个体不得不面对潜意识的影响，基于这个特定的契机，个体就可能走上整合机能的阶段。

整合阶段很多时候，并不是以一种意识层面发生的，更多时候，起点是基于外在事件的推动。心理结构具有稳定性倾向，这种稳定性是基于外在内容的内在化实现的，例如个体童年开始将父母作为心理结构的一部分，这种情况是非常多的，但是遇到的很多心理问题的案例，都是因为父母离世造成的，这也就意味着，原本的心理稳定性被打破，这个时候就需要新的内容替代原有的内容，而在这个转变的过程中，个体心理就会呈现神经症的状态，例如失眠、神经衰弱、抑郁状态等。大多数时候，这些替代物会变化，可能是某种关系，或者某些哲学信仰性质等内容，其本质就是填补内在的心理结构稳定性。就潜意识来说，这种替代是生命的推动力，换句话说，很多时候，正是原有的结构被打破，新的结构才有机会建立起来，但是对于当事人来说，这个过程是痛苦的，而只要个体坚持找寻，那个替代的内容会基于此而变得更加稳固，这个是人格发展的必然阶段。

这些稳定性的部分包括父母、情感、婚姻、工作、亲子等，无论哪种内容发生了变化或者说出现了问题，都会推动潜意识原有结构进入整合阶段，只不过这个阶段更加隐性，或以一种痛苦的方式推动个体开始潜意识的重构。例如很多人第一次走入咨询室就是因为情感或婚姻出现了危机，而这同样对当事人的心理稳定性带来了极大的冲击。情感婚姻带来的内在痛苦是剧烈的，同时也推动着个体开始意识到原本的潜意识结构的问题，如果个人还想抱持固有的结构，这种痛苦将会更加持久。而我们见到的很多咨询者，就是基于这个时点开始重新审视自己的生活和内在的心理状态，他们开始重新发现自己内在真正重视的是什么，并基于这个契机开始尝试提升自己，转移自己的关注点，重新回到自己的潜意识内在。而在这个过程中，往往婚姻或情感的问题也就得到了缓解；与此相对地，有些人则不是回到自己的潜意识内在，而是不择手段地通过各种方式妄图维持自己生活的表面稳定，而这种会在潜意识层面造成更大的痛苦，或仅仅是推迟问题，进而引发更大的问题。

我们不应该忘记，这种准则和理想，不是拥有绝对力量的魔法咒语，即使是它们中最好的也不是。它们只有在一定条件下才能达至支配地位，即我们心中的一些东西回应了它们，我们心中的一种情感准备采取理想给出的形式。只有处在情感的压力下，观念或支配原则才能成为自主的情结；否则，观念就仍然是受意识心灵武断观念支配的概念，仍然仅仅是心智的一个任人摆布的工具，背后没有强大的推动力。只有理智工具的观念不能对生活产生影响，因为这种状态中，它几乎是一个空洞的词。相反，一旦观念达至自主情结的地步，它就以情感的方式作用于个体。（《心理结构与心理动力学》P227。）

整合阶段的发生需要意识的配合，换句话说，这个过程需要意识从关注外在的内容，转入重视潜意识的状态，这个整合阶段，就仿佛是意识重新回到了自己曾经熟悉的地方。这个整合阶段，意识将会重新发现之前被意识所忽略的部分，将会看到潜意识充满了之前未被清理的垃圾，同时也对自己要去的方向有了一个大致的认知。

在整合阶段，个体需要面对的就是个体潜意识的内在问题，大多数人对内在潜意识的认知是模糊的，他们并不清楚潜意识的内在状态。而在整合阶段，有两个方面的主要内容。

首先是开始面对潜意识，当我们面对潜意识的时候，首先映入眼帘的就是累积在潜意识中的各种垃圾。因为我们之前没有意识到这些问题对潜意识的影响，因此，导致了问题累积在内在潜意识中。这些垃圾就是集体潜意识中的分裂机能和个人潜意识中的分裂机能产物。我们要意识到过去自身分裂机能所产生的作用，同时意识到过去潜意识中累积的分裂机能产物，我们要限制这些问题，并且有意识地去除这些垃圾，在这个过程中，我们需要学会清理和控制。

一切心理内容都影响着我们的意识活动，无论这些心理内容是从下面接近了意识的阈限，还是从上面略微沉降到了意识的阈限之下。既然心理内容自身不是有意识的，那么这些影响也就必然是间接的了。我们大部分的口误、笔误、记忆错误等都可以追溯到这些影响，同样，一切神经症也可以追溯到它们身上。这些失误几乎总是有其心理根源的。例外的情况也有，譬如由炮弹爆炸或其他原因造成的震惊效果就是。神经症最温和的形式就是已经提到过的"失误"——讲话时所犯的错误，忽然忘记了名字和日期，出人意料的笨拙所引起的受伤或者事故，对个人动机的误解，或者对我们听到的读到的东西的误解，以及所谓的记忆幻觉——这种记忆幻觉使我们错误地认为我们已经说过或者干过我们实际上并没有说过或干过的事情。在所有这些情况之中，都存在着一个内容，它间接地、无意识地歪曲了我们的意识行为。只要我们做一个彻底的调查，这一点就可以显示出来。（［瑞士］C·G·荣格著；苏克译，冯川校：《寻求灵魂的现代人》，贵州人民出版社 1987 年 9 月第一版，第 36 页。）

当个体走入潜意识将会发现存在于潜意识中的阴影，这些阴影就是过去意识所没有关注到的内容，初始意识关注到阴影一定是各种各样的混乱状态，这就是需要清理的内容。因为固有的潜意识没有被关注到，于是当关注到，各种内在累积的神经刺激都会涌向意识，并推动意识的关注，清理这些问题。

整合阶段需要面对的另一方面的内容，则是个体要开始在整合机能的引导下，认识到自身的内在天赋和力量，发挥整合机能产物，不断地提升内在力量、发挥创造力、产出整合机能产物，从而建立内在力量。意识走入潜意识，通过阴影看到不仅仅是破败的各种垃圾，无限的内在空间中同样有着闪闪发光的部分，这些部分展现了个体内在天赋、追求和使命，它们存在于潜意识深处，只有个体关注到它们的时候，这些内容才能够展现出无限光彩，就好像内在有着无数的力量，但是并没有被使用过，整合阶段就要运用这些整合机能的力量，通过学习和练习，产出整合机能产物，从而为下一个阶段累积力量和经验。

对于荣格来说，人格发展的整合阶段是从荣格成为精神医生，随后同弗洛伊德认识，并开始通过梦境的分析，发现潜意识的内在状态，当时荣格已经利用了整合机能，逐渐形成了集体潜意识和个人潜意识的认知，但是当时同弗洛伊德之间的关系，给他的理论进一步发展带来了很大的压力。

人格发展的整合阶段是重要的内容，通过整合阶段，个体对自身存在的问题进行逐步清理，同时自身力量有了认知和经验，给予这些经验，人格发展将会走入下一个超越阶段。

2.超越阶段

超越阶段是指个体基于整合阶段的基础，意识将自身的力量更多给予潜意识力量，同时开始进行外在世界的改变。

答案明显在于消除掉意识与无意识之间的分离。这不能通过单方面地说无意识内容是无用的来实现，相反应该通过认识到其在补偿意识片面性中的重要性，并对其进行充分考虑而实现。意识倾向和无意识倾向共同构成了超越性功能。称它为"超越性"是因为它在不损失无意识的前提下，使从一种状态向另外一种的转化成为可能。构建性及综合性的治疗方法假定在病人那里至少潜存着一些理解力，而且这种理解力能成为有意识的能力。如果分析师一点也不了解这些潜能，他就不能够帮助人发展它。除非分析师和病人都只让科学对之进行研究，然而这是不可能的。（《心理结构与心理动力学》P52。）

对人格发展的整合阶段更多的是内在分裂机能及其产物的清理，以及整合机能的发展和提升的阶段，个体现实生活状态相对稳定。而到了超越阶段，个体内在心理的成长会通过对现实世界带来某些改变来实现，也就是荣格所说的超越性。超越意味着跨越，跨越的不仅是心理层面，更多是需要现实的改变。

潜意识的提升仅仅是内在的，但是如果要让潜意识占据主要地位，意识必须做出某些现实性的改变，这个改变意味着某种放弃，固有的生活方式、财富、稳定、名望等意识所关注的外在世界内容，在潜意识看来，这些内容占据了潜意识的巨大空间，影响了个体发挥真实的外在力量，这些内容需要被放弃，进一步的成长和提升才能够发生。因此，在超越阶段，个体需要面对的正是放弃或失去的内容。

仪式引发的经验。我说"超越生命"，意指新入教者的那些上文已经提及过的经验；新入教者参与神圣的仪式，仪式向他展示生命通过转变与更新获得的永恒延续。在这些神秘事件中，超越生命显著地不同于其一时的具体表现，时常被表征为一位神或者与神相似的英雄的命运转变——死亡与轮回。新入教者可能仅仅是这些神秘事件的见人，也可能参与其间或者为之感到，也可能看到自己通过仪式行为与神融为一体。在这种情况下，真正重要的是客观物质或者生命形式通过某种单独进行的过程，按照仪式被改变，而新入教者无论是仅仅在场或者参与了其间，都会受到影响、感染、"尊崇"或者被赐予"神的恩典"。尽管他可能参与转变过程，但是转变过程的发生不是在他体内而是在他身外。新入教者仪式性地扮演对地狱判官奥西里斯（Osiris）的屠杀、肢解及分散，以及随后他在绿色麦田里的复活，并因此体验到生命的永恒与延续生命超越一切形式的变化，并且像凤凰一样，不断从自己的灰烬之中重生。除其他影响以外，对仪式性事件的这种参与还引发了对不朽的期盼，即厄琉息斯秘密仪式的特点。（《原型与集体无意识》P93。）

从荣格所说的超越仪式之中，荣格已经发现了那个新生的力量，这个力量就是超越的力量，在外在展现就是放弃固有的内容，显然，意识需要极大的勇气来面对这个阶段，因为放弃世俗的东西，意味着失去过去的生活方式和过去重视的内容，失去会导致个体恐惧，不敢面对内在潜意识的状态。相对于整合阶段来说，超越阶段意识已经对潜意识有了深刻的认知，也已经清理和去除了各种内在问题，此时，对潜意识的信任能够推动个体跨越恐惧，走入未知的世界，构建起自身的力量。

对于荣格来说，超越阶段是荣格生命中的重要阶段，他在这个阶段面对的放弃或失去就是同弗洛伊德之间的关系。之前荣格依靠弗洛伊德的力量，构建起了自身的心理学地位，但是到这个阶段，荣格必须面对一种选择，要么继续成为弗洛伊德的弟子，并压抑自己对潜意识的探索，遵循弗洛伊德的理论内容；要么放弃过去拥有的各种心理学资源，抛弃束缚，重新开始构建自己的思想体系。荣格在面对这个选择的时候，显然也是非常痛苦，但是他依然遵循潜意识的引导，选择了后者，这也就有了集体潜意识和个体潜意识理论，以及后续的分析心理学的理论。对于荣格来说，他的超越阶段就是放弃同弗洛伊德的关系和心理学的资源和地位。

在荣格的人格发展中，超越阶段是重要的内容，超越阶段对于个体来说就是一种内在考验，在考验中，不同的人所要面对的超越内容是不同的，但是这些要放弃的内容物往往都是意识最为在意的，例如财产、名望、关系、事业等等。超越阶段就是要通过改变，促进进一步的改变与提升，潜意识的问题有了新的波动，通过解决这些波动，潜意识得到了成长和完善，同时个体也有了新的体验和新方向的提升。只有解决自身的内在潜意识问题，让问题彻底暴露，才能真正地得到改变和提升。孟子说的"天将降大任于是人也，必先苦其心志，劳其筋骨，饿其体肤"，正是对超越阶段的外在状态的一种典型描述。

超越阶段往往有着外在环境无法理解的情况，因为遵循潜意识的方向和追求，很可能同现实环境所倡导的稳定相违背，此时外在环境可能会出现各种干涉的情况。很多人在超越时刻，个体的选择同环境的认知往往背道而驰，会被父母、亲朋好友所阻拦和干涉，这些人会打着为当事人好的名号，进行限制和阻拦。实际上这些干涉也是内在考验的一部分，特别是对那些容易受到环境影响的人更是如此。要跟随潜意识或被外在影响，这个正是超越阶段的重要内容，那些能够坚定信念的人，就会获得不一样的人生。

虽然很多伟大的人在前人的引导下跨越了这个阶段，但是也会有很多人，因为自身分裂机能的作用，选择放弃超越，而人格发展就会出现停滞甚至倒退的情况。

3.自性化阶段

人格发展的自性化阶段就是个体走上发挥整合机能，构建特性化的整合机能产物的人格阶段。

在如此短小的篇幅里，我除了能触及一下本题的基本原理之外，就再也做不成别的事情了。我不可能当着你们的面一砖一石地砌起一座大厦，这座大厦是在对无意识材料所做的每一次分析中建立起来的，它完工之日就是完整的人格得到恢复之时。那种进行连续不断地吸收的方法远远不只是取得一些为医生所关心的具体的治疗效果而已，它最终还将导向那个遥远的目标（也许这从来都是生命的第一需要），即将整个人类都带进现实之中——也就是个性化（individuation）。我们医生无疑是第一批以科学的态度来观察这些含混不明的自然进程的人。我们照例只看见了这一发展的病理性的方面，而看不见治愈以后的病人。但只有在达到了治愈的效果后，我们才有可能去研究正常的变化过程，而这过程本身就是一个需要费时数年或数十年的问题。如果我们多少知道一点无意识心理的发展方向，如果我们心理洞察的能力并不仅仅得自病理的方面，那么我们对梦所揭示出来的各种作用就会有一种不那么混乱的认识，我们就会更清楚地认识到象征所指的究竟是一些什么东西。我认为，每个医生都应该意识到这样一个事实，即无论是总的心理治疗，还是具体的分析，作为一种程序它们都是要深入到一个有目的、有延续性的发展过程中去，有时从这里突破，有时从那里突彼，由此挑选出了各个具体不同的侧面，而且这些侧面似乎都遵循着相互对立的发展道路。既然每一个分析都只揭示出更深的发展道路的一部分或一个方面，那么从诡辩似的比较当中所能得出的就只能是令人无可奈何的混乱。因此，我更愿意仅限于讲讲本题的基本原理以及对实际的考虑。只有实际地接近了事实的真相，我们才能得出令人满意的一致结果。（《寻求灵魂的现代人》P30。）

这里荣格所说的个性化就是我们说的自性化，自性化是一个长期的过程，在这个阶段个体找到了自身的追求和使命，自性机能发展的过程就是自性化，个体内在的创造力通过自性化阶段不断地发挥出来，从而让整合机能产物不断地发展，发展出独特的整合机能产物。

自性化阶段有创新性，也就是说，自性化会对原有世界存在的问题给予新的解决方案或展现形式，而这些创新性的内容是推动社会进步的重要内容。整个人类社会的发展正是基于这些创新性的内容所构建的，不同的时代有着不同的问题，自性化阶段就是对这些问题的解决。每个人也有自己的创造力展现形式，这个同样是自性化阶段的重要展现。显然，科学家就是通过对某些问题做研究，从而提出了创新性的科学理论，推动时代的进步的。而其他的艺术家或作家也如此。

自性化阶段是一个长期的过程，也就是说，人格发展的自性化阶段不会是一蹴而就的。意识层面明确了自身的使命，但是完成这个使命的过程需要一步步的脚踏实地行动，也就是说，那些科学理论的发现，都是基于科学家不断地研究分析和验证，最终得出了结果的，而后续还需要不断地进行检验。

自性化阶段对于荣格来说就是从荣格提出自己的潜意识理论开始，后续发展的分析心理学，以及对宗教和东西方文明的分析和研究，将分析心理学的理论内容扩展到心理的方方面面，而荣格的自性化阶段一直到了他生命的尽头，将心理学带到了从未有的高度。

这些组织或者系统是（信仰承认的）"标记"，它使人能够建立一个与其原始本能相对立精神的对等物，建立一个与纯本能相对立的文化态度。这是所有宗教的功能。长期依赖，对于大多数人来说，集体宗教的象征就足够了。现存的集体宗教或许只是暂时的或对极少数人来说是不充分的。只要有文化向前发展的地方，不论是以个体还是以集体形式发展，我们都能发现其对集体信仰的摒弃。从心理上看，任何文化上的进步都是意识的扩展，都是走向意识的过程。因此，前进总是始于个性化的，也就是说，始于个体由于意识到自己是孤立的，从而在无人到过的领域开辟一条新的道路。要做到这一点，他必须首先返回到其存在的基本事实，不考虑所有的权威和传统，让自己意识到自己的不同。如果他成功地使自己拓宽了的意识得到集体的承认，他就创造了对立的紧张，这种紧张提供了文化进一步发展所需的刺激。（《心理结构与心理动力学》P42。）

自性化阶段就是个体在内在改变之后，不断地发挥整合机能力量，构建整合机能产物的阶段，这个过程就是个体发挥自身的内在成长，帮助身边的人提升和成长，最终实现自身和外在环境改变，促进环境和文明进步的过程。孔子所说的，四十不惑，五十知天命，这里的知天命可以认为是自性化阶段的一种展现。

自性化阶段的发展同样对环境有着重大的影响，实际上，社会或国家比拼的正是这些自性化阶段的整合机能产物。也就是说，当社会发展出了解决人类社会的创新性能力，这个能力会带给整个社会以竞争优势。美国和欧洲的领先正是他们鼓励更多人走向自性化阶段，并基于这些产出的整合机能产物，也就是各种的科学理论和先进技术，来建立国家优势。当下处于百年未有之大变局的情况下，对于我们来说，同样要重视自性化阶段，才能够在国家竞争中处于优势地位。

（三）人格发展的特点

1. 人格发展的长期性

人格发展的过程是一个长期的过程，个体人格发展过程中，会不可避免地被环境所影响，这些影响形成了分裂机能的潜意识运作模式和固有的分裂机能产物，因此，去除这些问题往往不可能一蹴而就，需要通过长时间的清理和控制的过程才能够达到。同时，另一方面，整合机能的发展需要基于个体的成长，这些就好像植物扎根到集体潜意识的过程，这个过程中需要通过很多的成长才能提升，例如需要学习很多的知识和技能，并将这些能力运用到具体的创造性活动中，这显然也是需要长期持续坚持才能做到。

2. 人格发展的持续性

人格发展是持续的、一生的，在人生的每个阶段都会有人格发展。人格发展的持续性就是个体启动了成长就将会持续，并会坚持到生命的尽头，可以说是终身人格发展。我们知道人的年龄有极限，但是对于人格发展来说，则是在这个范围内没有尽头和终点的。首先，从人格的完善性来说，每个人内在分裂机能及其产物都会在一生的各个阶段影响个体，因此，要解决这些问题是需要持续一生的。同样地，对于整合机能及其产物的发展来说，同样是没有尽头的，世界是无限的，有着太多的问题和需要探索的内容，因此，个体走上了人格发展的路上，就需要持续地发挥自身的能力，尽可能地解决这些问题，并探索新的生命范围，从这个角度上，从荣格人生历程来看，可以发现荣格正是终身人格发展的典范。

3. 人格发展的碎片性

人格发展具有碎片性的特点，换句话说，个体在解决自身问题的过程中，不可能一下解决所有问题，而潜意识中的分裂机能也需要某些特殊的时机才能够展现其特质，因此，人格发展是不断地出现问题，同时，意识需要针对当下所产生的问题进行解决。这种碎片化同样体现在人格发展的成长过程中，个体掌握某些知识或机能，同样需要一点一滴地累积，通过不断地强化学习的内容，才能够构建出深厚的内在思想或能力基础，为后续的成长创造良好的条件。实际上这种碎片化同样体现在梦境中，梦境正是以碎片化的形式来展现个体问题，并给出内在追求和使命的，基于一系列梦境的内容，我们可以窥见个体整个人格发展的图景。

4. 人格发展年龄无关性

在过去的心理学中，人格发展都是从生命的角度进行的，也就是根据个体的年龄进行划分的，如埃里克森的人格发展阶段理论，他们将生命的表面看作人格发展的阶段。这种划分的好处是个体很容易基于年龄进行区分。

不过如果我们以分析心理学的视角来看待人格发展的时候，就会发现人格发展并不是以展现的年龄为基础的，换句话说，虽然年龄有着某些影响，但是对于人格发展来说，更多是基于内在心理结构的状态所决定的。

这也就意味着，年龄小的人，他们如果能够发挥自身内在整合机能，也可以获得较大程度的人格发展。而老年人，并不会因为年龄的升高，而自然获得人格的成长，这也就解释了为什么有很多老年人，普遍有着各种人格问题或人格障碍。

对于人格发展来说，不是说老年人就不能够进行人格发展了，老年人如果有年轻时候未解决的问题，只要他们想要面对这些问题，成长就会开始。因此，我们可以说，人格发展不会因为年龄增长而发生，也不会因为年龄增长而停止，任何时候，只要准备做好面对自身问题，并开始发挥整合机能的能力，人格发展就开始了，而此时解决的可能是童年或年轻人未被面对的问题。

5.人格发展的独特性

每个人人格发展的历程或阶段是类似的，但是对于个体来说，他们自身的人格发展的路径则是独特的，这些独特性实际上基于个体内在天赋和使命，因为个体的天赋和使命不同，决定了个体人格发展过程中，需要展现出不同的特质或特点，正是这些独特性，构建起了独特的人格特点。而要发现这些独特性的人格发展路径，需要基于独特性的梦境，通过对梦境的分析，就可以看到人格发展的特殊方向和历程了。

6.人格发展的阶梯性

不同的个体所面对的生活事件不同，每个人都处于不同的时空或环境，但无论处于什么时空环境，个体都会面对需要解决的问题，外在问题会以各种形式展现在个体的面前，有些是金钱上的问题，有些可能是权力的问题，这些外在问题本身并不重要，重要的是这些问题带来的个体间相似的内在的成长过程。也就是说，个体所经历的外在事件是不同的，但个体的内在成长是相似的，内在人格的完善也是相似的。

人格发展的过程是阶梯性的，个体的人格发展总是从解决小问题、小事情入手，在逐步发展的过程中，就有了解决大问题的能力和力量，这时开始从解决个人问题，逐步发展到解决外在环境，最终解决环境问题。所以开始解决问题是很重要的，只有开始解决之后，人格发展才会进行，所以面对眼前问题就是个体成长的开始。

7. 人格发展的契机性

人格发展是有契机的，大多数被分裂机能所影响的个体很难知道自己正在被影响，需要某些特定的刺激事件才能让个体意识到自己的问题，并加以改变和修正。一般这种契机是在 30 到 40 岁间的中年时期发生的，因为这个阶段个体可能已经具有了社会化的能力，已经解决了生存方面的问题，精力开始松弛，会开始经历一些潜意识促成的变化。在这个阶段，个体会经历情感、事业或成长上的问题或危机，这些危机的目的就是让个体明白自己的状态，发现潜意识的存在，开始走入潜意识，这就是荣格所说的危机。

荣格认为真正的人格成长是从中年开始的，这种人格成长是指内化的成长，是对潜意识的认知，大多数人在中年之前根本不会考虑潜意识的问题，他们总是在关注外在，追求外在的满足。经验是人格成长的基础，有了经验个体才有人格成长的动力，只有经历过痛苦的人，才能知道成长的价值和意义。

人格发展的契机就是中年危机，但并非所有人都能够把握这种契机，很多人会因为固有的个人潜意识垃圾，没办法抓住改变的契机，他们会因为恐惧或环境的影响而放弃了改变的机会。人格发展的契机，通常都与改变有关，如果丧失这些改变的契机，个体就没法改变，这些人就会退回到传统的解决方式，比如用自我麻痹的方式让自己不再敏感，从而忽视潜意识垃圾，还可能用烟酒来让自己忘记那些烦恼，用转移注意力的方式度过生命的重要阶段，从而丧失了改变和成长的契机。

这种契机丧失的状态还会在家族或环境中蔓延，如果个体没法突破自己的状态，当他的孩子想要突破的时候，他们就会去压制这些突破，如果他们找到了让自己安然度过的某种方式，例如通过喝酒让自己好过，那这些方式也会传导到下一代，从而使家族也无法有效突破。这种情况会作用在环境或整个文化中，因为太多的人丧失成长和改变，使社会一直处于个人潜意识的累积阶段，会加剧社会的不稳定。

第三章　心理解梦技术

一、心理解梦技术基础

（一）象征意义

1.象征的概念

象征是指用 A 形象代表 B 含义的一种特殊心理活动。其中 B 含义被我们称为象征意义。我们知道 A 形象有 A 的含义，但象征则是用 A 的形象代表 B 的含义。例如月亮是围绕地球旋转的球星天体，同时也是地球的卫星，这是月亮的 A 含义。但在另外的语境下月亮可能就具有了 B 含义，也就是象征意义，例如在我们现实生活中，会将月亮比作内心，我们常说的"月亮代表我的心"，而此时月亮就具有了 B 含义，也就是月亮在此处的象征意义是内心。与此同时，当我们还会说"月有阴晴圆缺"，这里月亮的象征意义就代表个体的情感或情绪，意味着情感或情绪会有起伏变化。月亮的 A 形象对不同的个体，代表不同于月亮本体之外的象征意义的时候，就是用月亮来形成象征的心理活动了。

象征之所以是特殊的心理活动，而不仅仅是思维活动，意味着象征不仅仅是思维层面所具有的，象征绝不局限于思维过程。在潜意识梦境中，所有的梦境都会用象征心理活动进行展现，象征的心理活动多是基于潜意识梦境而来的，我们对梦境的理解，就要通过梦境的内容物发现梦境所代表的象征意义。

2.梦境象征意义

象征意义可以应用在不同的地方，每个人都可以有自己的解释。但基于我们的分析和发现，梦境象征意义和现实象征意义之间存在巨大的差别。我们在研究了大量的梦境之后发现，现实象征意义变化性非常大，而梦境象征意义则是统一的。也就是说，现实象征意义和梦境象征意义有着巨大的区别，这个区别在于潜意识自性基于象征产生了各种内容，这些内容延伸到了各个文明开始的阶段。当我们研究梦境象征时候，发现我们的象形文字本身就具有深刻的象征意义，也就是说，荣格的思想使用了西方的神话体系，而中国的象形文字本身就具有象征属性。因此，我们将象征意义放在了文字层面上，从而发现了梦境基于文字规律的象征意义。

梦境的象征意义有两个主要维度或内容，分别是象征心理结构和文字象征意义。我们在心理结构中知道了整合机能和分裂机能，这些内容在梦境中以某种形象出现，前面讲过的女朋友、男朋友、老婆、老公通常象征着个体的自性，这就是梦境象征意义的解释，梦境中出现的很多人物都有心理结构的解读，这是解梦的核心；还有另一个方面，则是梦境中出现的特定的内容，例如梦到猫意味着什么，我们需要知道猫这个字在文字构建的最初代表什么含义，词汇和应用都是基于初始含义的各种应用。猫作为从野外到家里抓老鼠的动物，它们对农业文明有着重要的意义，老鼠作为危害农业的动物，给农业生成带来很大的压力，有了猫，农业生成就有了保障，所以猫在造字的初始在心理层面上就具有安全感的含义，这就是猫的象征意义，代表安全感。基于猫这个字产生的其他衍生内容，无论是猫眼或者猫头鹰都有某方面安全感的含义，这就是隐藏在表层文字后的文字象征意义。

所以，对于梦境的象征意义，我们从心理结构象征意义和文字象征意义来理解，两方面的结合能够完整解读梦境的真实含义。

梦境事件象征代表梦境的内容会对应到具体的现实事件，不过这里基本的逻辑是 A 事件会用 B 形式来展现，例如如果梦境中说的是情感，则对应的不是情感本身，而是现实层面的其他内容，如可能是工作。又比如梦境中出现妈妈死亡的情节，并不代表现实层面妈妈有问题，而是代表个体现实中的身体出现了某些问题。因此，我们需要透过梦境的情节和内容，发现梦境所象征的具体现实事件。

3.梦境象征意义与解梦

梦境基于象征而产生，解梦的时候，就要基于梦境的内容，发现梦境内容物所对应的象征内容，基于这个我们才能真正解读梦境。解梦的过程会用到象征意义，只有知道对应的具体心理结构象征、文体象征和梦境事件的象征，才能够真实地解读梦境。

象征解梦的示例：

梦境：梦到我接到了马亮的邀请函，邀请我去他家里做客，我准备好就去了，我没有带老婆，到了马亮家里，我们坐在客厅里面聊天，看到了马亮夫人，过程中我们相谈甚欢，完事我出门时，碰到了我妈，我问我妈，你怎么来了，她说她路过，她看到马亮家里院子里种了很多的葡萄，还感叹说怎么种了这么多葡萄啊，有点羡慕的感觉，醒了。

梦中出现了：马亮、马亮夫人、我妈、葡萄。根据我们之前的象征意义，要将这里的象征进行整理。马象征行动，亮象征展现。这里马亮应用的是文字象征，马亮象征某种行动展现，而马亮的夫人象征着展现行动的具体内容物。妈妈代表梦主自身的能量，象征着身体或外在资源，妈妈出现应用的是心理结构象征。葡萄象征着展现重视，葡萄的种类代表潜意识中的马亮家里展现了很多重视的内容，葡萄也是文字象征。

我们知道了心理结构象征和文字象征之后，就要将梦境中的内容进行整合，梦中有个关键点就是妈妈代表自己能量的行动，也就是说我们能量的行动对什么产生了羡慕的情绪。这里可以理解为当事人对外在产生了某种羡慕，也就是外在具有展现行动的内容（马亮），通过行动产生了某些重视的产物（葡萄），而梦主自己觉得对方说的很对，自己也想要行动（妈妈）的意思。以上就是将梦进行了整合，让我们可以看到梦的含义。

我们解梦的时候要应用梦境事件象征，也就是说，梦境中的这个场景所对应的具体现实事件，需要结合梦主现实的经验，通过沟通我们发现，梦主本来有一份稳定的工作，但最近与之前一位离职创业的同事沟通，介绍了公司的发展，梦主很羡慕对方，但不好意思开口提出也想参与，梦境以这种方式提醒梦主可以参与。基于这些我们发现，从马亮的邀请对应到跟同事一起创业，这就是基于梦境事件象征来发现梦境真实含义的过程。

（二）理解梦境

1. 梦境概述

在心理解梦疗法中，梦境指的是潜意识运用象征，借用现实内容，展现潜意识内涵的心理过程。

梦境是什么，不同的文化都给出梦境的解读。但是梦境到底是什么，梦境为什么产生，以及梦境的意义是什么，这些都是非常重要的议题。

首先，我们知道梦境是一种心理活动。对于个体来说，在醒来的状态下，大多数时候是由意识掌控着整个心理活动，而在睡眠状态下，意识的功能暂时沉入了潜意识，潜意识维持着心理状态，在这个阶段，无论意识是否愿意，潜意识会将意识置于梦境的场景之中，这些场景会展现很多内容，可能是我们熟悉或不熟悉的，无论这些内容如何，显然梦境是心理活动的重要组成部分。

那梦境的意义是什么呢？要回答这个问题，我们需要思考的就是，我们被置于梦境中，好像得到了某些感受或一些场景。但我们用理性的方式好像又无法发现梦境的意义，或者说无法用理性的方式来理解梦境。从这个角度来说，梦境仿佛又没有意义。

让我们换个场景，假如我们到了语言不通的国外，对方用他们的语言向我们传递信息的时候，我们无法理解他们表达的含义，这种情况同样适用于梦境。也就是说，潜意识在睡眠中，通过梦境的场景，用一种我们无法理解的方式向意识展现一些东西，从而传递某些信息，所以梦境是潜意识向意识传递信息的过程。之所以难以理解这种传递信息的过程，是因为我们对梦境不够了解，我们不清楚梦境的语言或展现方式。

那么梦境展现的方式是什么呢？

我所说的象征不是比喻或符号，而是一种形象，它以尽可能恰当的方式表达我们可以模糊地辨识出的精神的本质。象征既不定义也不揭示，它指向我们隐约地觉察到，但仍然处在我们的把握之外，并且不能用我们熟悉的语言充分地表达的意义。可以用确定的概念进行翻译的精神只是处于我们自我意识领域的心理情结。除了我们放置于它之中的东西之外，它不带来什么也不实现什么。但是要求对之进行象征性表达的精神是一个包含着无限多的可能性种子的心理情结。这种情结最明显和最好的例子是基督教的象征，它的力量改变了世界的面貌。如果人们不带偏见地观察早期基督教在公元 2 世纪影响大众心灵的方式，那就只有惊讶的份了。没有其他精神能有这样的创造性。因此，它具有神一样的地位就一点也不奇怪了。

（《心理结构与心理动力学》P231。）

在荣格的理论中我们已经看到了，梦境的基础就是象征，之所以我们无法理解梦境的含义，本质就是我们总是从理性的角度思考问题，不知道梦境背后象征的意义。梦境呈现的基础是象征，潜意识通过意识的内容，借用象征的形式展现潜意识的意义，这就是梦境。

所以如果我们要理解梦境，就必须对象征有深刻的理解，只要理解了象征，我们就可以明白隐藏在梦境背后的具体内容。所以象征是解梦的基础和关键点。

2.梦境的意义

人都是处于某种循环中的，只是我们都不知道。比如我们痛苦的时候就会借酒浇愁，这可能是家人或环境教会我们的。人的神经系统是有记忆的，当出现某种痛苦后，神经会将我们导向逃避，比如通过饮酒来暂避痛苦。当我们习惯了这种循环并养成习惯后，再次出现痛苦的时候就会强化这种神经活动，反复之下就会形成循环。如果不让潜意识发挥应有的力量，这种循环是很难被打破的，因为只有创造力才能打破这种循环。创造力来自潜意识，我们的潜意识知道如何应对和解决这些固有的神经循环，因为潜意识能让我们感到内在喜悦，当我们静下来感受潜意识自性的时候，打破固有循环的方式就出现了。其实潜意识一直通过梦境传达某些契机和成长的方式，只是我们没有专注在梦境本身，所以无法发现梦境背后蕴藏的玄机。

梦境是神秘而浩瀚的，但大多数人用过去的或敷衍的方式去应对梦境，所以错过了太多面对自己内在的机会，不过潜意识并不会因为我们不重视就不再呈现，相反地，潜意识总会通过各种方式告诉我们当下的状态。梦境的神奇性在于潜意识通过现实的语言来表达超现实的内容，而这些表达又与文化和文明息息相关。除非我们仔细面对梦境，否则是很容易被现实迷惑的，因为我们用现实的方式是永远无法了解梦境的，只有用超越现实的方式才能对梦境有所洞见。

梦境是用现实的语言来表达超越现实的内容，这种方式是由进化而来的。一开始我们同内在的潜意识是一体的，而随着进化，意识和潜意识分离了，个体需要去了解潜意识的时候，梦境就成了一种语言，让我们可以窥探到潜意识的真相。若我们带着现实的眼光去看待梦境将会一无所获，因为潜意识用现实的内容表达的是潜意识的含义，这种含义需要通过象征的方式才能展现出来。也就是说，梦境都是象征的，内在潜意识会以各种形象出现在梦中，用各种场景来展示潜意识的状态和意识的问题。

梦境是用来展示问题的，并不是为了告诉我们意识的选择是否正确，我们在实际咨询过程中，发现个体常常希望通过梦境利用潜意识来印证他们的选择，比如希望用潜意识实现升职的目标。如果利用潜意识来追逐自己的目标会出现大问题，因为潜意识是不能被利用的。

潜意识是成长的原动力，每个人的潜意识都是想要成长的，之所以有这么多人想利用潜意识，是因为我们习惯了利用的思维，比如想要某个东西又害怕失败，于是我们的祖先学会了占卜，占卜代表我们能提前知道某个答案或目标。不过问题不在于外在的目标，而在于个体不改变就想要达到目标，这是与潜意识成长违背的，而所有与潜意识相违背的事情都是有问题的。个人潜意识的问题，也就是内在的悲伤与痛苦是需要被解决的，如果我们因为悲伤而想达到某种状态，我们不会认为想实现的状态是错的，而本质是内在伤痛造成了问题，如果不能解决这些伤口，人们会一直追逐那些看起来对的事情，而错过了自己真正要做的事。

生活的意义在于发现表面问题背后隐藏的深层问题，这些深层问题是我们深入自身的关键，如果不能深入潜意识，而是表面地活在世间，我们就会被世间所吞没。因为世间就是追求各种满足，这就很难进入潜意识或发现潜意识的真相。潜意识是很少明确展现出来的，但却会通过梦境来展示潜意识的内容。

因为梦境是以象征的方式来展现的，所以我们即使知道梦境的内容，却无法发现梦境的真实含义。我们看到与白天相似的梦境内容，会认为梦境是现实的延伸，即使我们梦到特定的内容，例如梦到很多佛或魔鬼，我们仍旧无法理解这些梦境。虽然不理解，但还要正常生活，所以我们会说梦都是反的，或梦境没有意义，因为我们认为这些梦的内容会影响正常的生活状态。

梦境难以理解，但不是无法理解的，只要我们找到特定的方式，这些梦境是可以被解读的。我们要有足够的耐心，同时学习正确的思想和知识，之后就可以解读梦境，每天揭开潜意识所传递的真实内容、深入了解自身，这是了解潜意识的最佳方式。

解读梦境可以让我们深入了解自身，而深入自身又是为了什么呢？这就是我们之前所说的，每个人都有使命和方向，深入自身就是为了去除内在垃圾、发现方向、提升内在，最终完成个人的使命，这就是活着的唯一价值与意义。

世俗的追求本质上是填补对内在痛苦。内在潜意识会在成长中形成各种伤痕，这些伤痕会驱使个体通过追逐外在的事物来填补自己，这种填补是受伤之后的潜意识行动。然而个体会在追逐的过程中引发更多伤痕，会使个体更迷失自我。这种负向循环累积到一定程度会在遭遇突发事件的时候爆发，例如遭遇失去或生病的时候，会让我们意识到自己的内在伤口，开始真实地面对自己的生活，开始走入内在。

3. 梦境的特点

（1）引导性

我还可以举出许多此类的梦来，但这些已经足够了。它们可以说明梦也可能会是预示性的。在这种情况下如果还以纯粹因果关系的方法来对待它们，它们就会去其特殊的意义。这三个梦清楚地指明了分析治疗的梦况，倘若要想达到治疗法的目的，正确地理解这种境况是极其重要的。第一个医生理解了这种境况，把病人送到了第二个医生那里。在第二个医生那里，病人从她的梦中得出了自己的结论，并决定离开了。我对她的第三个梦所做的解释使她大大地失望了，但她显然受到了鼓励，决心不顾困难继续下去，因为她的梦向她报告说，边境已经通过了。（《寻求灵魂的现代人》P8。）

在荣格的解梦体系中，他认为梦具有预测性，我们基于梦境的分析和现实发现，很多梦境更多的是一种引导性，也就是引导梦主如何操作与选择，这种预测并不是绝对的，有时候受当事人内在心理结构中其他部分的影响，预测是对引导的回应，是引导梦主知道当前事情的状态。梦境就好像是某种拼图，展现了潜意识状态的片段，可能具有预示性，从深层来看，这种预示性背后隐藏的就是引导性，引导个体意识到某些现实状态。

梦境案例：梦见我跟我对象去广东那边的一个商场玩，五层楼，商场的名字叫五台什么的，我们去那边之后才发现这个商场表面上是商场，其实是个阴阳交接的地方。一楼是一些小摊，卖点手作首饰之类的，二楼就是菜场和超市，听周围人讲二楼往上卖的就是硬通货了，我在梦里就理解为黄金之类的东西。这个商场的层高非常高，而且没电梯，但是可以打车爬坡去二楼，我们打到了一辆宝马，白色，车牌号是17L什么的，梦里我还觉得很惊讶，居然有人开着宝马来跑网约车。车辆爬坡的地方跟楼梯连在一起，非常陡。下车之后司机也下车了，然后朝着我们刚刚开过来的方向从里往外挥手，嘴里还念叨着"回去吧，回去吧"这样的话。这个时候我才注意到这个楼梯的不对劲，它是正反都是阶梯状的，反面的楼梯上有黑色的像减速带一样的东西。这时候这个司机才跟我们说，上面是给人走的，有减速带的那一面是给鬼走的，他刚才念叨"回去吧"就是让鬼去走自己该走的路，不要蹭活人的车。后面记得在那个菜场里买了个西瓜，后面就模糊不清了，醒了。

这个梦境存在着引导性。梦主在互联网大厂工作，公司有很多层级，从底层到高层有晋升通道，梦主因为做了一个重点开发的项目，做得非常优秀，于是被公司提拔做了总经理，之前的兄弟看梦主高升了，都来巴结梦主，这让梦主很困扰，梦境试图引导梦主不要被这些人影响，不能因为之前的关系影响工作状态。

从这个梦境中，我们看到梦境会对我们现实生活的某些具体问题或选择给出引导，这些引导性的梦境对个体人格的发展和完善至关重要，有些引导梦主避免错误的选择，而有些则引导梦主走向正确的方向。

这一显然是突然做出的决定也有其背景。几个星期以前，就在第一人格和第二人格在竞争做决定的权力之时，我做了两个梦。在第一个梦里，我梦见自己处身于沿着莱茵河面生长的一大片阴暗的树林里。我走到一座小山丘上的一个坟堆前，接着便动手挖掘起来。过了一会儿，使我吃惊的是，我竟挖到了一些史前动物的遗骨。这使我兴奋不已，但同时我又知道：我一定得了解大自然，了解我们在其中生活的世界，了解我们周围的各种东西。（［瑞士］荣格；刘国彬，杨德友译：《荣格自传》，国际文化出版公司 2005 年 6 月第一版，第 75 页。）

这是荣格大学时期的梦境，从荣格的分析来看，梦境引导对荣格走向心理学起到了重要的作用。

梦境的引导性对于我们每个人来说都是很重要的，特别是在现代复杂的现实环境面前，人们的选择可能影响会很深远，因此，通过解读梦境，并充分利用潜意识通过梦境给出的引导性内容，对于我们来说是非常重要的议题。

（2）逻辑性

当我们面对一个晦涩的梦时，第一个任务不是对它加以理解和进行解释，而应该以极其小心谨慎的态度去确立它的前后关系。（《寻求灵魂的现代人》P13。）

大多数时候，我们会认为梦境是缺乏逻辑的。但当我们深入分析梦境，我们发现梦境有逻辑，只不过并不是显性的逻辑，这些逻辑往往隐藏在段落中，如果用现实中的传统逻辑来理解梦境是无效的。

梦境案例：梦见我找到一家火锅店，我用手机给前男友打电话，他接电话后说马上就到，我等了一会儿，随后前男友出现了，可来的人并不是前男友，而是一个陌生人，这男人个子只到我下巴的高度（现实我身高170 厘米），我一看他，转身就走了！随后我应该是从安全通道走的，一出门口，路上出现好几个类似炸管的东西，我跨过第一个安全，但是当我跨过第二个的时候，突然爆炸了，这个炸管炸到了我的屁股，我穿的是墨绿色的休闲裤，裤子屁股位置被炸开，我身后出现一面镜子，我回头一看，看到自己裤子里面露出了红色的内裤，我难堪死了，一路狂奔向家跑，醒了。

通过现实梦境解读了解到，梦主最近在找工作，她对自己的能力认识不清，总觉得自己能力很强，现实有个公司已经给她发了 offer，但她看不上对方从基础做起的工作职责和内容，想要直接做管理者，于是拒绝了这份工作，又继续找工作，但随后的面试因为能力缺失屡次碰壁，在最近的一次某大厂的面试中，被对方 HR 直接说能力不行打击到了，这些内容都以梦境的形式展现了出来。

从这个梦境中我们可以发现，梦境往往隐藏着内在逻辑，我们分析梦境的时候会发现，正是由于梦主的决定，才导致了后续被炸，因此，可以认为，是梦主选择导致了后续爆炸的状态，显然这是我们基于梦境分析所得出的结果。

实际上类似的情节、段落设置，也就是梦与梦之间的隐性逻辑经常在梦境中出现，这也是梦境难以理解和解读的重要内容，在解梦实践中，我们发现了很多类似的隐形逻辑，这些逻辑是我们理解和解读梦境的关键和线索，抓住这些隐藏的逻辑对我们理解和解读梦境有着重要作用。

（3）现实性

梦境具有现实性，这里的现实性并不是指梦境的内容对应到现实，而是说每个梦境都能对应到具体现实内容，虽说不一定是梦境的内容，但无论多么奇幻或诡异的梦境，最终都展现的是现实议题。例如我们经常会梦到外星人、古人或鬼怪，这些显然不是真实的现实内容，但解梦之后，我们会发现这些问题一定能对应到具体的现实议题和内容，所以梦境一定是对现实问题的展现，用非现实本身的内容。

梦境案例：梦到好像是去看文物，在某个场馆里面，入口和出口都摆放着两个考古出土的古董文物，感觉有点类似于古埃及的什么雕像。开始我们在看，随后好像是不知道谁碰到入口处的雕像 A，于是雕像 A 就复活过来了，那好像是一个蛇神，同时也是死神，这个蛇神就追我们，我们一群人被吓得朝着出口跑。随后我们到了出口，这里也摆着另一尊雕像 B，慌乱中有人碰到了雕像 B，于是雕像 B 也活了过来，感觉也是某个神，而这个神就开始和前面的蛇神打架，感觉它们巨大，而我们一群人夹在两个神之间，不停地逃跑躲避，醒了。

上面这个案例中，梦主遇到了现实不存在的蛇神。梦主是女生，一旦遇到情感分手或者分离的时候，就会产生各种低落情绪和问题，在情绪低落下就会沉迷于游戏和暴饮暴食的生活方式出不来，前面的蛇神是分手，而后面的神则是不好的生活方式，这种情况一再发生，梦主的生活混乱好长时间，这个梦在提醒梦主的固有模式对自身的巨大影响。

这种现实性意味着我们所有的梦境无论是修正或提升，都是在指导个体的现实生活，这也为解梦赋予了意义。

（4）方向性

潜意识呈现的梦境都与梦主有重要关系，我们可以认为梦主的梦境都是梦主潜意识状态的展现，展现了潜意识的状态，即使有时梦境以一种故事的形式展现，其实也是潜意识暗示梦主自己正处于故事之中。更多的时候，潜意识是在指出梦主意识选择或判断的问题。显然，意识的选择或判断往往都基于现实的思维，但潜意识的思维模式是基于成长的，推动个体人格发展对意识和潜意识是都有利的，但意识的判断可能会受环境的影响而选择错误的方向或行为，这时潜意识就会提醒梦主。

基于此我们发现，梦境具有或明或隐的方向性，我们将梦分成两个趋向，分别是正向梦或负向梦，但真实的梦境则可能处于两个方向之间，也就是说，有些正向梦里面存在着负向的内容，而那些负向梦里面可能也具有正向的内容。但整体的两个方向是明确的。

梦境案例：梦到我和一对要结婚的男女 AB、陌生男 C 在一起，感觉 AB 准备结婚，在装修或者搬家，而我和女 B 感觉有些暧昧，随后去吃饭，感觉有搞笑同事，我们吃饭，大家觉得很搞笑，醒了。

上面这个梦境就展现了正向梦的状态，整体的氛围展现出良好的状态，现实中梦主找到了新的工作，对工作内容很感兴趣，准备学习相关内容，努力做起来，整个梦境展现了良好的潜意识状态。

梦境案例：梦到古代两个国家之间打仗，皇族也要派出部队和亲兵去打仗，他们派了一个很帅气的王爷，后来王爷失踪了生死未卜，王妃很伤心，在梦里也能感到这种悲伤，后来王妃去找他，两个人都遇难了，只抬回了王爷的盔甲战袍，王妃像安睡了一样，王爷仍然生死未卜，梦里我也觉得很伤心很伤心。

这个梦境展现了梦主潜意识存在的问题，从梦中的伤心可以看出，梦主潜意识里存在着伤心，现实中梦主确实遇到了很大的问题，她和男朋友已经在一起很久了，到谈婚论嫁阶段，双方的父母因为婚礼和彩礼问题产生了矛盾，这让梦主非常伤心，因此做了这个梦，展现了梦主的潜意识被当下的事件所影响的状态。

以上两个梦境是相对典型的方向梦，但真实的梦境往往会在正负向之间转换，这种切换的情况，体现了梦境的复杂性。

梦境案例：梦到男A女B带着好多他们的孩子在某个地方隐藏起来了，感觉是因为男A遇到了什么事情，之后很长一段时间女B带着孩子一直隐藏在这里，随后男A好像解决了什么，于是女B带着孩子们出来了，感觉女B很开心地说终于自由了，醒了。

这个梦境就是方向在发生改变，开始的时候是负向梦，而后来变成了正向的状态。很多时候真实的梦境方向是在不断转换的，需要通过细节来判断和确定梦境的方向。

确定梦境方向性的意义在于，对那些正向梦，潜意识提醒我们做对了某些选择和行为，需要继续坚持；而对那些有问题的负向梦，我们要重视和处理自身内部的分裂机能产物，从而获得内在的成长和提升。这就是梦境的意义。

（5）延续性

对潜意识的追求，潜在的天赋和追求都是隐含在梦境之中的，只不过相对于个体内在追求和成长的内容来说，也就是对于整合机能的内容来说，单个梦境显然无法承载太多内容，更不用说个体的分裂机能及其产物还在不断地产生，并占据和影响个体心理空间。

所以梦境以一种碎片化的方式呈现，在多个梦境之中延续，从而构建起人格成长的各个细节和内容，所以梦境具有延续性，单个梦境就好像拼图的一个碎片，而持续的梦境构成了具体成长和追求内容的全貌。因此，个体需要通过长时间的观察和分析，才能发现内在真实的状态，同时基于个体内在成长，让拼图不断地展现。

如果个体不能回应或者吸收拼图的内容，那么拼图的展现就会停滞，换句话说，如果潜意识的引导没有得到回应，那么潜意识的引导就会停滞，同时梦境会以各种噩梦的形式展现，这意味着梦主本身意识的方向和潜意识内在出现了巨大的偏差，这些偏差的问题就是个体人格内在的分裂，而持续的分裂最终会形成个体内在心理或外在环境的持续恶化，这些状态就是意识和潜意识分裂导致的。

对于梦境的延续性，个人如果想要通过梦境进行人格的发展，就需要长时间记录、分析、解读梦境才能够发现隐藏在梦境背后的人格问题和内在追求。这也就意味着，短时间的解梦对人格发展和提升的作用是有限的，梦境的人格发展是持续的过程，而非一朝一夕的简单过程。

4.梦境的作用

（1）补偿意识状态

无意识本身并未携带着爆炸性的材料，但一种封闭自足的，或者懦弱的意识观所施加的压抑却有可能使无意识变成爆炸性的。因此，对意识观予以重视就更有必要了！我在解释一个梦之前总要询问它所补偿的是什么样的意识态度呢？我之所以把这种询问当作一种实际的法则，其原因现在应该已经清楚了。通过这种方法，我把梦与意识状态尽可能严密地联系起来，这一点是可以看出来的。我甚至坚持认为，除非我们知道了意识的状态如何，否则就不可能在任何程度上对梦做确定的解释。这是因为我们只有根据对意识状态的这种认识和了解，才能猜测出无意识内容究竟是带着正号还是负号。梦不是完全割裂于日常生活的孤立的心理事件。倘若我们觉得它是完全孤立的，那么这只不过是我们的错觉而已，这种错觉的产生，完全是因为我们对理解的缺乏。实际上，意识和梦之间有着非常严格的因果关系，它们以一种最微妙的方式彼此影响着对方。（《寻求灵魂的现代人》P20。）

梦的补偿性意味着，意识无法意识到的问题和选择，潜意识通过梦境的形式以一种象征的形式展现在意识面前，期望引起意识的重视，进而对意识的行为或选择进行修正。选择或行为越有问题，在潜意识层面引发的冲突或荣格所说的爆炸性就越明显，这就会导致个体梦境异常，这些异常就是传统意义上的噩梦。

在荣格和我们的研究中发现，补偿性是补偿个体内在的问题，当个体内在有正确的方向的时候，补偿性是以正向的方向展现的，这种就是好梦。

每个梦境都是对意识行为的补偿，当我们解梦的时候，就要从意识层面去考虑问题，如果这个梦出现了，代表意识层面一定有相应的行为或者选择导致了潜意识产生这种梦境，对于潜意识来说，代表意识到这个梦境一定是非常重要的。意识认知到的重要性和潜意识的重要性是不同的，因此，我们可以基于梦境来发现，对于潜意识来说到底什么是重要的，这些重要的内容往往是意识所欠缺的问题。

（2）人格发展

如果有人想以无意识的统摄支配来替代意识观——这就是我的批评者万分震惊地发现的前景——那么他唯一能够成功的方法就是对意识观进行压抑，而意识观又会作为一种无意识的补偿重新出现。无意识将会因此而改变它的面目，并完全颠倒它的位置。它将一反从前的调子而变得小心谨慎起来，变换出一副理性的面孔。人们通常不相信无意识竟会采取这种方式，但这种颠倒时常都在发生，并且构成了无意识的基本功能。这就是为什么每一个梦都是一个信息之源和一种自我调节方式的原因，也是为什么梦是我们树立人格的最得力帮手的原因。（《寻求灵魂的现代人》P20。）

正确对待梦境会帮助我们认清自身，并且构建起内在人格。个体的人格构建都是外在环境塑造的，我们身边的人对人格塑造有重要作用，同时我们也会基于外在环境或文化进行模仿，例如学习某些历史名人，进而塑造我们的人格，这时个体人格的发展是基于外在的，有时我们选择的人格可能适合我们自身，但当人格的塑造与环境出现问题的时候，意识就会出现无法调和的状态，从而导致人格问题。

梦境就是针对个体人格的一种独特的解决方式。个体梦境给出人格发展路径，这是针对个体内在最适合的方式，我们可能意识不到自身的人格问题，而梦境会展现人格的问题，同时也会给出适合个体人格发展的路径，个体只要对梦境持续地观察，意识到并做出相应调整和改变，那么个体人格将会不断发展。

二、心理解梦技术详解

解梦是指对梦境应用不同的解读方式，发现梦境所隐含的潜在内容的心理过程。从古至今，梦境作为一种重要的心理产物，很多文明都对梦境有所关注，都希望通过梦境，发现梦境背后所隐含的潜在内容，这就是解梦。虽然不同文明的解梦理论以不同的方式来解读梦境，但是本质上追求的目标都是相同的，就是希望揭开梦境背后隐藏的含义与内容。

对于心理解梦疗法来说，解梦是核心内容。那解梦是为了什么呢？

与其他解梦体系相对地，荣格的分析心理学关注人本身，在分析心理学中，梦是潜意识状态的展现，解梦的目的是通过潜意识的展现，解决当事人过去存在的个人潜意识问题，解决当事人当下的行为问题，引导当事人进行人格成长和人格完善，最终做到自性化的过程。

在分析心理学的视角下，梦成为展现潜意识状态的指标。对于解梦师来说，梦是解梦的诊断依据或准绳，也是引导当事人认识自己和人格成长的根据。如果拿医学来类比，解梦就是根据我们自己的治疗方式，通过解梦对心理问题进行诊断、获取诊断依据，所以解梦就是诊断的过程。

源自集体潜意识的必要且必需的反应，通过基于原型形成的观念表达自己。遭遇自己首先是遭遇自己的阴影。阴影是一条狭路、一道窄门，其痛苦的挤压使所有走下深井的人无一幸免。但是人们必须学会认识自己，以便认识到自己是谁。因为足以令人吃惊的是，从门后出来的东西是一个无边无际的广袤区域，满是前所未有的不确定性，显然没有内外、上下、彼此、我你、好坏之分。它是水的世界，一切生命悬浮于其间；交感神经系统的领域、一切有生命之物的灵魂始于此间；我于其间是不可分割的此与彼；我于其间体验自身之中的他者的同时，非我之他者（the other than myself）也体验我。（《原型与集体无意识》P20。）

在荣格看来，解梦的目的就是面对自己的开始，在潜意识心理中不可见的部分就是个体的内在阴影，对于大多数人来说，开始解梦的过程就是面对自己阴影的过程，因为过去我们并没有深入内在潜意识，但当我们开始解梦、开始面对潜意识的时候，就是在面对自己的内在问题和垃圾，而当我们面对这些之后，将会发现潜意识内在深处的状态，进行内在理解和解决潜意识的内在问题，引导个体走上人格发展之路。

心理解梦疗法基于分析心理学的解梦基础，通过解梦实践，开发了系统化的解梦方法论，基于这些相互关联的解梦技术，我们能够以更加科学和更具可操作性的方式来解读梦境，发现梦境背后隐藏的心理内容，推动个体的人格发展。

心理解梦疗法的解梦技术是由梦境整理技术、主题发现技术、事件关联技术和梦境整合技术四个技术组成的。

（一）梦境整理技术

梦境整理技术是指对梦境本身的结构进行整理的过程，类似刑警在侦破案件过程中，对犯罪现场进行勘察和取证的过程，这个过程，我们会最大限度地将梦境本身进行规则化和清晰化，从而为后续的解梦创造条件。梦境整理技术包括两个主要方法，它们分别是框架规则法和内容规则法。

1.框架规则法

框架规则法是根据规则进行梦境的结构化整理的解梦方法。梦境存在于潜意识之中，当个体从睡梦中醒来之后，需要对梦境进行描述记录，这是解梦的基础。不过由于每个人对梦境的描述是不尽相同的，这就需要一套关于梦境的描述规则，让解梦者和解梦师都能够有效地理解梦境，这就是框架规则法的目的。

框架规则法给出了梦境记录的规则，解梦者对梦境进行整理。一方面可以提升记梦的效率；另一方面，有时解梦者无法描述清楚梦境，那么解梦师就有必要帮助解梦者的梦境进行整理，在跟解梦者确认之后，就可以更清晰地对梦境进行有效分析。

框架规则法是后续解梦的基础，在框架规则法的过程中，我们要对梦境的内在段落和内容进行初步的切分，这些段落切分是基于抽象能力而来的，当我们运行该方法的时候，也在提升自身的抽象能力。因此，若要准确地解读梦境，框架规则法是最基础和最重要的。

框架规则法是解梦师的基本功。解梦师要掌握梦境整理的规则，这样才能够更加有效地分析梦境，提高解梦的准确性；同时，解梦师也要尽可能教会解梦者相关的规则，从而提升解梦效率。

（1）框架规则

初始梦：对我们整理之前的梦境，在心理解梦疗法中称为初始梦。

结构梦：运用框架规则法整理后的梦境，称为结构梦。

在框架规则法中，我们将每天的梦境进行框架整理，主要包括四个部分：梦境、段落、小节、框架结构。

●梦境：每个人醒来之后所做的梦境，这个就是一个梦境。如果一天有多个梦境，那么就记录为第几个梦，例如第一个梦、第二个梦、第三个梦等等。

●段落：对同一个梦境，可能会出现截然不同的内容或场景，在框架规则法中，我们称之为梦的段落，一个梦境可以包含很多个段落。

●小节：梦的段落中会有不同的过程或活动，这些不同的过程或活动，在框架规则法中，我们称之为小节，一个段落可以分为很多小节。

●框架结构：标准格式，下面是个完整的框架结构。框架结构中还包括梦主的名称或昵称，以及梦境的日期（梦境日期一般以梦主醒来的当天日期来标识）。

框架结构：

张三 20240101

第一个梦：

一、

1.

2.

3.

二、

1.

2.

3.

第二个梦：

一、

二、

1.

2.

3.

第三个梦：

一、

二、

三、

（2）操作方式

1）在文本操作软件中（记事本、Word 或笔记等）打开初始梦。

2）结合框架结构操作初始梦，根据情节和场景对初始梦进行梦境、段落、小节分段。

a. 梦境：指每醒来一次所做整个梦境的内容，这个就是一个梦境，如果一晚上醒来记录了两次梦，那就是两个梦。

b. 段落：对不同的场景变换，用场景进行区分。例如开始我在家里，随后切到我在学校，这就分成两个不同的段落，如果没有就是一个段落。

c. 小节：将同一段落中的不同操作和行为进行进一步切分，切分成不同的小节。例如开始梦到我在扫地，随后我开始用电脑打游戏。这里就切分成两个不同的小节。

3）最终得到结构梦

切分依据规则：

●梦境切分依据：每次醒来的梦境为一个梦，两次醒来就是两个梦。如果梦境之间存在联系，也分成两个梦，在第二个梦的开始用括号标注为接着上一个梦。

●段落切分依据：段落的切分一般以场景的转变为基础，场景和行为一旦发生某种变化，就需要切分为不同的段落。

●小节切分依据：对于同一个场景内发生的一系列行为，一个行为就可以分成一个小节。

（3）案例实操

初始梦：

上半夜梦到和静静、圆圆、宁宁在一个房间睡觉，晴晴和其他一些人在隔壁房间，梦中静静和晴晴斗来斗去，圆圆和宁宁都不想参与，静静让我帮她，然后我也被晴晴针对了，圆圆特别可爱也特别瘦。睡觉之前，我准备去洗漱，但是我一个人又很怕，就问他们洗漱了没，结果静静不告诉我，圆圆和宁宁说他们都洗漱了，我就很奇怪，明明大家都待在一起，他们什么时候去的，我一直追问，他们也不回答，态度很生疏。

下半夜梦到和地下情报工作者一起被恶势力追捕，一些同事被抓住了，我们知道恶势力有两个小时不在，决定趁着这两个小时去救人，到了那里发现时间来不及了，我们就把纸盒子都撕开，把重要文档和同伴救出来，将重要的文档都装在储物袋里，然后就在原地画了传送阵。反派赶回来了，但传送阵也已经在启动中了，只要我们不出传送阵就不会被抓住，我们紧紧抱成一团，等传送阵启动，但我还是感觉到有一双手抓住了我的脚踝，我很害怕，但我不敢乱动。终于我们被传送到了另一个地方，那里很热闹，有许多人，我们的居住地也已经租好了，我们正往那边走。我们中的一个同伴很高兴，特别大声地讲话，我让她小点声，不要引起注意，她却说这里没有敌人，她终于可以大声说话了。我心里有点难过，我们一直躲躲藏藏，连高声说话都不敢，即便到了比较安全的地方，也已经习惯警惕了。但即便如此，我还是觉得要谨慎一点，于是一路上都在让她小声，可是她的声音却越来越大，震得我脑门疼。

我们拿到了这个初始梦之后，接下来就开始对梦境进行规则化。

我们发现，梦境是梦主两次醒来的梦境，那我们就先将梦境切分为两个梦境，效果如下：

第一个梦：上半夜梦到和静静、圆圆、宁宁在一个房间睡觉，晴晴和其他一些人在隔壁房间，梦中静静和晴晴斗来斗去，圆圆和宁宁都不想参与，静静让我帮她，然后我也被晴晴针对了，圆圆特别可爱也特别瘦。睡觉之前，我准备去洗漱，但是我一个人又很怕，就问他们洗漱了没，结果静静不告诉我，圆圆和宁宁说他们都洗漱了，我就很奇怪，明明大家都待在一起，他们什么时候去的，我一直追问，他们也不回答，态度很生疏。

第二个梦：下半夜梦到和地下情报工作者一起被恶势力追捕，一些同事被抓住了，我们知道恶势力有两个小时不在，决定趁着这两个小时去救人，到了那里发现时间来不及了，我们就把纸盒子都撕开，把重要文档和同伴救出来，将重要的文档都装在储物袋里，然后就在原地画了传送阵。反派赶回来了，但传送阵也已经在启动中了，只要我们不出传送阵就不会被抓住，我们紧紧抱成一团，等传送阵启动，但我还是感觉到有一双手抓住了我的脚踝，我很害怕，但我不敢乱动。终于我们被传送到了另一个地方，那里很热闹，有许多人，我们的居住地也已经租好了，我们正往那边走。我们中的一个同伴很高兴，特别大声地讲话，我让她小点声，不要引起注意，她却说这里没有敌人，她终于可以大声说话了。我心里有点难过，我们一直躲躲藏藏，连高声说话都不敢，即便到了比较安全的地方，也已经习惯警惕了。但即便如此，我还是觉得要谨慎一点，于是一路上都在让她小声，可是她的声音却越来越大，震得我脑门疼。

随后我们继续将梦境进行段落切分。我们发现第一个梦是在同一个环境内发生的，因此，我们可以忽略段落，直接用小节进行切分。

第一个梦：

1. 梦到和静静、圆圆、宁宁在一个房间睡觉，晴晴和其他一些人在隔壁房间，梦中静静和晴晴斗来斗去，圆圆和宁宁都不想参与，静静让我帮她，然后我也被晴晴针对了，圆圆特别可爱也特别瘦。

2. 睡觉之前，我准备去洗漱，但是我一个人又很怕，就问他们洗漱了没，结果静静不告诉我，圆圆和宁宁说他们都洗漱了，我就很奇怪，明明大家都待在一起，他们什么时候去的，我一直追问，他们也不回答，态度很生疏。

而当我们观察第二个梦的时候，会发现，梦境中间有着被传送的段落，因此，我们先将第二个梦境切分成两个段落。

第二个梦：

一、梦到和地下情报工作者一起被恶势力追捕，一些同事被抓住了，我们知道恶势力有两个小时不在，决定趁着这两个小时去救人，到了那里发现时间来不及了，我们就把纸盒子都撕开，把重要文档和同伴救出来，将重要的文档都装在储物袋里，然后就在原地画了传送阵。反派赶回来了，但传送阵也已经在启动中了，只要我们不出传送阵就不会被抓住，我们紧紧抱成一团，等传送阵启动，但我还是感觉到有一双手抓住了我的脚踝，我很害怕，但我不敢乱动。

二、终于我们被传送到了另一个地方，那里很热闹，有许多人，我们的居住地也已经租好了，我们正往那边走。我们中的一个同伴很高兴，特别大声地讲话，我让她小点声，不要引起注意，她却说这里没有敌人，她终于可以大声说话了。我心里有点难过，我们一直躲躲藏藏，连高声说话都不敢，即便到了比较安全的地方，也已经习惯警惕了。但即便如此，我还是觉得要谨慎一点，于是一路上都在让她小声，可是她的声音却越来越大，震得我脑门疼。

接着，我们将第二个梦进一步切分成不同的小节。

第二个梦：

一、

1.梦到和地下情报工作者一起被恶势力追捕，一些同事被抓住了，我们知道恶势力有两个小时不在，决定趁着这两个小时去救人，到了那里发现时间来不及了，我们就把纸盒子都撕开，把重要文档和同伴救出来，将重要的文档都装在储物袋里，然后就在原地画了传送阵。

2.反派赶回来了，但传送阵也已经在启动中了，只要我们不出传送阵就不会被抓住，我们紧紧抱成一团，等传送阵启动，但我还是感觉到有一双手抓住了我的脚踝，我很害怕，但我不敢乱动。

二、

1.终于我们被传送到了另一个地方，那里很热闹，有许多人，我们的居住地也已经租好了，我们正往那边走。

2.我们中的一个同伴很高兴，特别大声地讲话，我让她小点声，不要引起注意，她却说这里没有敌人，她终于可以大声说话了。我心里有点难过，我们一直躲躲藏藏，连高声说话都不敢，即便到了比较安全的地方，也已经习惯警惕了。但即便如此，我还是觉得要谨慎一点，于是一路上都在让她小声，可是她的声音却越来越大，震得我脑门疼。

基于此，我们就完成了对梦境的切分。最终，我们将框架结构整合在一起，形成了最终的结构梦。

结构梦：

张三 20240101

第一个梦：

1.梦到和静静、圆圆、宁宁在一个房间睡觉，晴晴和其他一些人在隔壁房间，梦中静静和晴晴斗来斗去，圆圆和宁宁都不想参与，静静让我帮她，然后我也被晴晴针对了，圆圆特别可爱也特别瘦。

2.睡觉之前，我准备去洗漱，但是我一个人又很怕，就问他们洗漱了没，结果静静不告诉我，圆圆和宁宁说他们都洗漱了，我就很奇怪，明明大家都待在一起，他们什么时候去的，我一直追问，他们也不回答，态度很生疏。

第二个梦：

一、

1.梦到和地下情报工作者一起被恶势力追捕，一些同事被抓住了，我们知道恶势力有两个小时不在，决定趁着这两个小时去救人，到了那里发现时间来不及了，我们就把纸盒子都撕开，把重要文档和同伴救出来，将重要的文档都装在储物袋里，然后就在原地画了传送阵。

2.反派赶回来了，但传送阵也已经在启动中了，只要我们不出传送阵就不会被抓住，我们紧紧抱成一团，等传送阵启动，但我还是感觉到有一双手抓住了我的脚踝，我很害怕，但我不敢乱动。

二、

1.终于我们被传送到了另一个地方，那里很热闹，有许多人，我们的居住地也已经租好了，我们正往那边走。

2.我们中的一个同伴很高兴，特别大声地讲话，我让她小点声，不要引起注意，她却说这里没有敌人，她终于可以大声说话了。我心里有点难过，我们一直躲躲藏藏，连高声说话都不敢，即便到了比较安全的地方，也已经习惯警惕了。但即便如此，我还是觉得要谨慎一点，于是一路上都在让她小声，可是她的声音却越来越大，震得我脑门疼。

由此，我们就得到了结构梦，虽然我们还没有真正解读出梦境，但经过整理之后，我们会发现梦境已经清晰很多了，这对我们接下来解读梦境有着非常重要的意义。

（4）作用

降低梦境理解难度

无论是复杂的梦还是简单的梦，当解梦师对陌生人的梦境进行分析的时候，对方的描述方式或写作风格都会影响梦境的可读性，会对我们造成理解困难。人们对内容的理解很大程度上取决于内容的格式，如果格式是能方便理解的，那理解梦境的难度就会降低。框架规则法就是根据梦境的剧情进行整理的过程，整理后的梦境会更容易被理解，这就是框架规则法的重要作用。

加深对梦境理解

运用框架规则法的过程中，因为要对梦境进行有效切分，就要对梦境进行深入理解，也就是对内容进行仔细阅读，有时要与梦主进行细致沟通，才能确定梦境的段落结构，在理解哪里需要被切分，哪里需要被处理的过程中，解梦师对梦境有更深入的理解。

降低解梦难度

框架规则法可以对梦境进行有效的规则化整合，对梦境解读有着重要的意义。特别是那些内容很多、结构复杂的梦，通过此方法可以有效地发现梦境的层次结构。

框架规则法的本质就是根据模板整理梦境的过程，虽然过程中会有一些个体的判断，例如段落和小节的切分判断，但整体的过程会降低解梦的难度。如果不加以整理，梦境对于任何初学者来说都是困难的，若是复杂梦境，那对于资深解梦师来说也会觉得难以理解。

减小对复杂梦境的心理压力

框架规则法对复杂的梦境具有重要的意义，也是其他解梦方法的基础。

将段落进行有效切分对理解梦境是很重要的，即使是资深解梦师，见到特别长的梦境也会有畏惧感，更别说那些刚入门的新手解梦师了。虽然过长的梦境有更多逻辑线索，方便我们分析，但着手点过多对新手是不利的，因为他们不知道从哪个点入手，能更方便地推导出梦境的真实含义，所以就需要将这些长梦境进行分段，切成小节和段落，便于更清晰地理解梦境。这个方法可以有效降低解梦的难度，把梦境从一个有很多要素的内容，变成一个个小段落，我们只要去理解小段落的内容，再尝试将这些内容整合起来，就可以发现梦境的含义了。

梦境的解读受梦的复杂度影响，一个 200 字的梦和一个 2000 字的梦对于咨询师来说，特别是对于刚接触解梦的咨询师来说是有挑战和压力的。有些梦境过于复杂，前后涉及的内容很多，咨询师无法区分梦境含义的时候，可以通过框架结构，让梦境变得更容易。

后续解梦方法的基础

结构框架法是后续解梦方法的基础。心理解梦疗法后续的解梦方法和技术都是基于结构梦而来，如果没有结构梦，后续技术将无法有效运作。

方便梦境存储和分享

我们把经过框架规则法整理的梦境存储起来，后面再来分析，存储这些经过框架规则法处理后的梦境可以降低我们下一次理解的难度，也可以加深对梦境的记忆。

有时我们可能需要其他解梦师帮忙查看梦境的内容，当分享给其他人看的时候，结构代表相同的思路和理解，其他解梦师拿到梦境就可以直接解读，无须再对梦境进行处理，这样便于分享梦境给其他解梦师并进行理解。

增加解梦思路

如果有的梦境看上去虽然很明显，但是好像又不知道这个梦到底说什么，不知道如何入手的时候，咨询师可以采用框架规则法来发现梦境背后蕴藏的内容。解梦师对梦没有任何思路的时候，就可以应用本技巧。框架规则法是解梦的基本功，是解梦师培训过程中的必备技巧，每个解梦师都应学会框架规则法，不仅是对解梦者，咨询师自己的梦也可以通过这种方式进行分析。

解决梦境与现实混淆的情况

人们很难分清现实和梦境的区别，容易混淆梦境和现实，当事人会认为梦中的人与现实是有关系的，但实际上这是当事人自己的内在状态，让当事人接受这点需要采用一些方法。这种情况一般出现在解梦初期，当事人还无法对梦境和现实有明显的认知，他们会认为梦和现实是对应的。例如当事人梦到和前男友复合了，于是她在现实中也想找前男友复合。这种时候我们要直接告诉她梦和现实的区别，要使用框架结构将梦境的内容主题抽象出来，让对方清晰地辨识出梦境内容与现实并没有关系，这样就可以解决混淆的问题了。

很多时候人们容易被梦中的人物所迷惑，或执着于梦中人物本身，从而无法发现梦的真正含义。现实和梦境很容易被混淆，框架规则法可以帮助去除人物和内容，将梦境抽象，只关注事件和内在感受、更聚焦，帮助梦主看清问题。

（5）适用范围

框架规则法适用于所有的梦境。应用心理解梦疗法的第一步都应该用框架规则法进行整理，然后再对梦境进行解读，框架规则法是其他解梦方法的基础。无论是初学者还是资深解梦师，都应该从这里着手开始解梦。

2.内容规则法

内容规则法是指对梦境的人、事物或地点等内容进行规则化，进一步完善梦境。梦境中会出现各种人、事、物和地点，这些要素对深入解读梦境是非常重要的，因此，需要对梦境内容规则化来让梦境更加容易被理解。规则包括人物规则、事物规则两个部分。

（1）内容规则

人物规则：检查梦境中出现的人物，通过以下方式指代：

●亲属：通常用亲属的身份，例如我老公、我爸、奶奶、大舅、大伯等。

●朋友：如果出现朋友，则用朋友、好友××，例如朋友张三、好友李四。

●同事：如果出现同事、老板，则用对方职位＋姓名的方式，例如同事王五、部门经理钱六、总裁金七。

●名人：如果是出现名人，则直接用名人的姓名，例如梦到马亮；如果出现名人在影视作品中的角色，则用影视作品的名称，例如梦到古天乐本人就用古天乐，如果梦到古天乐在寻秦记中扮演的角色项少龙，那就用项少龙。

●陌生人：陌生人或不清楚身份的人，标注性别与身份的同时，统一用 ABCD 等英文符号进行指代，例如某男 A 或陌生老太太 B 等。每个梦境用 ABCD 字母顺延，到下一个梦境则重新开始标注。

事物规则：

●动物：梦中出现单个动物则就用动物的性质进行指代，例如某个朋友家的狗狗或猫咪；如果出现多个动物，且有互动性质，那动物也像人物规则一样用 ABCD 顺延进行指代，例如狗狗 A 和狗狗 B。

●物品：梦里出现单个物品直接用物品名称指代，例如梦到我拿着手机；如果出现多个有意义的物品，同样用 ABCD 顺延进行指代，例如诺基亚手机 A、手机 B 等。如果梦境中已经存在 ABCD，例如在人物指代中已经使用，则可以应用数字或甲乙丙丁的方式进行标识，例如手机 1、手机 2。

●场景：梦里出现的场景，直接用场景标识，例如我家、我小学、某个酒店等。

●地点：出现明确地点，直接用地点标识，例如梦到在北京；出现多个有意义的陌生地点，用甲乙丙丁进行指代，例如甲地、乙地等。

（2）操作方式

①先通过框架规则法得到结构梦。

②再将梦境中的人、事、物应用内容规则法。

（3）案例实操

初始梦：梦到开始我在做什么，好像是从某个楼上下来，这里我不是正常的下楼，而是从楼上顺着管道爬着下楼，我不小心把一个管道弄坏了，流出水来，而这是一家公司，公司的人员来了，还让我马上报警 119，我就用手机报警了，而公司来了好多人，把水堵上了，好像公司的老板也来了，差点影响到公司里面的材料，而我一直在和警察通话，警察的意思这个情况的话我全责，我说好的，我全责，没办法，于是我等着警察来，这里好像是我和公司的保安，还有一些工作人员下楼，而我还看到谢霆锋也下楼了，随后我下楼后发现找不到他们了，而楼门口，我妈带着我女儿和女儿的同学们好像在准备坐大巴车去郊游，拉我一起去，我本来说要等警察的，但是被他们拉上车了，随后第二个场景是一个恐龙穿着宇航员的衣服同另一个穿着宇航员衣服的英雄在对打，感觉是两个人在水面上对打，开始好像是恐龙很猛，最后两个人没有了，而他们打架的地方边上是一艘航空母舰，好像有三个人从里面出来看发生了什么情况，这里一个人拿着宝剑在看，而另一个好像是邪恶的男巫，他上来碰了第一个人，于是第一个人就冻结成了冰块人，不能动了，而后边的第三个人看到了这一切，感觉第三个人装作没看见逃走了，或通知别人去了，醒了。

结构梦：

张三 20240101

第一个梦：

一、

1. 梦到开始我在做什么，好像是从某个楼上下来，这里我不是正常的下楼，而是从楼上顺着管道爬着下楼，我不小心把一个管道弄坏了，流出水来，而这是一家公司。

2. 公司的人员来了，还让我马上报警119，我就用手机报警了，而公司来了好多人，把水堵上了，好像公司的老板也来了，差点影响到公司里面的材料。

3. 而我一直在和警察通话，警察的意思这个情况的话我全责，我说好的，我全责，没办法，于是我等着警察来。

4. 这里好像是我和公司的保安，还有一些工作人员下楼，而我还看到谢霆锋也下楼了。

5. 随后我下楼后发现找不到他们了。

6. 而楼门口，我妈带着我女儿和女儿的同学们好像在准备坐大巴车去郊游，拉我一起去，我本来说要等警察的，但是被他们拉上车了。

二、

1.随后第二个场景是一个恐龙穿着宇航员的衣服同另一个穿着宇航员衣服的英雄在对打，感觉是两个人在水面上对打，开始好像是恐龙很猛，最后两个人没有了。

2.而他们打架的地方边上是一艘航空母舰，好像有三个人从里面出来看发生了什么情况，这里一个人拿着宝剑在看，而另一个好像是邪恶的男巫，他上来碰了第一个人，于是第一个人就冻结成了冰块人，不能动了。

3.而后边的第三个人看到了这一切，感觉第三个人装作没看见逃走了，或者是通知别人去了，醒了。

应用内容规则：

张三 20240101

第一个梦：

一、

1.梦到开始我在做什么，好像是从某个楼上下来，这里我不是正常的下楼，而是从楼上顺着管道爬着下楼，我不小心把一个管道弄坏了，流出水来，而这是一家甲公司。

2.公司的人员来了，还让我马上报警119，我就用手机报警了，而公司来了好多人，把水堵上了，好像公司的老板也来了，差点影响到公司里面的材料。

3.而我一直在和警察通话，警察的意思这个情况的话我全责，我说好的，我全责，没办法，于是我等着警察来。

4.这里好像是我和公司的保安，还有一些工作人员下楼，而我还看到谢霆锋也下楼了。

5.随后我下楼后发现找不到他们了。

6.而楼门口，我妈带着我女儿和女儿的同学们好像在准备坐大巴车去郊游，拉我一起去，我本来说要等警察的，但是被他们拉上车了。

二、

1.随后第二个场景是一个恐龙穿着宇航员的衣服同另一个穿着宇航员衣服的英雄A在对打，感觉是两个人在水面上对打，开始好像是恐龙很猛，最后两个人没有了。

2. 而他们打架的地方边上是一艘航空母舰，好像有三个人 B、C、D 从里面出来看发生了什么情况，这里 B 拿着宝剑在看，而 C 好像是邪恶的男巫，C 上来碰了 B，于是 B 就冻结成了冰块人，不能动了。

3. 而后边的 D 看到了这一切，感觉 D 装作没看见逃走了，或通知别人去了，醒了。

（4）作用

加深梦境理解

很多解梦者所描述的梦境存在解梦师无法理解的内容，而运用内容规则法，我们可以明确梦境人物和事物之间的关联关系，从而对理解梦境更加有帮助。

发现梦境解读

有些时候，梦境的内容少，或没有解梦方向的时候，就可以通过内容规则法的细节询问，进一步推动细化梦境细节，而很多梦境就是基于这些细节的进一步发现而将梦境解读出来了，因此，在梦境解读没有思路的时候，可以进一步明确梦境规则。

（5）适用范围

内容规则法适用于人物关系比较复杂的梦境，通过该方法可以更准确地描述梦境，从而得到更有规则的梦境。

（二）主题发现技术

主题发现技术是通过对梦境本身的分析，从梦境的小节、段落和梦境中来发现梦境主题的解梦技术。

当我们应用了梦境整理技术得到了结构梦之后，我们就有了多个不同的小节、段落和梦境，这些就是我们进行主题发现的基础。每个梦境都有其核心主题，潜意识通过梦境向意识传递一些内容，这些内容是潜意识希望我们重视的内容，其中有些是潜意识希望我们坚持的，有些则是潜意识希望我们改变或调整的，另一些则是潜意识让我们选择或提防的，不同的梦境有不同的主题，而我们要做的就是通过解梦技术来发现这些主题。

不同的梦境，主题发现的难度是不同的，有些梦境比较简单，例如只有一两句话的梦境很容易发现其主题；但另一些具有多个段落的梦境，因其复杂性导致不容易发现主题，因此，我们要从基础的小节，再到段落，最后才能得到梦境主题。如果梦境的主题是在小节、段落间的，这就是隐性主题，我们要通过小节、段落之间的关系，发现隐藏的逻辑关系，才能确定梦境的整体主题。我们应用的是抽象分析法来发现每个小节和段落的主题，针对小节和段落之间的隐藏关系，我们通过隐性链接法来进行发现。最终结合抽象分析法和隐性链接法所得到的内容，再运用主题确定法，得到最终的梦境主题。

1. 抽象分析法

抽象分析法是以框架规则法的结果为基础，将框架分析法中的小节、段落和梦境逐层进行抽象的解梦方法，此方法的关键点在于抽象。

抽象就是通过分析、整合和提取的方式，发现内容的核心内涵的过程。当我们在表达或写作的时候，往往都有核心的主旨，这个主旨贯穿在表达或写作的各个部分，而其他人要理解表达者或作者希望传递内容的时候，通过抽象每个段落发现整体内容的主旨，这就运用到了抽象。

抽象分析法就是基于梦境的表达运用抽象，最终得到梦境每个段落主题的一种解梦方法。抽象分析法虽然用到了抽象技术，但是不同于文章的逻辑表达，梦境有非逻辑的内涵，因此，我们在对梦境进行抽象的时候，需要针对梦境的特点进行抽象。

在应用抽象分析法的时候，我们关注的是某些内容发生了什么行动，以及某些内容所产生的具体感受。也就是说，抽象的核心在于动作行为（动词）和情绪感受（形容词）。动作行为指的是梦中人物的各种行为，例如走路、踢球或杀人等。在应用抽象分析法的时候，我们对行为会进行进一步的抽象，我们将走路抽象为行动，将踢球抽象成玩耍或竞争，将杀人抽象为破坏或伤害。而对情绪感受则是梦境中人物对某些内容的感受或态度，例如觉得悲伤、觉得好看等。

通过对梦境不同小节、段落的抽象分析，我们发现不同的小节、段落虽然看起来比较跳跃或者非理性，但如果将整个小节、段落的内容抽象提取，就会发现每个小节、段落之间都有内在联系。这就是抽象分析法的重要意义。

（1）操作方式

①先对梦境进行框架规则法，得到结构梦。

②对结构梦中的小节进行逐一分析，提取出其中的动作行为和情绪感受等内容，形成小节抽象。

③对一个段落内的多个小节抽象进一步抽象，得出段落抽象。

④对梦境中的多个段落进行抽象，最终得到每个梦境的抽象。

⑤逐一对多个梦境进行抽象，得到多个梦境的抽象内容，完成梦境抽象。

（2）案例实操

案例一：

李四 20240101

1. 我梦见发小来找我玩，他还是那么的皮肤白个子高，非常帅气（我小时候也的确有点喜欢他，后来我们搬家了，就再也没有见过），结果莫名其妙他晚上睡到我的床上了。

2. 然后当时我穿的一件睡裙，他突然从我背后抱我，然后手就顺势抓着我胸了，边摸我边掀我睡裙。

3. 然后我也没有反抗就随他摸我亲我，后来还把手放在我大腿之间，抱着我摸着我的胸睡了一晚，早上起来脑子非常清醒。

小节抽象：

李四 20240101

1. 我梦见发小来找我玩，他还是那么的皮肤白个子高，非常帅气（我小时候也的确有点喜欢他，后来我们搬家了，再也没有见过），结果莫名其妙晚上睡到我的床上了。（发小到我家里来做什么。这里将找我玩和睡到床上，抽象为做了什么）。

2. 然后当时我穿的一件睡裙，他突然从我背后抱我，然后手就顺势抓着我胸了，边摸我边掀我睡裙。（他跟我有肢体接触。此处将抱、抓、摸和掀，抽象为行为接触）。

3. 然后我也没有反抗就随他摸我亲我，后来还把手放在我大腿之间，抱着我摸着我的胸睡了一晚，早上起来脑子非常清醒。（我接受了。将没有反抗抽象为接受）

以上，我们就得到了小节的抽象，而接下来，我们将三个小节的内容进行进一步的抽象，从而得到整个梦境的抽象。

梦境抽象分析：某种好的（基于帅气抽象而来）东西（发小）到我家跟我有了亲密接触，我接受了。

通过抽象我们得知了一种状态，就是梦主同某种梦主觉得好的东西关系亲密了，虽然我们并不知道具体发小象征着什么，但是我们能够确定的就是动作行为和情绪感受了。到这里我们就完成了抽象分析法。

案例二：

王五 20240101

一、

1. 梦到我要去完成一个任务，好像穿着类似特种兵的衣服，他们发给每人一个木格子的东西，好像是接下去过一小片海一样的地方当浮板用。

2. 看到有女生开始用木格子当浮板开始过海，其实就几米的距离，前面就是一个登船的地方。

3. 我不想弄湿衣服，发现登船的地方楼梯边上有绳子结成的网，我就拉住绳结网很努力地爬上去。

二、

1. 随后切到我和一个女生 A 一起走上那个楼梯后发现来到一片地方，路边好像有一些美国学生在一起抽大麻，然后再往前走，有一些裸体的女生躺在地上摆各种姿势，边上有人在拍照，感觉像是行为艺术。

2. 然后一个男人 B 推着一辆平板车，上面有个裸体女人也在做各种姿势，然后我身边的一个女生 A 往里面平板车上的一个容器里面丢了一些钱。

3. 然后我们继续往前走，我问了那女生 A 一个问题，具体问什么记不清了，然后她回答我的时候说："他们还嫌我给的钱不够多呢。"

4.这时候身后就有很凶的男人 C 追来的声音，我和那个女生 A 就开始逃，逃进一个弄堂拐进一个门，那女生 A 就跑进其中一个房间躲起来了，我把房间的门锁好，开始关灯，关了一个开关发现还有两盏灯亮着，就又关了一个开关，这下房间暗了，想说外面追的人就看不到里面了。

5.随后外面一个男人 C 的声音敲门说开门还是出来的，我又着急又害怕，想往里面找那个女生 A 躲进了哪间房间，然后急醒了。

小节抽象：

王五 20240101

一、

1.梦到我要去完成一个任务，好像穿着类似特种兵的衣服，他们发给每人一个木格子的东西，好像是接下去过一小片海一样的地方当浮板用。（我们要去做什么任务。）

2.看到有女生开始用木格子当浮板开始过海，其实就几米的距离，前面就是一个登船的地方。（别人用浮板漂过海。）

3.我不想弄湿衣服，发现登船的地方楼梯边上有绳子结成的网，我就拉住绳结网很努力地爬上去。（我爬绳网过海。）

二、

1.随后切到我和女生 A 一起走上那个楼梯后发现来到一片地方，路边好像有一些美国学生在一起抽大麻。（我和女 A 看到违规的人。）

2.然后再往前走，有一些裸体的女生躺在地上摆各种姿势，边上有人在拍照，感觉像是行为艺术。（看到裸体的人。）

3.然后一个男人 B 推着一辆平板车，上面有个裸体女人也在做各种姿势，然后我身边的一个女生 A 往里面平板车上的一个容器里面丢了一些钱。（女 A 向容器投入了什么东西。）

4.然后我们继续往前走，我问了那女生 A 一个问题，具体问什么记不清了，然后她回我的时候说："他们还嫌我给的钱不够多呢。"（别人嫌女 A 投入的不够。）

5. 这时候身后就有很凶的男人 C 追来的声音，我和那个女生 A 就开始逃，逃进一个弄堂拐进一个门，那女生 A 就跑进其中一个房间躲起来了，我把房间的门锁好，开始关灯，关了一个开关发现还有两盏灯亮着，就又关了一个开关，这下房间暗了，想说外面追的人就看不到里面了。（被很凶的男人追，我们逃到了房子里，并且关灯。）

6. 随后外面一个男人 C 的声音敲门说开门还是出来的，我又着急又害怕，想往里面找那个女生 A 躲进了哪间房间，然后急醒了。（被敲门，很害怕。）

段落抽象：

王五 20240101

一、（我们要做某个过海的任务，我跟别人选的方式不同。）

1. 梦到我要去完成一个任务，好像穿着类似特种兵的衣服，他们发给每人一个木格子的东西，好像是接下去过一小片海一样的地方当浮板用。（我们要去做什么任务。）

2. 看到有女生开始用木格子当浮板开始过海，其实就几米的距离前面就是一个登船的地方。（别人用浮板漂过海。）

3. 我不想弄湿衣服，发现登船的地方楼梯边上有绳子结成的网，我就拉住绳结网很努力地爬上去。（我爬绳网过海。）

二、（我们看到了某些不好的内容，有人投入了什么，我也受到了这个投入的影响，我很害怕。）

1. 随后切到我和女生 A 一起走上那个楼梯后发现来到一片地方，路边好像有一些美国学生在一起抽大麻。（我和女 A 看到违规的人。）

2. 然后再往前走，有一些裸体的女生躺在地上摆各种姿势，边上人在拍照的，感觉像是行为艺术。（看到裸体的人。）

3. 然后一个男人 B 推着一辆平板车上面有个裸体女人也在做各种姿势，然后我身边的一个女生 A 往里面平板车上的一个容器里面丢了一些钱。（女 A 向容器投入了什么东西。）

4. 然后我们继续往前走，我问了那女生 A 一个问题，具体问什么记不清了，然后她回我的时候说："他们还嫌我给的钱不够多呢。"（别人嫌女 A 投入的不够。）

5. 这时候身后就有很凶的男人 C 追来的声音，我和那个女生 A 就开始逃，逃进一个弄堂拐进一个门，那女生 A 就跑进其中一个房间躲起来了，我把房间的门锁好，开始关灯，关了一个开关发现还有两盏灯亮着，就又关了一个开关，这下房间暗了，想说外面追的人就看不到里面了。（被很凶的男人追，我们逃到了房子里，并且关灯。）

6. 随后外面一个男人 C 的声音敲门说开门还是出来的，我又着急又害怕，想往里面找那个女生 A 躲进了哪间房间，然后急醒了。（被敲门，很害怕。）

梦境抽象：我要做什么任务，我选的方式与别人选择不同，但是这种方式投入有问题，我被影响了，很害怕。

基于此，我们就通过抽象分析法，得到了整个梦境的抽象内容，而我们基于这个抽象的梦境就可以进行进一步的分析和解读了。

（3）作用

明确梦境真实含义

梦境的真实含义通过抽象分析法可以发现。对于那些短的梦境，很容易得到抽象内容，但是具有多个段落的复杂梦境，通过抽象分析法就可以更加方便我们进行分析，从而发现梦境要展现的内容和意义，发现关键内容。

深入理解梦境

当运用了抽象分析法，我们发现原本混乱、不符合逻辑的梦境，在抽象后变得容易理解，我们对梦境的理解会更加深入，从而明白表层梦境所传递的深层含义。

协助确定梦境主题

每个梦境都有一个核心主题，而通过抽象分析法，我们就可以很容易发现主题到底是什么，对于进一步的解梦有很大帮助。

发现关联外在事件

解梦的关键一步就是关联具体的外在事件，通过抽象分析法得到的内容可以更方便地发现梦境和现实中相同的部分，从而关联对应的外在事件。

（4）适用范围

所有的梦境都适合。抽象分析法是任何梦境解读的基础，特别是对那些多个段落、内容复杂的梦境，抽象分析法更是可以通过抽丝剥茧的方式呈现梦境的真实状态。

2.隐性链接法

隐性链接法是对小节或段落进行分析，从而发现小节或段落之间隐性链接的解梦方法。隐性链接指的是在同一个梦境中，出现多个小节或段落的时候，小节与小节之间，或段落与段落之间存在隐性的链接内容。这些链接内容往往展现了隐性的逻辑，例如梦在一个段落提出某个问题，下一个段落就会对上一个段落的问题进行隐性的回答。这种隐性的逻辑在梦境中很常见，我们要通过这些内容，更深入地理解梦境。

链接点：链接点是指前一个小节或段落中某个不明确的点。某个小节或段落可能看上去有多个链接点，我们需要分析后一个段落的内容，判断到底后续段落解释的是哪个链接点。

链接内容：后一个小节或段落中链接的内容。

链接点类型：一般来说，链接点和链接内容之间存在着以下三种关系。

●原因：链接内容解释了链接点的原因，也就是为什么会发生链接点的未知问题。

●内容：链接内容是链接点的具体细化内容，可能是具体的过程或具体发生的内容。

●结果：链接内容反映了链接点造成的影响或结果，链接内容是链接点的结果。

（1）操作方式

①首先在前一个小节或段落中找寻未知的点，例如哪里有没有解释的或未知的内容。

②接着观察接下来的小节或段落，分析小节或段落的整体是与前面内容之间的关系，这里的关系可能是指对上面问题的原因、造成的结果和具体的内容进行解读，从而确定隐性链接点（前段点）和链接内容（后段内容）。

③接着重复①中的操作，继续分析后续小节或段落中的链接点，分析段落链接点和链接内容之间的关系。

④确定所有小节或段落的链接点和链接内容。

注意事项：通常在段落中的隐性链接更多，而小节中的隐性链接相对数量较少，因此，在隐性链接法的时候，应将更多重点放在段落链接；在明确有小节链接的情况下，再进行小节链接。

（2）案例实操

案例一：

张三 20240101

1.梦见我找到了一家火锅店，我用手机给前男友打电话，他接电话后说马上就到，我等了一会儿，随后前男友出现了，可是来了的人并不是前男友，而是一个陌生人A，A个子只到我下巴的高度（现实我身高170厘米），我一看他，转身就走了。

链接点：我选择走了有什么影响。

链接内容：我走了之后被炸了，非常难看。

2.随后我应该是从安全通道走的，一出门口，路上出现好几个类似炸管的东西，我跨过第一个安全，但是当我跨过第二个的时候，突然爆炸了，这个炸管炸到了我的屁股，我穿的是墨绿色的休闲裤，裤子屁股位置被炸开，我身后出现一面镜子，我回头一看，看到自己裤子里面露出了红色的内裤，我难堪死了，一路狂奔向家跑，醒了。

从这个梦案例中，我们可以发现，之所以梦主后续被炸，隐藏的逻辑就是梦主瞧不起A，于是选择走了，而选择走了这个就是后续被的炸隐性原因，而后续的梦境中被炸就是这个选择的结果了。如果我们关注梦境，会发现很多类似的案例。

案例二：

李四 20240101

一、

1.大家在一个游乐场里面，玩得很开心。

2. 然后我看到一个飞椅的游乐项目转起来的时候很漂亮，像圣诞节的夜景，就用手机拍了几张照。

链接点：玩什么开心？

链接内容：玩的具体内容（飞椅）

二、

1. 在下一个楼梯，木制的，有些地方楼梯很陡下降的角度类似于垂直的，在下的时候其他地方的人好像在听汪峰演唱会，然后跟着哼唱。

2. 有一些地方两个楼梯之间的间距非常大，很难才能踩到，然后下到最后一段发现下面是个游泳池，有两个人在那里游泳。而且不管我去踩哪一格阶梯感觉人最终都要掉到游泳池里面去。我就问他们其他人这样怎么下呀，然后其他人就说就下去游泳呗。

3. 我想想我的潜镜和呼吸管没带，那我还是回房间去拿潜镜和呼吸管吧。

链接点：有两个东西没带？

链接内容：具体没带的内容（心理建设和配色布置方案）

三、

1. 我和同事 AB 两个人在一个房间里，另外一个男同事 C 也在。我在看 C 给我的一些客户数据，就问他你这些数据是怎么出来的，然后他就很含糊地说整理出来的，我说你是从哪里抓取的这些数据，他一副故意不肯告诉我的样子说以后再告诉你。

2. 这时候我觉得挺生气心想，那时候有可以给他做的客户，我全部都是直接转给你毫无保留的，现在问你如何抓取客户数据的事情，你就这样子对我。接着我就看了一眼 A，然后 A 就用上海话低声说他跟你说话已经算好的了，之前他跟另外那个人说话已经把人家惹毛起来了。我说好吧，那我先去游泳。A 说和我一起去。

3. 这时候我们让 D 帮忙做的一些东西好像 D 也发来了方案，好像是会场布置的配色。这时候 E 也邮件发来一个配色方案，打开一看以是红色为主，有棵红色的树，梦里感觉和西安风格的房间更配。

从这个案例中，我们可以看到梦境在段落之间存在着链接，而这些逻辑并不是我们平时理解的方式，而我们了解了梦境的隐藏链接，能够更加深入地了解梦境的内涵，从而更准确地发现梦境的含义。

（3）作用

简化梦境的理解

如果同一个梦境出现了截然不同的段落，我们通常会有些无所适从，但当我们知道了隐性链接法以后，我们关注的就是找到段落之间的关系，简化了那些看似复杂的梦境，加深了对梦境的理解。

发现梦境的正负向

有些复杂的梦境，对某个段落无法确定其正负向，但是基于隐性链接法，我们就可以通过后续的段落之间的关系，推断出当前段落的正负向。

发现梦境深层逻辑

梦境的逻辑往往都是基于段落而来的，这是我们在解梦实践中总结发现的规律，因此，找寻这些逻辑，对我们解读梦境有非常大的帮助。

解读梦境的关键点

复杂的梦境，通过运用隐性链接法，就可以解读清楚。因为梦境通过这种隐含的链接内容，推动我们发现背后的逻辑，从而成为解读复杂梦境的关键点。

（4）适用范围

隐性链接法适用于出现多个小节或段落的梦境中。单个小节和段落没有链接点和链接内容，因此不适用。该方法更多适用于复杂的梦境。

3. 主题确定法

主题确定法是指对抽象分析法和隐性链接法得到的结果进行进一步的分析，进而发现整个梦境主题的解梦方法。抽象分析法关注的是梦境的显性内容，而隐性链接法则侧重于梦境的隐性逻辑。当我们将显性内容和隐性逻辑结合起来后，就可以清晰地发现梦境的主题，理解梦境传递的核心主旨。

对简单的梦境，例如仅有一句话的简单梦境，就只需要通过抽象分析法确定主题；对于那些较为复杂、段落较多的梦境，则需要抽象分析法和隐性链接法相结合才能有效地确定梦境的主题。

（1）操作方式

①通过抽象分析法将每个梦境的段落内容进行整合，得出一个整体的抽象结果 A。

②如果梦境有多个段落，运用隐性链接法得出一个整体的抽象结果 B。

③将 AB 结果进行整合，推导出梦境整体的主题。

④对每个梦境都使用主题发现法。

（2）案例实操

案例一：

张三 20240101

一、

1.梦到我和张琳琳还有几个人进了一个房间，进门前张琳琳煞有介事问我一个问题，我没听清。

2.随后地上有一只品种猫，挺可爱的，仔细看发现皮肤有一点小毛病，我们俩跟张琳琳说，他没回应。

3.后来看床底下，发现我家的猫在的，不能确定好像是不是身上包扎着什么东西，后来是不是有人进来，感觉后面梦里的某国首相，后期也有坐在这里。

二、

1.随后切到一个老头(好像是某国首相)设计要暗杀一个清秀的女孩 A，我偷偷扔了一个木条或竹条过去（上面可能有些信息），她低头一看明白了就开始逃跑。

2.接着从周围冲出来之前埋伏在暗处的黑色衣服杀手，危机四伏，不知道女孩 A 有没有成功逃脱。

三、

之后切到某国首相老头半躺床上喋喋不休地在跟我说教，而我一边打包箱子一边想逃，一边怕他阻止我逃，他还在说类似知道我适合做什么，我越听越起了杀心，于是抢起手里的东西想暴打他，同时一边还在想走，一边他还在说教，醒了。

小节抽象：

张三 20240101

一、

1. 梦到我和张琳琳还有几个人进了一个房间，进门前张琳琳煞有介事问我一个问题，我没听清。（有人跟我说什么，我没听清。）

2. 随后地上有一只品种猫，挺可爱的，仔细看发现皮肤有一点小毛病，我们俩跟张琳琳说，他没回应。（有猫咪，猫咪有皮肤病。）

3. 后来看床底下，发现我家的猫在的，不能确定好像是不是身上包扎着什么东西，后来是不是有人进来，感觉后面梦里的某国首相，后期也有坐在这里。（我家猫包扎着什么东西。）

二、

1. 随后切到一个老头（好像是某国首相）设计要暗杀一个清秀的女孩 A，我偷偷扔了一个木条或竹条过去（上面可能有些信息），她低头一看明白了就开始逃跑。（有女孩被暗杀，我帮她逃跑。）

2. 接着从周围冲出来之前埋伏在暗处的黑色衣服杀手，危机四伏，不知道女孩 A 有没有成功逃脱。

三、

之后切到某国首相老头半躺床上喋喋不休地在跟我说教，而我一边打包箱子一边想逃，一边怕他阻止我逃，他还在说类似知道我适合做什么，我越听越起了杀心，于是抢起手里的东西想暴打他，同时一边还在想走，一边他还在说教，醒了。（有人在对我说教，我一边跑，一边想要反抗。）

段落抽象：

张三 20240101

一、（发生什么事情，导致什么东西受伤了。）

1. 梦到我和张琳琳还有几个人进了一个房间，进门前张琳琳煞有介事问我一个问题，我没听清。（有人跟我说什么，我没听清。）

2. 随后地上有一只品种猫，挺可爱的，仔细看发现皮肤有一点小毛病，我们俩跟张琳琳说，他没回应。（有猫咪，猫咪有皮肤病。）

3. 后来看床底下，发现我家的猫在的，不能确定好像是不是身上包扎着什么东西，后来是不是有人进来，感觉后面梦里的某国首相，后期也有坐在这里。（我家猫包扎着什么东西。）

二、（谁被追杀，我帮其逃跑。）

1.随后切到一个老头（好像是某国首相）设计要暗杀一个清秀的女孩A，我偷偷扔了一个木条或竹条过去（上面可能有些信息），她低头一看明白了就开始逃跑。（有女孩被暗杀，我帮她逃跑。）

2.接着从周围冲出来之前埋伏在暗处的黑色衣服杀手，危机四伏，不知道女孩A有没有成功逃脱。

三、（有什么对我说教，我想逃跑，又生气，想反抗。）

之后切到某国首相老头半躺床上喋喋不休地在跟我说教，而我一边打包箱子一边想逃，一边怕他阻止我逃，他还在说类似知道我适合做什么，我越听越起了杀心，于是抡起手里的东西想暴打他，同时一边还在想走，一边他还在说教，醒了。（有人在对我说教，我一边跑，一边想要反抗。）

梦境抽象：我的什么受到了伤害，我一边在逃跑，一边又在反抗。

隐性链接法：

张三 20240101

一、（发生什么事情，导致什么东西受伤了。）

1.梦到我和张琳琳还有几个人进了一个房间，进门前张琳琳煞有介事问我一个问题，我没听清。（有人跟我说什么，我没听清。）

2.随后地上有一只品种猫，挺可爱的，仔细看发现皮肤有一点小毛病，我们俩跟张琳琳说，他没回应。（有猫咪，猫咪有皮肤病。）

3.后来看床底下，发现我家的猫在的，不能确定好像是不是身上包扎着什么东西，后来是不是有人进来，感觉后面梦里的某国首相，后期也有坐在这里。（我家猫包扎着什么东西。）

段落链接点：什么受到了怎样的伤害。

段落链接内容：伤害是被追杀。

二、（谁被追杀，我帮其逃跑。）

1.随后切到一个老头（好像是某国首相）设计要暗杀一个清秀的女孩 A，我偷偷扔了一个木条或竹条过去（上面可能有些信息），她低头一看明白了就开始逃跑。（有女孩被暗杀，我帮她逃跑。）

2.接着从周围冲出来之前埋伏在暗处的黑色衣服杀手，危机四伏，不知道女孩 A 有没有成功逃脱。

段落链接点：女孩是否成功逃脱了？

段落链接内容：还在被说教，并没有成功逃脱。

三、（有什么对我说教，我想逃跑，又生气，想反抗。）

之后切到某国首相老头半躺床上喋喋不休地在跟我说教，而我一边打包箱子一边想逃，一边怕他阻止我逃，他还在说类似知道我适合做什么，我越听越起了杀心，于是抡起手里的东西想暴打他，同时一边还在想走，一边他还在说教，醒了。（有人在对我说教，我一边跑，一边想要反抗。）

主题确定：我受到了被追杀的伤害，我想逃，但是没成功。

案例二：

李四 20240101

一、

1.我在某个地方准备吃东西，我妈也在。好像是在某个男人 A 的地方，这男人 A 好像有点凶，会骂我的那种。

2.吃东西前，我打开冰箱拿了之前开过的海鲜酱，准备蘸料。吃饭在一个长条桌，我坐侧面的中间。我妈跟某国领导人一人坐一头。

3.我低头准备吃的时候，不知怎么突然看到桌上有一盘蟹，这蟹长得很奇怪，像是什么东西里面挤着很多蟹，什么怪东西把我吓死了，我赶紧靠墙躲着。

4.这时候某国领导人面前有一个餐盘，里面像是一盘血，而且血在滚。某国领导人还开始开玩笑，拿出深海怪鱼想吓唬人。这种深海怪鱼长得又大又诡异，好像是某国领导人那边海里的特产。

175

5. 然后屋子里有很多人，都围着想要吓我，但气氛又是开玩笑的那种，感觉有点怪异。

二、

1. 我跟一群人去什么地方，在路上走台阶，我还在准备发言稿，在自言自语什么跟着党，在党的领导下？但问题我不是党员啊，为什么我要说这个，我自己也不明白。

2. 然后经过一个下坡，几乎是垂直的只能靠爬，一旁有人在引导。

3. 下完这个坡，又要爬上一个平台，我看见郑静爬错方向了，她爬的方向是往回走的方向，有人还跟她说爬得不对什么的。

4. 然后我就进了一个楼，有个男 B 给我准备了面包和饮料。

5. 然后我们准备要开会，我跟庄慧慧事先有约好要去找她的，好像变成是我找庄慧慧拿面包饮料？我问她在哪里，要问她拿，她说自己在 2501 会议室，25 楼是我们部门的楼层，她应该是借用了我们的会议室。

6. 我去找庄往外走，这时男 B 给我一瓶果汁，然后又给我面包了。

小节抽象：

李四 20240101

一、

1. 我在某个地方准备吃东西，我妈也在。好像是在某个男人 A 的地方，这男人 A 好像有点凶，会骂我的那种。（什么东西很凶。）

2. 吃东西前，我打开冰箱拿了之前开过的海鲜酱，准备蘸料吃。吃饭在一个长条桌，我坐侧面的中间。我妈跟某国领导人一人坐一头。（我们吃东西。）

3. 我低头准备吃的时候，不知怎么突然看到桌上有一盘蟹，这蟹长得很奇怪，像是什么东西里面挤着很多蟹，什么怪东西把我吓死了，我赶紧靠墙躲着。（被吃的吓到。）

4. 这时候某国领导人面前有一个餐盘，里面像是一盘血，而且血在滚。某国领导人还开始开玩笑，拿出深海怪鱼想吓唬人。这种深海怪鱼长得又大又诡异，好像是某国领导人那边海里的特产。（被特产吓到。）

5.然后屋子里有很多人，都围着想要吓我，但气氛又是开玩笑的那种，感觉有点怪异。（虽然被吓到，实际上是开玩笑。）

二、

1.我跟一群人去什么地方，在路上走台阶，我还在准备发言稿，在自言自语什么跟着党，在党的领导下？但问题我不是党员啊，为什么我要说这个，我自己也不明白。（我在什么的领导下跟着走。）

2.然后经过一个下坡，几乎是垂直的只能靠爬，一旁有人在引导。（很难走，但是有人引导。）

3.下完这个坡，又要爬上一个平台，我看见郑静爬错方向了，她爬的方向是往回走的方向，有人还跟她说爬得不对什么的。（有什么爬错了，被引导。）

4.然后我就进了一个楼，有个男B给我准备了面包和饮料。（有人给我准备了什么东西。）

5.然后我们准备要开会，我跟庄慧慧事先有约好要去找她的，好像变成是我找庄慧慧拿面包饮料？我问她在哪里，要问她拿，她说自己在2501会议室，25楼是我们部门的楼层，她应该是借用了我们的会议室。（我去拿东西。）

6.我去找庄往外走，这时男B给我一瓶果汁，然后又给我面包了。（有人给我送来了东西。）

段落抽象：

李四 20240101

一、（我们获得什么东西，我被这些东西吓到了，不过实际上是开玩笑。）

1.我在某个地方准备吃东西，我妈也在。好像是在某个男人A的地方，这男人A好像有点凶，会骂我的那种。（什么东西很凶。）

2.吃东西前，我打开冰箱拿了之前开过的海鲜酱，准备蘸料吃。吃饭在一个长条桌，我坐侧面的中间。我妈跟某国领导人一人坐一头。（我们吃东西。）

3.我低头准备吃的时候，不知怎么突然看到桌上有一盘蟹，这蟹长得很奇怪，像是什么东西里面挤着很多蟹，什么怪东西把我吓死了，我赶紧靠墙躲着。（被吃的吓到。）

4. 这时候某国领导人面前有一个餐盘，里面像是一盘血，而且血在滚。某国领导人还开始开玩笑，拿出深海怪鱼想吓唬人。这种深海怪鱼长得又大又诡异，好像是某国领导人那边海里的特产。（被特产吓到。）

5. 然后屋子里有很多人，都围着想要吓我，但气氛又是开玩笑的那种，感觉有点怪异。（虽然被吓到，实际上是开玩笑。）

二、（我们跟着什么引导很困难地去获得什么，最终获得了。）

1. 我跟一群人去什么地方，在路上走台阶，我还在准备发言稿，在自言自语什么跟着党，在党的领导下？但问题我不是党员啊，为什么我要说这个，我自己也不明白。（我在什么的领导下跟着走。）

2. 然后经过一个下坡，几乎是垂直的只能靠爬，一旁有人在引导。（很难走，但是有人引导。）

3. 下完这个坡，又要爬上一个平台，我看见郑静爬错方向了，她爬的方向是往回走的方向，有人还跟她说爬得不对什么的。（有什么爬错了，被引导。）

4. 然后我就进了一个楼，有个男B给我准备了面包和饮料。（有人给我准备了什么东西。）

5. 然后我们准备要开会，我跟庄慧慧事先有约好要去找她的，好像变成是我找庄慧慧拿面包饮料？我问她在哪里，要问她拿，她说自己在2501会议室，25楼是我们部门的楼层，她应该是借用了我们的会议室。（我去拿东西。）

6. 我去找庄往外走，这时男B给我一瓶果汁，然后又给我面包了。（有人给我送来了东西。）

梦境抽象：我获得什么被吓到，实际上是开玩笑；随后我们在引导下很困难地获得了什么东西。

隐性链接法：

李四 20240101

一、（我们获得什么东西，我被这些东西吓到了，不过实际上是开玩笑。）

1.我在某个地方准备吃东西，我妈也在。好像是在某个男人 A 的地方，这男人 A 好像有点凶，会骂我的那种。（什么东西很凶。）

2.吃东西前，我打开冰箱拿了之前开过的海鲜酱，准备蘸料吃。吃饭在一个长条桌，我坐侧面的中间。我妈跟某国领导人一人坐一头。（我们吃东西。）

3.我低头准备吃的时候，不知怎么突然看到桌上有一盘蟹，这蟹长得很奇怪吗，像是什么东西里面挤着很多蟹，什么怪东西把我吓死了，我赶紧靠墙躲着。（被吃的吓到。）

4.这时候某国领导人面前有一个餐盘，里面像是一盘血，而且血在滚。某国领导人还开始开玩笑，拿出深海怪鱼想吓唬人。这种深海怪鱼长得又大又诡异，好像是某国领导人那边海里的特产。（被特产吓到。）

5.然后屋子里有很多人，都围着想要吓我，但气氛又是开玩笑的那种，感觉有点怪异。（虽然被吓到，实际上是开玩笑。）

段落链接点：我被什么吓到了？

段落链接内容：我被获取什么的过程吓到了。

二、（我们跟着什么引导很困难地去获得什么，最终获得了。）

1.我跟一群人去什么地方，在路上走台阶，我还在准备发言稿，在自言自语什么跟着党，在党的领导下？但问题我不是党员啊，为什么我要说这个，我自己也不明白。（我在什么的领导下跟着走。）

2.然后经过一个下坡，几乎是垂直的只能靠爬，一旁有人在引导。（很难走，但是有人引导。）

3.下完这个坡，又要爬上一个平台，我看见郑静爬错方向了，她爬的方向是往回走的方向，有人还跟她说爬得不对什么的。（有什么爬错了，被引导。）

4.然后我就进了一个楼，有个男 B 给我准备了面包和饮料。（有人给我准备了什么东西。）

5.然后我们准备要开会，我跟庄慧慧事先有约好要去找她的，好像变成是我找庄慧慧拿面包饮料？我问她在哪里，要问她拿，她说自己在 2501 会议室，25 楼是我们部门的楼层，她应该是借用了我们的会议室。（我去拿东西。）

6.我去找庄往外走，这时男 B 给我一瓶果汁，然后又给我面包了。（有人给我送来了东西。）

主题确定：我要去获得什么，但是被过程吓到了，不过最终成功获得了。

（3）作用

关联外在事件的核心

梦境的主题是关联外在事件的核心，知道整个梦境主题所表达的内容，就能知道梦境向我们展现的内容，从而更加准确地关联外在事件。

（4）适用范围

适用于所有的梦境。我们每个梦境最终就是要获得梦境所传递的主题是什么，从而推动进一步的事件关联技术。

（三）事件关联技术

事件关联技术是指将主题发现技术所得到的梦境解读带入现实事件的解梦技术。当我们应用了主题发现技术之后，得到了梦境的内在主题，这个主题是潜意识告诉我们的内容，但我们并不清楚这个内容所关联的具体外在事件，因此，我们需要结合梦中所出现的内容来找寻梦境主题所关联的具体外在事件。

事件关联技术是解梦中的关键内容，对睛心理解梦疗法来说，解梦的关键就是要知道个人现实中的问题，只有关联到正确的现实内容，我们才能针对这个内容进行问题的处理和解决，或者根据梦境的引导，做出具体的行为。

事件关联技术包含三个解梦方法，分别是主题事件法、心理结构事件法和象征意义事件法。

关于现实事件

我们意识到的生活就是现实，现实是持续性的，所以我们会有记忆，经历过的事件这些都是现实，还有些现实是我们要去选择的，也就是我们要去达到的现实，是要去实现的内容。

对于解梦来说，现实是个体感受到的现实世界，这种现实是个性化的，而非抽象的。当我们意识到了个性化的现实之后，我们会发现在个性化的现实中有很多重要事件。这里说的事件指的就是现实中的事件，比如情感、工作、婚姻等，每个人的现实生活是由一系列的现实事件组成的，这些外在事件构成了现实的全部。虽然每个人的生活状态不同、现实事件不同，但人们的生活事件都是由某种追寻或目标组成的。

有些现实事件是当下的，有些事件则是过去的，我们的生活就是由当下和过去的事件所组成的。对咨询师而言，需要了解咨询者在生活中经常发生的现实事件，比如情感或学习等，大多数人的现实事件都会存在各种未解决的问题。为什么会出现未解决的现实事件呢？是因为我们虽然经历了过去的生活事件，但并不代表我们已经解决了这些问题，很多问题的影响一直都在，只是被我们压抑了。比如一个离异女性，虽然现在的生活状态看起来还行，即使她内心渴望着新的情感关系，但仍迟迟不敢找寻和面对新的情感关系，实际上离异这件事已过去很久，但这个现实事件的影响还持续存在，当我们关注潜意识的时候，这件事就会从潜意识呈现到意识层面。

所以当我们说现实事件的时候，需要明白现实事件不仅指当下的事件，更多是指过去未解决的现实事件，或具有影响的现实事件。梦境的主题通常与这些未解决的现实事件有关。

有些咨询者可能更关注现实生活，作为咨询师要带着相对长远的视角来看待问题，不能陷入咨询者当下的生活，咨询师要知道过去未解决的或产生不良影响的现实事件，需要解决的是这些问题，否则个体就会被这些问题持续影响。

意识到现实和过去发生的事件之后，接下来咨询师要帮助咨询者去收集和整理这些事件，并记录下来，因为这些事件的影响和未来的解决过程都可能会呈现在梦境中，所以搜集整理的过程是很重要的。整理就是让我们明确个体的生命状态，哪里发生了问题，哪里就会成为议题，例如情感、朋友关系、婚姻、工作、金钱、成功等，明确这些是为了在未来的生活中去关联这些梦境的议题。

咨询师不仅要看到过去，也要通过梦境看到咨询者未来的成长方向，比如更好的生活方式、价值感或者方向，这些是我们要去关注、引导的。那该如何引导一个人成长呢？成长的过程是漫长的，需要咨询师根据个体的现实事件，同时结合咨询者的现实状态，帮助咨询者找出需要成长的方向。

所以现实事件是对现实世界状态的改变或选择，与现实生活是密切相关的，现实中会出现某些适合我们的方向，梦境会让我们选择这个方向，咨询师通常做好引导工作，去发现那些该去做的方向就好。例如梦境引导某个人更换工作，咨询师只需要引导咨询者去做这个动作，随后梦境就会告诉我们选择哪个方向，这就是跟随内在方向的过程。

1. 主题事件法

主题事件法指的是将现实事件带入解梦主题，然后发现梦境主题对应现实事件的解梦方法。对于主题事件法来说，我们要从当事人的现实事件出发，帮助解梦者列出她当下所有的现实事件，再将这些事件和梦境的内容进行关联，从而确定梦境指的具体现实事件。

梦的内在主题和现实事件

当我们清楚梦境主题之后，接下来就要通过主题去发现内外在的问题或状态。梦境的主题总会与现实世界有或多或少的关联，这种关联可能是某个外在事件触发的，也可能是个体对外在世界的反应，不论是那种情况，都要在确定主题后找出这个外在事件。所以相对于内在的主题来说，外在的事件就是我们要去关联的内容。

很多外在事件并不明显，尤其一些引导性内容更是如此，我们可能很难确定这些事件到底是什么。当我们思考主题的时候，也要了解潜意识通常以什么作为主题。深入解读梦境会发现，潜意识的主题都是有标准的，某些主题会更加重要，但有些只是自我所关心的内容，潜意识却并不会出现相应的梦境主题，这就是潜意识与自我意识之间的差别。

最常见的主题就是内在冲突或波动。如果一个外在事件触及了潜意识的波动或问题，即使这可能只是在现实中一个很短暂的想法，在梦境中也会出现，例如某个女生只是一个念头间想到了前男友，梦境中就出现了关于情感主题的内容，这就是集体潜意识关心的内在稳定、方向与选择，这些问题往往是最为重要的主题。所以触发潜意识波动或变化的事件，就特别容易以主题的形成呈现出来。

潜意识对事件的认知与意识是不同的，潜意识会拿在意识认为很小的问题当作一个主题来展示，因为意识认为很小的事情，很可能会引发内在巨大的问题；同理，意识看来很具体或重要的问题，潜意识可能并不会产生相关主题的梦境。潜意识会选择它认为重要的事件，以主题的形式呈现在梦境中。

（1）操作方式

①列出现实事件：询问并列出梦主现实中可能发生的现实事件，刚开始解梦重点考虑当下与过去事件；解梦一段时间之后，可以考虑当下及未来的现实事件。

②关联现实事件：尝试将现实事件带入梦境主题进行验证，找寻现实事件与梦境的关联点。逐一分析每个事件和梦境主题的对应关系，最终确定主题关联的现实事件。

③形成事件列表：解梦师或解梦者可以将本次解梦所形成的现实事件整理成列表，为下次解梦形成支撑。在未来解梦中不断地将新的现实事件加入该现实事件列表。

（2）案例实操

案例一：

张三 20240101

一、（发生什么事情，导致什么东西受伤了。）

1. 梦到我和张琳琳还有几个人进了一个房间，进门前张琳琳煞有介事问我一个问题，我没听清。（有人跟我说什么，我没听清。）

2. 随后地上有一只品种猫，挺可爱的，仔细看发现皮肤有一点小毛病，我们俩跟张琳琳说，他没回应。（有猫咪，猫咪有皮肤病。）

3. 后来看床底下，发现我家的猫在的，不能确定好像是不是身上包扎着什么东西，后来是不是有人进来，感觉后面梦里的某国首相，后期也有坐在这里。（我家猫包扎着什么东西。）

段落链接点：什么受到了怎样的伤害。

段落链接内容：伤害是被追杀。

二、（谁被追杀，我帮其逃跑。）

1.随后切到一个老头(好像是某国首相)设计要暗杀一个清秀的女孩A，我偷偷扔了一个木条或竹条过去（上面可能有些信息），她低头一看明白了就开始逃跑。（有女孩被暗杀，我帮她逃跑。）

2.接着从周围冲出来之前埋伏在暗处的黑色衣服杀手，危机四伏，不知道女孩A有没有成功逃脱。

段落链接点：女孩是否成功逃脱了？

段落链接内容：还在被说教，并没有成功逃脱。

三、（有什么对我说教，我想逃跑，又生气，想反抗。）

之后切到某国首相老头半躺床上喋喋不休地在跟我说教，而我一边打包箱子一边想逃，一边怕他阻止我逃，他还在说类似知道我适合做什么，我越听越起了杀心，于是抢起手里的东西想暴打他，同时一边还在想走，一边他还在说教，醒了。（有人在对我说教，我一边跑，一边想要反抗。）

主题确定：我受到了被追杀的伤害，我想逃，但是没成功。

列出现实事件：

●梦主工作不稳定，之前想要高薪，入职P2P网贷机构，后来机构倒闭，自己也被骗了钱，当前处于失业。

●梦主同父母关系紧张。

●梦主渴望成功，不过好高骛远，不能够脚踏实地。

●梦主情感上没有男朋友，想要找寻男友。

●梦主一旦遭遇不顺，就会想要出国旅行来缓解压力。

通过跟梦主沟通后，列出了梦主当下与过去梦主主要的现实事件。

关联现实事件：

通过跟梦主沟通，询问其压力的情况，发现梦主因为工作一直不稳定，总是处于失业状态，而经济上一直在让父母支撑，导致她跟父母的关系紧张，特别是跟妈妈的关系异常紧张，她妈妈就希望她找寻一个稳定的工作，但是她总是想要搞能够快速成功的事情，而妈妈给了她很大压力，她想要反抗，要经常旅游，但是因为经济大权在妈妈手中，她感受到了压力。

基于此，我们对应上是她工作不稳定，经济靠父母支撑，而妈妈对她现在没事搞失业还花钱旅游给予了警告，她想跑，但是又没办法跑的情况。

形成事件列表：

将之前的问题列表整理出来，给到梦主，从而形成了梦主的事件列表。

案例二：

李四 20240101

1. 梦到我和爸爸、妹妹三个人在家里，感觉是我妈去了外面还没有回来，不知道为啥，外面天色突然暗了下来，还起了很大的浓雾，因为我妈还没回来，我很担心我妈的安全，于是打电话问她回来了没有，我妈说她快回来了，让我不要出门。（担心妈妈。）

2. 然后在我妈要回来之前，家里居然闯进来一头不知道什么动物的野兽，我在梦里喊我爸爸快过来赶走它，并喊它叫"猪"，但它长得一点也不像猪，体形比大型犬稍微大一些，全身都是白色的毛，说实话看起来一点也不凶，甚至有些慈祥。但是当时我们很害怕，我爸拿了一把短剑一样的东西伤害它，并已经刺了它一点了，我不知怎么地突然有一个意识说这动物是和我妈性命相连的，不能伤害她，阻止了我爸。（来了怪兽，要伤害，被阻止了。）

3. 这个时候我妈也回来了，我跑过去问她，我们伤害了那个动物，她会不会有事，我妈说不会，但是我不相信，就叫她发誓，随后我妈发誓了。这个时候浓雾已经散去了，天空露了出来，在我妈发完誓之后，我妈头顶的天空起了乌云，打了一声雷，但没有劈下来，我知道我妈说谎了。（怪兽影响了妈妈，会有事。）

4. 打雷之后就开始下大雨，这时候从天上飞下来一条龙，飞到我家院子里，就在我们头顶，给我和我妈挡雨，并把那些雨吸走，我还跟那条龙说话了，问它在干吗，它就说我们惹了雨，它就下来解决掉，我的感觉是这条龙很和蔼，像个长辈。（有什么帮助解决了。）

5. 最后一个画面是那只白色的动物趴在我家客厅里和我家人在一起。（与动物共处了。）

梦境主题：自己被什么东西影响了，并且产生了伤害，最后有人帮忙处理了，同什么和谐共处。

列出现实事件：
●梦主男生，正常上班。
●情感上和女友关系也算可以，没有什么问题。
●身体上，最近脸上在长了一些痣，点了一些，想看看效果。

关联现实事件：
通过跟梦主沟通，他对于点痣这件事有些担心，实际上梦中那个怪兽就是他的良性的痣，他觉得影响自己的身体，于是点了一部分，不过还担心会影响自己的身体，后来又去咨询了另挂号询问了另一个老中医，看是良性的痣，不需要处理，他才放心了，他也没有继续去处理自己的痣了。

形成事件列表：
将之前的问题列表整理出来，给到梦主，从而形成了梦主的事件列表。
（3）作用
持续跟踪外在事件
通过主题事件法，我们可以形成事件列表，并可以持续关注梦主意识关注的内容，同时也可以观察到潜意识所重视的内容。

提供咨询线索

通过询问外在事件，我们可以方便地确定咨询者自身曾经发生的事件，从而在咨询观察中有针对性地进行咨询分析。

（4）适用范围

本方法适合于所有的梦境。所有梦境需要运用主题事件法，从而关联外在事件。

2.心理结构事件法

心理结构事件法是指通过心理结构对应的内容，确定现实事件方向的解梦方法。很多梦境如果单纯从主题事件法无法确定或发现对应的内容的时候，我们就可以基于心理结构的对应现实事件的内容来进一步地缩小现实事件的范围，从而更加准确地解读梦境。

心理结构对应关系

自性：自性在梦境中一般以这些形象展现自己：男朋友、女朋友、老公、老婆、其他亲密关系、兄弟姐妹、好友、闺蜜、一直跟随自己的陌生人。自性出现在梦中，往往象征着追求，也就是说，这个梦境更倾向于我们追求的内容，这些追求的可能是：情感、事业方向、学业方向、创作力相关等内容。

思想。思想在梦境中一般以这些形象展现自己：父亲、爷爷、叔叔、舅舅、另一半的父亲等、自己或姐妹的孩子、老板、老师、大领导、地方或国家领导人等。思想出现在梦中象征着解决某些问题，具体可能是分析、思考、学习、正确认知、解决问题等相关内容。

能量。能量在梦境中一般以这些形象展现自己：妈妈、奶奶、姥姥、阿姨、另一半的妈妈等。能量出现在梦中意味着对资源的利用，具体可能是：身体、亲密关系、生活方式、运动、生活规律、经济状态、调整工作等内容。

意志。意志在梦境中一般以这些形象展现自己：哥哥、姐姐、年长的好友、年长的同事、同学、英雄形象等。意志出现在梦中意味着重视某些内容，意志机能需要做的就是屏蔽和解决各种内在的干扰，重视其他心理机能的内容，具体可能是内在的引导、方向调整、重视外在干扰、分裂机能产物的影响等内容。

（1）操作方式

①分析心理结构：观察梦境是否有明确的心理结构，也即是自性、思想、能量和意志的代表内容。

②确定方向：通过观察心理结构，结合心理结构对应的内容外在事件，确定现实事件的方向。

③确定现实事件：通过方向，结合梦主外在事件列表，确定梦境对应的现实事件。

（2）案例实操

案例一：

张三 20240101

一、（妈妈去世的影响）

1. 梦里妈妈死去了，我还在学校上课，我很悲伤，终于到了下课午饭时间，我出去溜达了一圈，也无心买什么吃的。（妈妈去世了。）

2. 随后我回到学校。坐立不安。我拿出一个手机，给我姐姐打电话，手机是爸爸的，所以我庆幸我背出了姐姐的电话号码。（镜头好像我真的来到了奶奶家，就是姐姐家里。）电话接通，我这边有很大的雨声，我问姐姐你听得到我这边的声音吗？她说听不太清，我就把话筒对准了雨声。（妈妈去世的影响。）

3. 打完电话，我坐在休息长廊的椅子上，我忍不住哭了出来。同学问我怎么了，我说我妈妈死了。（妈妈去世很痛苦。）

二、（妈妈灵魂回来，发现去世的原因。）

1. 随后我跑回家里，打开大房间的门，看到妈妈在那里，梦里我知道那只是她的灵魂，她趴在床边，很害怕的样子，跟我说，"床底下那是什么东西？把它拿出来"，我认为她以为是有鬼，我蹲下来看了看，有个黑影，于是走到床那边里头，把那东西拿出来，是一块塑料袋套着的毯子。（妈妈去世了，灵魂还在，有东西影响妈妈的灵魂。）

2. 接着我和妈妈聊着天，但我知道她还是会走的，心里很难过，我俩准备午饭，我在冰箱里找到冷冻鸡翅，我说烧几个？她说一个，我想我也吃不下，我很开心我还可以再看见她，但我的心中还是抑制不住地悲伤。（妈妈未来要走，很伤心。）

3. 随后我俩都在洗漱盆这边洗东西，我终于憋不住哭着说，我会想你的，她说她给我打过电话，但号码打全了拨出去时，号码就变成了"玉米"两个字，所以拨不出来，醒了。（妈妈给意识发消息，但是意识不重视。）

梦境抽象：妈妈去世因为梦主没意识到自己的问题。

分析心理结构：梦境出现的心理结构有妈妈、爸爸和姐姐，这里重点围绕妈妈的内容展开的。而妈妈象征能量，这就意味着，梦境与梦主能量有关。

确定方向：通过上面的内容，我们知道梦境与能量有关系，而能量对应的内容是身体、亲密关系、生活方式、运动、生活规律、经济状态、调整工作，因此我们从这些内容询问梦主。

确定现实事件：通过现实事件列表，我们发现梦主最近因为工作，总是熬夜加班，导致了身体不舒服，梦主身体已经发出了警告，但是每次发出警告都被意识忽略掉了，因此，其身体运行已经出现了很大的问题，需要重视自己的身体，而不是重视外在工作，而忽视身体的问题，不然身体将会出现不可逆的影响。

案例二：
李四 20240101
一、（我们获得什么东西，我被这些东西吓到了，不过实际上是开玩笑。）

1. 我在某个地方准备吃东西，我妈也在。好像是在某个男人 A 的地方，这男人 A 好像有点凶，会骂我的那种。（什么东西很凶。）

2. 吃东西前，我打开冰箱拿了之前开过的海鲜酱，准备蘸料吃。吃饭在一个长条桌，我坐侧面的中间。我妈跟某国领导人一人坐一头。（我们吃东西。）

3. 我低头准备吃的时候，不知怎么突然看到桌上有一盘蟹，这蟹长得很奇怪，像是什么东西里面挤着很多蟹，什么怪东西把我吓死了，我赶紧靠墙躲着。（被吃的吓到。）

4. 这时候某国领导人面前有一个餐盘，里面像是一盘血，而且血在滚。某国领导人还开始开玩笑，拿出深海怪鱼想吓唬人。这种深海怪鱼长得又大又诡异，好像是某国领导人那边海里的特产。（被特产吓到。）

5. 然后屋子里有很多人，都围着想要吓我，但气氛又是开玩笑的那种，感觉有点怪异。（虽然被吓到，实际上是开玩笑。）

二、（我们跟着什么引导很困难地去获得什么，最终获得了。）

1. 我跟一群人去什么地方，在路上走台阶，我还在准备发言稿，在自言自语什么跟着党，在党的领导下？但问题我不是党员啊，为什么我要说这个，我自己也不明白。（我在什么的领导下跟着走。）

2. 然后经过一个下坡，几乎是垂直的只能靠爬，一旁有人在引导。（很难走，但是有人引导。）

3. 下完这个坡，又要爬上一个平台，我看见郑静爬错方向了，她爬的方向是往回走的方向，有人还跟她说爬得不对什么的。（有什么爬错了，被引导。）

4. 然后我就进了一个楼，有个男 B 给我准备了面包和饮料。（有人给我准备了什么东西。）

5. 然后我们准备要开会，我跟庄慧慧事先有约好要去找她的，好像变成是我找庄慧慧拿面包饮料？我问她在哪里，要问她拿，她说自己在 2501 会议室，25 楼是我们部门的楼层，她应该是借用了我们的会议室。（我去拿东西。）

6. 我去找庄往外走，这时男 B 给我一瓶果汁，然后又给我面包了。（有人给我送来了东西。）

梦境抽象：我获得什么被吓到，实际上是开玩笑；随后我们在引导下很困难地获得了什么东西。

分析心理结构：梦境出现的心理结构有某国领导人和妈妈，妈妈象征能量机能，而某国领导人作为大的国家领导人，象征着思想机能。梦境重点是围绕思想机能展开的，而能量机能是辅助的内容。

确定方向：通过上面的内容，我们知道梦境与思想有关系，而思想象征着分析、思考、学习、正确认知、解决问题等相关内容；而这里又与能量有关，包括身体、亲密关系、生活方式、运动、生活规律、经济状态、调整工作等内容。重点考虑思想和能量都有关系的方向。

确定现实事件：通过现实事件列表，我们发现梦主最近正打算自己创业，但是创业的过程中需要投入，而且不确定是否能够有收获和结果，因此这个梦在引导梦主，在创业的过程中可能会遭遇很多问题，但是会有人引导和帮助梦主解决这些问题，最终获得创业的成功。

（3）作用

缩小外在事件范围

通过心理结构的各个机能，我们解梦可以被确定在几个相对明确的方向，可以大幅缩小需要对应的外在事件，而只要关注那些对应的心理机能的内容，例如梦中能量机能对应的可能是身体、生活规律或外在经济状况，解梦的对应范围将会大幅缩减。

提升解梦效率

显然，通过心理结构事件法，可以大幅度提升解梦效率，特别是对有着明确内在心理机能出现的梦境。

（4）适用范围

梦境中有出现明显的心理机能象征人物的时候，例如爸爸、妈妈、男友女友、老公老婆，或可以通过梦境中的关系推导出心理机能象征物的时候，例如梦中出现的陌生女友，适用此方法。

3.象征意义事件法

通过象征物的象征意义，结合现实事件，确定梦境主题和现实事件关系的解梦方法。大多数的梦境，基于主题事件法和心理结构事件法就能够确定其具体关联的现实事件了，但是还有很多梦境并没有出现明确的关联内容，这个时候我们就需要通过梦境中出现的象征物所对应的象征意义来关联具体的现实事件了。实际上，有很多梦境，就是依靠象征物的象征意义才能够确定梦境含义的，例如梦境中出现了一些特定的动物，例如猫咪或蛇等内容，这个时候，我们唯有知道象征意义才能够确定内容。

之前的解梦方法对于象征都是随意的，可以认为每个解梦者都着变化的象征意义。而这对于解梦来说就失去了标准。如果说西方是字母文字，那中华文明的象形文字其底层就是基于象征而来的。我们基于分析心理学的解梦方法，结合中国文字的底层逻辑，发现了基于中国文字背后的象征意义，这一套文字象征意义被我们总结出来，并不断地将其带到梦境中进行检验，从而形成了文字象征意义体系。这些文字象征意义在本书的附录中展现出来，方便大家进行查询和应用。

象征意义的应用方法

梦境中出现的象征物和现实中的事物本身是不同的，例如梦到猫，并不是代表猫本身，而是让我们意识到猫背后的事物，也就是象征的事物或状态，这些才是解梦的核心，通过知道这个象征物的象征意义，我们就可以解读出梦境的含义，再根据这个含义对应到外在事件。反过来，如果我们不知道相关含义就无法解读出梦境。通过查询猫所代表的文字象征意义，我们知道了猫象征着安全感，那么梦境中梦到了猫咪就意味着梦主某些感到安全的状态，可能是好的，也可能是有问题的，而这个时候就可以通过关联现实事件中与安全感有关的事项来进一步明确关联内容。

象征意义的应用有单字象征和词汇象征，对于单字象征来说，我们直接利用就可以了，例如梦境中出现猫、马、牛等内容，我们只需要找寻对应的含义，这个就是直接利用单字象征。但是更多情况的象征意义是以词汇的形式出现的，这里最常见的就是各种的名称，例如人名、品牌名等内容，这个时候，我们就需要将单字进行组合，例如我们以梦到马亮为例，这个名字就是由马和亮两个字共同形成的，这个时候就需要分别查询单字象征含义，再将两个字组合起来，看到这个名字背后所呈现的象征意义了。马象征行动、行动力；亮象征展现、表现、呈现，而将它们结合起来的象征意义就是展现行动或行动的展现。那么我们就知道了这个名字所代表的象征意义了，进一步结合现实事件中具有展现和行动的内容来确定关联的事项，这个就是利用词汇象征的方法。实际上很多的单字有着多个象征含义，我们需要基于梦境的其他部分或不同的梦境之间，最终确定词汇象征的具体含义，这些词汇象征心理解梦疗法正在持续分析整理之中。

（1）操作方式

①列出象征物：列出梦中出现的重要象征物，包括动植物、人名、品牌名、其他名称。

②查询象征意义：通过单字象征列表查询象征物的象征意义。单字象征直接应用象征意义，词汇象征将单字结合在一起，形成词汇象征意义。

③关联现实事件：通过分析单字象征意义或词汇象征意义，逐一关联现实事件，从而缩小或明确梦境所对应的现实事件。

④结合验证现实事件：结合主题事件法和心理结构事件法的解梦结果，验证现实事件的有效性，从而确定关联现实事件。

（2）案例实操

案例一：

张三 20240101

一、（为了守护狗，所以要和什么搏斗。）

1. 梦到在什么地方忽然多出来一条狗，好像边上还有一张纸条，说这只狗以前被人家遗弃过，叫我好好照顾它。

2. 我和闺蜜 A、B 一起和一个陌生男人 C 一起，C 冲咖啡给我们喝，喝完以后瞬间闺蜜 A、B 就晕过去了，我也觉得脑袋昏昏沉沉的，觉得这时候自己一定不能倒，于是就走出去用冷水浇自己的头让自己保持清醒，然后我还用水也浇了闺蜜，她们也有点清醒过来。

3. 这个时候老男人 C 好像拿着什么东西想要伤害我，结果这时候李圣杰进来了，李圣杰进来以后就把那条狗给背在身上救走了。原来狗是他给我的，但他并没有管我们这边，我只能自己和老男人 C 继续搏斗。

二、（想要获得什么东西。）

1. 在一个小巷里面宵夜小吃摊都放出来了有咖喱鱼蛋也有山东煎饼，

然后我想先去吃哪一家，其实我还是比较想去港式餐厅里面吃一碗牛腩面。

2.后来走到一个类似商场的二楼，也有很多吃的，有一家店看起来很不错，汤头很香浓，店员说我其他同事都是在这里吃的，我决定也试试。

三、（对抗大反派，有时间限制。）

1.有两队人要对战，好像学长知道对方的机器人会伤害我们，就让我们这边研制机器人用来专门制服对方的机器人，他们就做了一个演示，就看到对方的黄色小机器人拿出武器后，我们绿色的小机器人就把他们的武器卸掉了导致他们无法进攻。

2.然后两队人开始交战，就看到小机器人打来打去。

3.后来到了一个地方，很高的顶上有一个很大的表盘，有一个声音（就像电影里坏人大 boss 那种）介绍说这个是苹果公司利用世界顶级钟表公司的技术造出来的，上面有两个小人在摇动的是秒针，然后他一边介绍，秒针就掉下来了，每过一段时间上面就会有一个部件砸下来，我就在想等下大部件掉下来怎么不被砸到。

梦境主题：梦主被什么影响了，梦主在对抗这个影响。

列出象征物：

梦境中出现了很多的象征物，其中包括以下重要内容：李圣杰、狗、咖啡、咖喱鱼蛋、山东煎饼、牛腩面、机器人、苹果、钟表。

查询象征意义：

狗：代表守护、保护、护卫。

李圣杰：象征理解独特的重视。

咖啡：象征增进重视。

咖喱：象征增进控制。

鱼蛋：象征基础的预期。

山东：象征基础的行动。

煎饼：象征整合控制。

牛腩面：象征展现基础的追求。

机器人：象征重视控制的任务。

苹果：象征稳定的获得。

钟表：象征规则的重视。

结合象征意义我们可以发现，梦里需要梦主进行守护，而这个守护的内容是某种外在的影响，这里守护过去受到伤害意味着，梦主过去曾经放弃过守护，现在守护了。梦主想要获取某些东西来对抗这些影响，实际上要对抗的是某种规则的影响，这种规律一般都是某种成瘾性的内容，梦里的钟表象征展现某种潜意识的规则，这就好像现实中我们的戒断反应。

关联现实事件：

结合梦主的现实，我们发现梦主总是会出现情感的空虚感，一段时间就希望有男朋友，但是交往的男朋友总是不稳定，而当下梦主就被外在的男人追求，梦中的老男人 C 就是外在的男人在跟梦主沟通，并通过聊天和请吃饭的方式，想要跟梦主在一起，梦主以前就范了，但是这次梦主意识到了问题，做了准备。不过从另一个方面来看，因为过去总是陷入类似的情感状态，形成了上瘾性的状态，梦主要解决这个问题，需要通过对抗情感或亲密关系上瘾的情况，才能够彻底地走出来，因此，这里的大 boss 就是欲望上瘾的状态，需要通过持续的对抗才能够去除，不然时间一到，梦主就可能再度破防，外在的一个引诱就可能让梦主重回老路。

案例二：

李四 20240101

一、（有什么变化要发生，之前教过梦主，但是记不得了。）

1. 梦到我跟女 A、一个老头 B 在屋里，老头 B 年轻的时候是踢足球的，他说要移民去美国了，因为他在那里当足球顾问咨询的申请下来了，好像老头的女儿 C 在国外吧。

2. 我问他国内的房产呢，他说都卖了只剩一个老旧房子。我说哦哦，这么有钱的吗？

3. 老头子说赚钱的方法我以前也说过啊，你听到了也没做啊。

4. 女 A 问，他以前说过赚钱方法吗？我说好像没印象啊，啥时候说的我怎么不知道啊？难道是他说了，但我没意识到？

二、（之前获得的内容，因为自己不喜欢，获得很少。）

随后切到我跟陈妍妍走在外面，是不是陈妍妍不太确定，好像是之前有人给了我一套东西，有四件物品，可能是什么店里出品的东西，其中一个是跟古琴有关的小小透明扣子还是圈圈的东西，这个好像是套在什么地方使用的，还有点用，其他的两个是卡通图案的青花瓷器，类似小杯子的形状，因为青花、但又是卡通图案，所以不伦不类的，我觉得一般。我就留下了扣子，其他的送给陈妍妍了。她还挺高兴。

三、（需要获得什么东西，但是梦主因为被吓到没有获得。）

1. 紧接着我跟陈妍妍到了一个地方，可能是陈妍妍带我去的，好像是个国风活动的场合，有些中华传统文化的东西，活动上人不少，办活动的人好像是朋友的朋友，不直接认识的。

2. 我到了屋里，好像有几个认识的人也在，有宋徽宗吗，不太确定。众人见我来了纷纷起身给我让座，还很热情招呼我说"你来了啊"，好像是比较重视我的到场，看起来是个圆桌一起吃饭的场合。我当时背着双肩包。

3. 然后就是出去找东西吃，是在户外露天自助餐的环境，挺多人在拿的，有不锈钢餐盘，但整体菜色和卫生环境都很一般，用过的餐盘和没用过的餐盘很容易被拿错。我看打饭的地方，阿姨给饭盘里添加饭，盘里细看饭上也有灰吗。我随便弄了点吃的，当时闻雁在我旁边，我经过一个菜品的地方，感觉粉色的像是腌的那种蟹，于是就拿了一个。闻雁忽然多看了一眼，她好像有点奇怪为什么我会拿这个，感觉她认为我不会拿。于是我就仔细一看，这不是蟹，竟然是腌渍的剥皮老鼠（怪不得也是粉色，粗看不太会注意到），吓死我了，赶紧扔了，连手上的餐盘都被吓到打翻，等于吃不成了。我被老鼠吓到了，但闻雁在旁边说上次她吃过这个，这个能量很高的之类。我想再高也吃不下去老鼠好吗。

4. 然后我跟闻雁走到了另一个区域，像菜市场的布局，有卖生的鱼之类的，但这地区域的东西都是生的，没办法当场吃的，所以后来我就没吃东西。

梦境主题：梦主之前获得了某些东西，但是一直没有应用。

列出象征物：

足球、美国、房子、陈妍妍、宋徽宗、双肩包、自助餐、餐盘、闻雁、老鼠、鱼。

查询象征意义：

足球：象征行动的追求。

房子：象征持续守护。

陈妍妍：象征重视固有的研究。

宋徽宗：象征重视赞美的展现。

双肩包：象征守护适合的任务。

自助餐：象征自我帮助的获得。

餐盘：象征获得的依靠。

闻雁：象征懂得追求。

老鼠：象征稳定的破坏。

鱼：象征预期。

关联现实事件：

结合梦主的现实事件，梦主本身考取了心理咨询师证书，但是自己有着本职工作，并没有帮助人做咨询，也就是实际咨询经验不足，而潜意识希望引导梦主面对真实的心理咨询，随后梦主尝试帮人做心理咨询，但是在咨询中被对方的痛苦经历和情绪影响到了，自己也产生了情绪状态，因此，不敢继续做下去了，但是如果不做，又没办法真实地提升自身的能力，处于两难的境地。

（3）作用

精准定位现实事件

有些梦境中仅仅出现象征意义，通过这些象征意义的理解，我们能够更加精准地定位现实事件，从而解读出梦境的真实含义。

掌握象征意义的运用

对于梦境中出现的象征意义的分析，我们可以基于解读出来的梦境，再观察象征意义对应的内容，从而可以逐渐掌握象征意义的运用方式。

（4）适用范围

适用于梦境中出现明显象征物的梦境。对那些有着明显象征物的梦境，都应该使用该方法，在解梦的同时，掌握相关象征意义。

（四）梦境整合技术

梦境整合技术是指在解梦师将发现梦境主题所对应的现实事件之后，对梦境进一步细化分析，最终得出梦境给予解梦者的具体引导的技术。通过我们前面的解梦技术，我们将会找寻到具体的现实事件，关联到现实事件后，解梦并未结束，因为解梦不仅仅是要知道现状，更多是要基于梦境推动意识的改变和提升。

梦境的整合是多方面的，我们需要知道梦境的更多细节；同时还需要知道梦境对于我们来说，哪些是正向的，意味着我们需要坚持，同时也要看到负向的内容，需要我们进行改变的；更进一步，我们需要整合整个梦境给出引导的内容，引导解梦者具体改变的方法。而这些内容就构成了梦境整合技术的三个解梦方法，分别是细节还原法、正负向确认法和整合引导法。

1.细节还原法

细节还原法是指把梦境的内容与现实事件的细节一一对应，最终完整对应出梦中所有细节的解梦方法。

当我们知道了梦境主题和现实事件之后，可能我们仅仅是基于某个细节关联了梦境，而很多梦境都存在很多段落与细节，因此，我们需要基于现实事件推导出梦境其他段落所对应的具体内容，从而将细节完全还原。

就好比警察在破案之后，需要让犯罪嫌疑人供述所有的犯罪细节，从而将所有的细节对应上。

细节还原法还能够用于重新检视梦境关联的准确性，如果细节对应不上，那么有可能是关联的现实事件并不准确，需要重新应用前面的事件关联技术，进一步地解读梦境。

（1）操作方式

①列出细节：列出梦境中的所有细节内容，包括段落的场景、行为或象征意义等。

②细节关联现实事件：逐一将列出的细节内容同现实事件进行对应，然后发现其中的联系，再将细节还原到现实事件中，从而确定细节对应的现实事件。

（2）案例实操

案例一：

张三 20240101

一、（什么行动找不到了，需要新的行动和守护，同时需要别人的帮助。）

1. 在某家一楼的店里，好像是所有的人去这楼里的某个地方之前，都把鞋子暂放在这家店里，所以店里有好多架子，架子上放满了各种颜色和款式的鞋子，有好几百双。我好像是事情办完后，回来取鞋，找了一圈发现没找到我的鞋。我就问女店家，一个中年妇女 A，她让我再找找，说我看漏了。于是我又开始一双双找，我的鞋子是黑色 Crocs，架子上有很多黑色的鞋子，我都仔细看了，没一双是我的。

2. 后来我全店的鞋子找了三遍，还是没找到，于是又去找女店家 A，女店家 A 这时候说那大概是没有了，意思好像是说，可能被别人穿走了。我说那怎么办，我鞋子没了怎么走？女店家 A 还兼卖鞋子，她带我去看那些卖的鞋子，有一些品牌的鞋盒的，她介绍了几个牌子，问我要不要，还展示了其中几双靴子，意思我可以借，或者买都行。我说靴子现在这天气穿不合适了吧。

3. 随后我还发现女店家还卖包包，柜台上展示了一些，其中有个橙色系列有好几个不同款式，有大有小的，我试了几个，但是没买。

4. 与此同时，来了一个小年轻男 B，说来邀请我去楼上听小提琴演奏。我本来鞋子没了心情不好，就说没兴趣不想去。但 B 说是什么有名的演奏家来的，一定要邀请我去，推辞不过我就去了。楼上有一群人，有人在演奏，还有几个观众开始转圈跳舞。

5. 后面的情节也没具体展现最后到底借了鞋，或是买了鞋，没说这话题了。

二、（获得了某些东西。）

在一个男青年 C 开的店里，好像又卖吃的又卖用的东西，感觉像是台湾人，我们应该是交谈了，他还打开一大包薯片让我也吃，我吃了几片。

梦境主题：之前的行动找不到了，需要获取新的守护的行动，最后获得了。

关联现实事件：

梦主女性，基于最近的状态关联到的现实事件是最近改变了通过吃止痛药控制自己因子宫内膜异位症所引发的痛经问题，与此同时，最近在看中医，希望通过中医调理自己的痛经问题。

列出细节：

1. 找不到鞋子。

2. 店家还卖鞋子和包包。

3. 有人让梦主听小提琴演奏。

4. 梦主吃了薯片。

细节关联现实事件：

1. 找不到鞋子：找不到控制痛经的方法。

2. 店家还卖鞋子和包包：内在引导梦主采用其他方式，其他鞋子是中药调理，包包象征守护，代表守护的方式，代表中医艾灸调理。

3. 有人让梦主听小提琴演奏：小提琴是梦主最近在看中医的时候，有一个中医利用刮痧板来处理痛经的方式，梦主也关注到了，但是并没有重视，潜意识提醒梦主重视，这里小提琴就是刮痧板的方式。

4. 梦主吃了薯片：后来梦主在看中医的同时，尝试了刮痧板控制痛经的方式，有了一定效果，并且梦主还根据自己的家里的状态，通过筋膜枪来按摩小腹，有效地控制了痛经的问题，缓解了痛经的问题。

案例二：

李四 20240101

1. 梦里自己在睡觉做梦，听到了悠扬的舞曲，和朋友在上舞蹈课，我应该是上拉丁舞课的，可是老师说跳华尔兹，然后我也会一些步子，就跟着一起跳，梦里镜头都在每个人的腿的位置，就看到大家的步伐。

2. 然后画面就没有了，然后就是我还躺在床上睡觉，但是舞曲的音乐就一直在耳朵里响，但是音乐感觉越来越恐怖（为什么恐怖我忘了），因为害怕于是我就闭着眼睛。手在被子下面摸索我老公的手，想得到平静、安全感，然后我摸到他的手，摸到手的一瞬间脑子里就突然闪过很多画面（有点像摸到手就能感受到对方思想），这些画面片段都是很恐怖黑暗的内容，有满是血的脸、尸体等。

3. 然后脑内音乐就突然变成很嗨的摇滚乐（从来没听过的歌曲），还蛮好听的，还有歌词的，特别清晰、响亮，歌词反复唱了两遍。我当时想：啊，原来我老公的代表音乐是摇滚乐，可是我不想继续听下去，继续梦下去了，我还是害怕。

4. 随后我就去抓老公的手腕，结果一抓是很细的很瘦的小孩子的手腕，我一惊，我就顺着手腕往上摸，小孩没穿衣服，身体和肩膀很窄，都是骨头，我想难道是我儿子吗。于是我就去摸头，一摸没有头，脖子摸过去又是身体，我吓坏了，连忙松开手，我很害怕，还想找我老公的手，后来好像摸到了，然后我就想醒过来，我就开始在梦里挣扎想弄醒自己，这时候就会有那种被压迫着我却在无声呐喊的感觉。

5. 然后感觉这时候我好像喊出声，就是那种很恐怖的做噩梦，声音变音的,感觉自己醒了,叫的同时我又听到小孩的尖叫声,掺和在我的叫声中,像海豚音一样,没有停顿,我一边想是不是儿子被我叫得也醒了。可是越听越不像,因为聊了很久很久没停。我就感觉我可能还在梦里,我就和他一起尖叫,想把自己叫醒,后来我醒了。

梦境主题:梦主最近在学习什么的过程中产生了某种恐惧的感觉。

关联现实事件:

梦主最近正在学习的内容是心理咨询师,她感觉学习的过程挺好的,但是问她恐惧的内容,她说自己并不恐惧考试,不清楚自己恐惧的到底是什么。

列出细节:

1. 学习什么内容,看到大家的行动。

2. 自己觉得恐惧,但是内在不恐惧。

3. 发现思想有问题,没有思路。

4. 恐惧到不行,而且特别挣扎。

细节关联现实事件:

1. 学习什么内容,看到大家的行动:梦主在学习中看到大家行动的内容实际上是大家在做咨询演练,因为在心理咨询过程中需要上台做咨询演练,她看到别人做了,而每个班每堂课都有几个同学要做。

2. 自己觉得恐惧,但是内在不恐惧:梦主恐惧在于梦主从小就害怕在大家面前展示自己的思想内容。

3. 发现思想有问题,没有思路:梦主害怕自己上台后没有思路,害怕出丑被别人嘲笑和看不起,于是非常恐惧。

4. 恐惧到不行,而且特别挣扎:特别挣扎就是梦主在上课前几次的上课中已经恐惧了,只不过自己在控制这个恐惧感,只不过自己并没有将这件事和这个梦链接起来,通过解梦师的引导才意识到自己深层的恐惧。

（3）作用

验证主题和事件对应是否正确

当我们将梦境的主题对应到了某个具体的现实事件进行细节还原的时候，我们会发现有些地方可能并不十分合理，如果有地方对应不上，那可能是我们的对应事件并非这个梦境所说的真正的外在事件，这时候就需要重新找寻其他的外在事件，重新一一对应。通过细节还原，确定事件的正确性，如果细节无法对应，则应该思考无法对应的原因（是否事件对应错误或没找到对应细节）。

细节对我们发现问题和引导至关重要

通过细节还原法，我们会发现梦境中哪里有问题，以及这些问题所造成的影响，同时也能让我们清晰地指导该如何进行调整。

练习解梦关联能力

进行细节对应的时候，我们将会发现很多过去不知道的内容，同时也会增强我们识别梦境主题和现实事件关联的能力，进而增加我们的解梦经验。

协助掌握象征意义

在细节还原法中，我们可以进一步地分析象征意义的内容，从而协助掌握象征意义。

（4）适用范围

本方法适用于所有的梦境，并且所有的解梦中都需要使用该方法。通过细节还原法可以发现很多细节线索，对解梦至关重要。

2.正负向确认法

正负向确认法是指对梦境进行正负向判断的解梦方法。正负向是梦境的特点，其重点在于给出具体的建议，通过梦境内容，我们在解读清除后，需要确定哪些是正向的，然后进行坚持或跟随；另一些是需要摒弃和改变的。

梦境的正负向有些时候比较容易判断，但是对某些复杂的梦境，梦境的正负向就比较难以判断和分辨，我们需要细致地分析和判断，才能够确定梦境的正负向。

心理结构正负向基础

在梦境中出现明确的心理结构角色的时候，而心理结构之间存在分歧和差异，一般有着重要性的顺序：自性＞思想＝能量＞意识。

一般来说，自性是最为重要的，如果梦境有分歧，自性往往都是对的或者正向的，而自性选择和判断都是正向的，与之相反的则是负向的。思想和能量一般来说是相等的，但是如果出现两者的冲突，不同的梦境中会出现不同的正负向情况，因此，需要进一步分辨。对于梦境中意识的选择来说，一般对于其他的心理结构来说是最为不重要的，如果意识和其他心理结构一致，那没有问题；如果不一致，意识往往都是负向的，而内在是正向的状态。

场景和人物正负向基础

场景和人物的正负向往往以场景的状态及场景中人物的状态进行判定，一般出现某些评价性的内容的时候，这个呈现的就是场景或人物的状态。例如出现在豪华的场景，这个场景就具有正向性；而对于人来说，梦中评价是好人或帅哥、美女等，都是正向评价。正向评价本身具有局部正向性，对于整个梦来说，还需要进行分析。

（1）操作方式

①确定段落正负向：通过场景状态、隐性段落关系和心理结构一致性判断段落的正负向。

②确定梦境正负向：考察每个段落的正负向，最终列出梦境的整体正负向。

（2）案例实操

案例一：

张三 20240101

一、(什么行动找不到了,需要新的行动和守护,同时需要别人的帮助。)

1. 在某家一楼的店里，好像是所有的人去这楼里的某个地方之前，都把鞋子暂放在这家店里，所以店里有好多架子，架子上放满了各种颜色和款式的鞋子，有好几百双。我好像是事情办完后，回来取鞋，找了一圈发现没找到我的鞋。我就问女店家，一个中年妇女 A，她让我再找找，说我看漏了。于是我又开始一双双找，我的鞋子是黑色 Crocs，架子上有很多黑色的鞋子，我都仔细看了，没一双是我的。

2. 后来我全店的鞋子找了三遍，还是没找到，于是又去找女店家 A，女店家 A 这时候说那大概是没有了，意思好像是说，可能被别人穿走了。我说那怎么办，我鞋子没了怎么走？女店家 A 还兼卖鞋子，她带我去看那些卖的鞋子，有一些品牌的鞋盒的，她介绍了几个牌子，问我要不要，还展示了其中几双靴子，意思我可以借，或者买都行。我说靴子现在这天气穿不合适了吧。

3. 随后我还发现女店家还卖包包，柜台上展示了一些，其中有个橙色系列有好几个不同款式，有大有小的，我试了几个，但是没买。

4. 与此同时，来了一个小年轻男 B，说来邀请我去楼上听小提琴演奏。我本来鞋子没了心情不好，就说没兴趣不想去。但 B 说是什么有名的演奏家来的，一定要邀请我去，推辞不过我就去了。楼上有一群人，有人在演奏，还有几个观众开始转圈跳舞。

5. 后面的情节也没具体展现最后到底借了鞋，或是买了鞋，没说这话题了。

二、（获得了某些东西。）

在一个男青年 C 开的店里，好像又卖吃的又卖用的东西，感觉像是台湾人，我们应该是交谈了，他还打开一大包薯片让我也吃，我吃了几片。

确定段落正负向：

第一段：开始找不到鞋子为负向，后来小提琴表演为正向。

第二段：获得了某些东西，正向。

确定梦境正负向：负向转正向。

案例二：

李四 20240101

1. 梦里自己在睡觉做梦，听到了悠扬的舞曲，和朋友在上舞蹈课，我应该是上拉丁舞课的，可是老师说跳华尔兹，然后我也会一些步子，就跟着一起跳，梦里镜头都在每个人的腿的位置，就看到大家的步伐。

2. 然后画面就没有了，然后就是我还躺在床上睡觉，但是舞曲的音乐就一直在耳朵里响，但是音乐感觉越来越恐怖（为什么恐怖我忘了），因为害怕于是我就闭着眼睛，手在被子下面摸索我老公的手，想得到平静、安全感，然后我摸到他的手，摸到手的一瞬间脑子里就突然闪过很多画面（有点像摸到手就能感受到对方思想），这些画面片段都是很恐怖黑暗的内容，有满是血的脸、尸体等。

3. 然后脑内音乐就突然变成很嗨的摇滚乐（从来没听过的歌曲），还蛮好听的，还有歌词的，特别清晰、响亮，歌词反复唱了两遍。我当时想：啊，原来我老公的代表音乐是摇滚乐，可是我不想继续听下去，继续梦下去了，我还是害怕。

4. 随后我就去抓老公的手腕，结果一抓是很细的很瘦的小孩子的手腕，我一惊，我就顺着手腕往上摸，小孩没穿衣服，身体和肩膀很窄，都是骨头，我想难道是我儿子吗。于是我就去摸头，一摸没有头，脖子摸过去又是身体，我吓坏了连忙松开手，我很害怕，还想找我老公的手，后来好像摸到了，然后我就想醒过来，我就开始在梦里挣扎想弄醒自己，这时候就会有那种被压迫着我却在无声呐喊的感觉。

5. 然后感觉这时候我好像喊出声，就是那种很恐怖的做噩梦，声音变音的，感觉自己醒了，叫的同时我又听到小孩的尖叫声，掺和在我的叫声中，像海豚音一样，没有停顿，我一边想是不是儿子被我叫得也醒了。可是越听越不像，因为聊了很久很久没停。我就感觉我可能还在梦里，我就和他一起尖叫，想把自己叫醒，后来我醒了。

确定梦境正负向：正向转负向。

（3）作用

发现改变和提升的内容

当我们确定了正负向，我们就可以发现自身的问题，也就有了调整的方向。那些正确的意味着我们的行为是对的，这些正确的内容是需要我们不断坚持的，也就是改正错误、坚持正确的意思。梦境细节对应之后，我们需要知道哪些做的是对的，哪些做的是不对的，这时候就需要进行正负向确定，确定正负向的目的在于看出我们与潜意识的相同和不同点，需要继续坚持相同的部分，需要调整不同的部分。

帮助确定引导方向

很多时候，我们会有着现实准则，这些对某些心理咨询是有阻碍和影响的，而通过正负向确定法，我们能够真实地观察到潜意识对某些现实事件的态度，从而帮助我们确定对咨询者的引导方向，对后续咨询有着重要的意义。

（4）适用范围

所有的梦境都适用。通过正负向确认法，我们可以发现整个梦境的状态，从而为后续的引导提供帮助。

3.整合引导法

整合引导法是在找到梦境主题、现实事件、梦境细节和梦的正负向的基础上，将这些内容系统地整合在一起，进而得出需要改变或提升的地方，帮助指导我们现实生活的解梦方法。

解梦是为了发现问题，但是发现问题并不是结果，而是要根据发现的问题，给出解梦者明确的建议与指导。很多时候解梦者关心的不是梦境本身，而是关心梦境能够带给他们什么东西。这里对有问题的梦境就是改变或调整的建议；而对那些具有引导性的梦境，解梦者更关心自己该如何选择和操作。因此，解梦师需要基于梦境本身，给出梦主具体的引导内容，这样解梦过程才能够顺利完成。

（1）操作方式

①列出所有问题或引导：在主题、事件、细节还原、梦的正负向和梦的类型的基础上，列出梦境存在的问题，或引导我们的内容。

②给出修正或引导建议：对梦境的问题，写出对问题所给出的修改建议；对梦境的引导，写出我们引导建议。

③给出整合建议：结合以上的建议，给出梦境的整合建议。

④总结完善现实主题：将梦境主题作为梦主的现实主题，列入梦主的

现实主题列表。

（2）案例实操

案例一：

张三 20240101

一、（妈妈去世的影响。）

1. 梦里妈妈死去了，我还在学校上课，我很悲伤，终于到了下课午饭时间，我出去溜达了一圈，也无心买什么吃的。（妈妈去世了。）

2. 随后我回到学校。坐立不安。我拿出一个手机，给我姐姐打电话，手机是爸爸的，所以我庆幸我背出了姐姐的电话号码。（镜头好像我真的来到了奶奶家，就是姐姐家里。）电话接通，我这边有很大的雨声，我问姐姐你听得到我这边的声音吗？她说听不太清，我就把话筒对准了雨声。（妈妈去世的影响。）

3. 打完电话，我坐在休息长廊的椅子上，我忍不住哭了出来。同学问我怎么了，我说我妈妈死了。（妈妈去世很痛苦。）

二、（妈妈灵魂回来，发现去世的原因。）

1. 随后我跑回家里，打开大房间的门，看到妈妈在那里，梦里我知道那只是她的灵魂，她趴在床边，很害怕的样子，跟我说，"床底下那是什么东西？把它拿出来"，我认为她以为是有鬼，我蹲下来看了看，有个黑影，于是走到床那边里头，把那东西拿出来，是一块塑料袋套着的毯子。（妈妈去世了，灵魂还在，有东西影响妈妈的灵魂。）

2. 接着我和妈妈聊着天，但我知道她还是会走的，心里很难过，我俩准备午饭，我在冰箱里找到冷冻鸡翅，我说烧几个？她说一个，我想我也吃不下，我很开心我还可以再看见她，但我的心中还是抑制不住地悲伤。（妈妈未来要走，很伤心。）

3. 随后我俩都在洗漱盆这边洗东西，我终于憋不住哭着说，我会想你的，她说她给我打过电话，但号码打全了拨出去时，号码就变成了"玉米"两个字，所以拨不出来，醒了。（妈妈给意识发消息，但是意识不重视。）

列出所有问题或引导：

问题：

● 妈妈死了。

● 自己痛苦悲伤。

● 打电话打不通。

引导：

● 床底下有毯子。

● 妈妈可以吃鸡翅。

● 给你打电话，被"玉米"影响了。

给出修正或引导建议：

问题：

● 妈妈死了：需要进行改变，不让妈妈死去，也就是不让自己的身体健康丧失。

● 自己痛苦悲伤：通过改变自己的状态，不让妈妈死去，才能够不悲伤。

● 打电话打不通：需要倾听潜意识的内容，不再忽视内在的引导。

引导：

● 床底下有毯子：毯子象征持续守护，也就是说，需要梦主持续守护。

● 妈妈可以吃鸡翅：鸡翅象征累积控制，说明梦主可以通过控制自己，让妈妈获得良好的状态。

● 给你打电话，被"玉米"影响了：意味着玉米影响了潜意识跟意识的沟通，玉米象征着重视规则，那代表梦主重视某些外在的规则，从而影响了现实状态，这些现实规则对应的就是梦主现实的工作，经常熬夜加班，导致了身体问题得不到重视。

给出整合建议：梦主因为工作的原因，导致了身体正常功能的丧失，这个梦需要梦主关注到身体的状态，并且通过持续地守护和控制，让自己的身体状态重回正轨，可以通过早睡早起和持续运动的方式，让自己的身体慢慢恢复到正常状态。

总结完善现实主题：将身体议题作为重要的内容，放入梦主的现实主题列表，在后面梦境中持续关注身体状况。

案例二：

李四 20240101

一、

1. 大家在一个游乐场里面，玩得很开心。

2. 然后我看到一个飞椅的游乐项目转起来的时候很漂亮，像圣诞节的夜景，就用手机拍了几张照。

二、

1. 在下一个楼梯，木制的，有些地方楼梯很陡下降的角度类似于垂直的，在下的时候其他地方的人好像在听汪峰演唱会，然后跟着哼唱。

2. 有一些地方两个楼梯之间的间距非常大，很难才能踩到，然后下到最后一段发现下面是个游泳池，有两个人在那里游泳。而且不管我去踩哪一格阶梯感觉人最终都要掉到游泳池里面去。我就问他们其他人这样怎么下呀，然后其他人就说就下去游泳呗。

3. 我想想我的潜镜和呼吸管没带，那我还是回房间去拿潜镜和呼吸管吧。

三、

1. 我和同事 AB 两个人在一个房间里，另外一个男同事 C 也在。我在看 C 给我的一些客户数据，就问他你这些数据是怎么出来的，然后他就很含糊地说整理出来的，我说你是从哪里抓取的这些数据，他一副故意不肯告诉我的样子说以后再告诉你。

2. 这时候我觉得挺生气心想，那时候可以给你做的客户，我全部都是直接转给你毫无保留的，现在问你如何抓取客户数据的事情，你就这样子对我。接着我就看了一眼 A，然后 A 就用上海话低声说他跟你说话已经算好的了，之前他跟另外那个人说话已经把人家惹毛起来了。我说好吧，那我先去游泳。A 说和我一起去。

3. 这时候我们让 D 帮忙做的一些东西好像 D 也发来了方案，好像是会场布置的配色。这时候 E 也邮件发来一个配色方案，打开一看是以红色为主，有棵红色的树，梦里感觉和西安风格的房间更配。

列出所有问题或引导：

问题：

● 楼梯距离大，难走。

● 想跟 C 要数据，但是对方不给。

引导：

● 需要去游泳。

● 需要准备潜镜和呼吸管。

● 没有数据，先游泳。

● 配色方案是红色，有红色的树，西安的风格。

给出修正或引导建议：

问题：

● 楼梯距离大难走：梦里就是引导需要游泳。

● 想跟 C 要数据，但是对方不给：不要在意数据，要先游泳。

引导：

● 需要去游泳：需要游泳，这里代表需要进入情感的状态。

● 需要准备潜镜和呼吸管：梦主在进入情感关系之前需要先准备相关的内容。

● 没有数据，先游泳：没有数据意味着不了解对方，但是潜意识引导梦主在不了解的情况下需要先进入情感，后续再了解。

● 配色方案是红色，有红色的树，西安的风格：配色意味着在情感中所表现和展现的状态，其中红色的树象征着构建赞美的展现，也就是需要

211

在关系中赞美对方，而西安象征懂得稳定，也就是需要建立稳定持久的情感关系。

给出整合建议：梦主之前的情感关系都不够稳定，而在好朋友的介绍下认识了新的朋友，两个人玩得很好，但是梦主不够了解对方，害怕不合适，从梦境来看，潜意识引导梦主对方是合适而稳定的情感关系，虽然目前不了解，或者说不知道相处如何，但是潜意识看了两个人性格是合适的，可以在一起，不需要在意太多，在情感相处过程中需要多多赞美对方，就能够获得稳定的情感关系，甚至最终谈婚论嫁。

（3）作用

基于梦境给出咨询方向

大多数心理咨询的过程都是基于现实的沟通而来的，而对于心理解梦疗法来说，我们的咨询内容和引导方向都是基于梦境而来的，而这个正是通过整合引导法给出的综合性建议，对咨询者的现实有着巨大的帮助和价值。

给出有针对性的改进方法

很多梦境自身就具有引导性的操作，因此，基于整合引导法，我们将这些引导性的操作基于现实的内容，给出可操作的改进方法，帮助咨询者真实地进行改变。

（4）适用范围

适用于所有的梦境。整合引导法是基于梦境的全部内容，给出一个有建设性建议和引导的过程，所有梦境最终都将通过该方法给出最终的建议。

三、心理解梦技术应用

解梦典型议题

对不同的个人，我们有着各自不同的现实事件。而对于社会来说，这些现实事件可以被称为议题，每个社会的议题不尽相同，这里我们基于解梦的实践，列出典型的现实议题，在接下来的解梦过程中，可以从这些议题入手来关联和发现个人的现实事件。

1.情感议题

情感议题在现代人的生活中占据重要位置，我们作为情感的动物，寻求情感的满足是基础的内容，不过因为人性的复杂性，导致了情感的多样性，有些情感是正常的，有些则是非正常的，例如婚外情、同性恋等，而对于我们来说，通过潜意识梦境来发现情感状态，同时做出正确的情感选择是解梦的重要内容。

案例一：

张三 20240101

1.梦到大概是一个活动，很多人在这边排队跳水，从一个悬崖上跳下到很清澈、很蓝的水里，大家玩得很开心。

2.不知道为啥我就到这儿了，我是不会游泳的，一点都不会，但是我就是走到了边上，然后被一个感觉好像很熟的男人 A 推下去了，现在我不记得他是谁了，想不起来了，然后我很明显感受到了被推下悬崖的感觉，很大的阻力，呼的一下就进水了，也不紧张。

3.以前看过很多游泳视频，然后就学他们的样子游上水面，然后忘了怎么游泳了，头冒出了水面的一两秒中想求救来着，大脑忘了，然后又迅速沉下去了，但因为刚刚冒出水面他们以为我会游泳，然后现在要去水中表演我的泳技了，就没有人来救我，我就一直往下沉，喝了点水，然后有窒息的感觉，我也不着急，可能跟我性格平稳有关系，等我快没有意识的时候，看到有人下来救我，只晓得是个男人，好像就是上面那个很熟的男人 A，我不记得是谁了，醒了。

解读：梦主是在校女大学生，之前因为家里教育比较严格，一直没有谈过恋爱，上了大学之后，很多同学都开始谈恋爱了，而她也一下子就喜欢上了自己同班的同学，陷入了暗恋的状态，随后梦主总是想要接近和了解对方的情况，但是又害怕对方拒绝自己，于是纠结了好几个月，随后在班级年会的时候，两个人正好坐得很近就聊起来，对方也对她有好感，于是两个人顺利在一起了。需要通过梦境引导梦主面对情感，不要太过纠结。

案例二：

李四 20240101

1. 梦到小丑 Joker 了，帅的一批，在某年发生一件世纪事情后，人类的生活发生了改变，开始前往地下居住。

2. 再然后，不知道过了多久，开始恢复，小丑 Joker 就开始出现，他躺在床上，起初我拿了一瓶粉色的酒问他喝不喝，他就着我喝过的杯子喝了一点。

3. 然后，世界慢慢恢复秩序，小丑 Joker 留了到脸颊的头发微卷绿色，我们开始去上课，我俩都是一肚子坏水的家伙，我们也很有默契。

4. 再然后长大了，我去了加拿大，他又搞了个小丑类似的宗教，会上街巡游的那种。

5. 然后有一天我们都长大了，他约我去玩，我们在一起，手拉着手奔跑，穿过大街小巷、穿过人山人海，然后来到了一处山顶，蓝色的天空风和日丽，让我想起来世纪事情前的那次，也是在这种环境下我俩在一起，然后 kiss，买可乐。

6. 后来就又梦到了我在加拿大，和一个华裔女孩做了朋友，她的目的我知道，但我不会泄露任何关于小丑 Joker 的事情。

7. 最后就是我们走出街道，看见小丑 Joker 来接我。

解梦：梦主女生，表面正常，实际上是同性恋，不过开始的时候是瞒着父母跟另一个女生在一起的，梦中的世纪事件是父母发现了她同性恋的情况，父母根本无法接受，并且严厉给女生转到另一个学校，并且让梦主承诺不再喜欢同性，梦主被迫同意了，但是私底下还是喜欢同性，随着时间慢慢过去了，她喜欢同性的状态越来越坚定，而听到了各国同性恋合法化，可以同性结婚的信息，让梦主更加坚定同性恋是正常的念头，而有身边的人想要接触她的时候，她还是会在很多情况下隐藏自己是同性恋的真相。从这个梦境看来，作为小丑的状态，潜意识并不赞成梦主的情感选择，但是梦主依然我行我素，这种状态不改变，对梦主的潜意识有着持续负面的影响。需要引导梦主认识到自己的梦境，意识到这些问题对潜意识的影响，面对自己内在问题。

2. 亲密关系议题

亲密关系就是个人与其他人发生某些亲密的状态，包括牵手、亲吻、性爱等内容，这些在很多青少年的梦境中经常是主要内容，有些人可能是因为教育问题，导致了面对亲密关系的障碍，有些则是过度发生亲密关系，这些都是个人需要面对的内容。

案例一：

一、

1. 梦到我和在网上认识的女 A 去面基，陪着我一起去面基的是我小学同学 B，然后我们从火车站到达目的地，我和同学 B 一起骑着共享单车去找的女 A。

2. 然后同学 B 看到那个女 A，对我说女 A 好漂亮啊，可以的，她还挺不错的，估计她看你也是挺不错，你俩能成的话绝对能算是特别成功的网恋。

二、

1. 然后我跟女 A 说一起骑共享单车吧，我忘了我们是要去哪儿，然后我们就一起骑着，中途骑到一个地方，有黄色的围着的那种条条里面是那种没干的水泥，然后车又特别多，然后我们就下来推着绕过去了。

2. 然后我们聊着聊着，骑着骑着的时候那个女 A 突然变得不耐烦，说我宿舍灯怎么关了，我出去关了也不知道跟她讲一声，然后还是她旁边铺的人告诉她的，然后我听了没说话确实有点愧疚，好像这样会影响她上班还是怎么样吧。

三、然后聊着聊着又聊到 A 之前做了个什么心脏的手术还是啥，但她跟我说的时候特别奇妙估计是个玄幻的好事，B 也听说过这种事，然后女 A 问 B，说你怎么对心脏这么了解（我当时觉得这种聊天方式有种诱导别人说出来的感觉），然后什么你是不是有过心脏这块的研究，B 说没有，是她一个朋友 C 就有过这样的经历啥的，然后当时觉得不可思议就多了解了一下，然后 A 说我也有这样的经历，随后我是在回想 A 跟我说的那些让我觉得愧疚的话的情绪中醒过来的。

解读：梦主是在校大学生，交了一个男朋友，交往的过程中对方想要跟梦主发生亲密关系，但是梦主总是想办法地避免，恐惧发生亲密关系，而这个让对方非常不耐烦，梦主也觉得愧疚，不过还是在情感上给对方弥补，对方觉得离不开她，但是亲密关系依然是梦主中情感的主要问题。需要引导梦主面对亲密关系，解决内在恐惧，才能够获得成长。

类似的亲密关系议题在现实中是重要的议题，很多人都需要解决这个议题，情感才能够正常发展，不然可能会导致情感或婚姻的问题。与此同时，也要关注有问题的亲密关系。

案例二：

一、

1.梦到我要去完成一个任务，好像穿着类似特种兵的衣服，他们发给每人一个木格子的东西，好像是接下去过一小片海一样的地方当浮板用。

2.看到有女生开始用木格子当浮板开始过海，其实就几米的距离，前面就是一个登船的地方。

3.我不想弄湿衣服，发现登船的地方楼梯边上有绳子结成的网，我就拉住绳结网很努力地爬上去。

二、

1.随后切到我和一个女生 A 一起走上那个楼梯后发现来到一片地方，路边好像有一些美国学生在一起抽大麻，然后再往前走，有一些裸体的女生躺在地上摆各种姿势，边上有人在拍照，感觉像是行为艺术。

2.然后一个男人 B 推着一辆平板车，上面有个裸体女人也在做各种姿势，然后我身边的一个女生 A 往里面平板车上的一个容器里面丢了一些钱。

3.然后我们继续往前走，我问了那女生 A 一个问题，具体问什么记不清了，然后她回答我的时候说："他们还嫌我给的钱不够多呢。"

4.这时候身后就有很凶的男人 C 追来的声音，我和那个女生 A 就开始逃，逃进一个弄堂拐进一个门，那女生 A 就跑进其中一个房间躲起来了，我把房间的门锁好，开始关灯，关了一个开关发现还有两盏灯亮着，就又关了一个开关，这下房间暗了，想说外面追的人就看不到里面了。

5. 随后外面一个男人 C 的声音敲门说开门还是出来的，我又着急又害怕，想往里面找那个女生 A 躲进了哪间房间，然后急醒了。

解读：梦主是外企销售，因为要定点向某个公司销售自己公司的产品，其他同事都是正常的方式，而梦主不想费劲，于是找到了对方的男性主管，并暗示如果能够签订合同，就可以与他发生肉体关系，而对方也就同意了，随后合同成功了，但是对方却觉得梦主陪睡的次数太少了，后面就不停地来找梦主，梦主只能够逃跑，并且不回应对方，但是还是很着急害怕。需要让梦主明白，在现实生活中不能够通过亲密关系获取利益，需要认识到自己的问题，并调整自己的状态，潜意识梦境和现实才能够获得平静与稳定。

这个就是将亲密关系作为一种交易的方式，这种是错误地利用了亲密关系的状态，需要避免类似的情况，不然不论是自己的现实生活，还是潜意识都将会受到扰乱与影响。

3. 婚姻议题

婚姻议题是现实生活的基础，很多时候，我们会有婚姻的议题，这里不仅仅包括结婚，还包括离婚，这些议题是重要的内容，影响着个体的现实生活。

案例一：

1. 梦发生在中学校园，我们是高中在一起的。校园里搭起巨大的铁架子，我和初恋还有一些别的人在上面奔跑，下去的台阶分为两部分，一部分是正常的台阶，另一部分台阶只到一半，剩下是两层高约三米的高台。

2. 初恋跑在我前面，我跟着他跑到了高台那边，他轻松地跳了下去，而我停住了不敢往下跳。这时才发现铁架子并不是完全连成一片的，而是由一个一个很高的铁梯子组成。我停在高台边，发现自己所处的位置太高了，我不敢跳，也不敢往左右移动，只能死死抱住自己所处的梯子。初恋在下面叫我，问要不要来接我；而在更高的地方还有其他人，他们也鼓励我跳下去。我浑身发抖，梯子开始左右摇晃，我越想控制它晃得越厉害。突然我失去了意识，等我再醒过来的时候，我已经到了下面一层高台，我心想可能是不小心掉下去摔晕了，反正都摔了一回了，狠狠心就又跳了一层到了平地上。

3. 中间有一段记不清了，突然发现自己嘴出了问题，牙齿全都往外凸，嘴唇也肿了，闭不上嘴。我捂着嘴跑到洗手池去照镜子，洗手池边很多人，我旁边是我初恋的老婆（也是我们高中同学），她看到我的样子很惊讶，说：你怎么胡子都长出来了？我才发现我不仅是牙和嘴唇的问题，还长出了又粗又凌乱的短短一层胡子。这时初恋出现在我身后，很关切地问我怎么了。我拼命捂着嘴，不想让他看到我的样子，又很愤怒：你老婆在这儿你还招惹我干吗？

4. 跑走之后想要去找医生看我的嘴，从一个院子的房间里穿过，再从绿篱的缝中挤出去，外面就是我想找的医生，穿着尼姑的衣服，她看了看我，说：你这下巴，都脱臼了啊。我心里想：哦，应该是从高台摔下来摔的。她两只手开始给我正骨，几下就把我下巴给弄好了。然后醒了。

解梦：梦主已婚女性，现实中因为和某个男性朋友聊天有些多，于是产生了移情，跟对方接吻了，这件事被梦主的老公和家人知道了，老公从家庭的角度，选择原谅梦主，但是梦主觉得非常没面子，想要破罐子破摔了。需要通过梦境引导梦主面对自己的面子问题，并去除和解决面子的影响，才能够获得稳定的婚姻关系。

婚姻中出现的意外情况对我们婚姻有着某些不良的影响，而通过面对和解决自身的问题才能够获得稳定的婚姻关系。

案例二：

1. 梦到跟老公孩子出门旅游，好像是在邮轮或者是一座小岛上，人很多，有一拨人自己开着小型飞机到另外的岛上去了，但是飞机坏了，他们回不来，我们就在焦急地等他们的讯息。

2. 我拿着一个类似大哥大的通信设备，有条很长很长的天线。我收到个电话，是个陌生的女人，我以为她是跟我讲那小岛上幸存者的讯息，结果不是。她说了些很奇怪的话，类似"你就这样算了嘛？""有很多你不知道的事情""你不要自欺欺人，不要相信…"等等。

3. 然后我老公走过来了，我让他在房里等我一下，那是个豪华漂亮的大厅房间，有真皮沙发、钢琴烤漆的茶几、有壁炉。我离开那个房间，一边听电话一边去找那个女的。虽然不知道那女的说的是啥，但我想知道真相，于是我走过好几个不同的房间和走廊去找她，我知道她就在附近。

4. 终于，当推开一个很小的残破的小门，我终于看到这个女人，站在一块大大的墓碑后号啕大哭，墓碑背对着我，我看不清，我就走过去问她，她还是说着一些我听不懂的话，反正很怨愤，内容忘记了。我想看墓碑，但是看不清上面的字。

5. 过了一会儿我觉得出来时间太久了，我怕我老公要找过来了说不清，所以就回去了。但找了很久没找到原来的大厅，我一直觉得我老公会在路上碰到我，我在想应该怎么解释，结果没有。

6. 终于，我找到了原来的大厅，果然他已经离开了，我很沮丧地走了，想找也没找到他，郁闷中醒了。

解梦：梦主是女性，她和老公本来很恩爱，但是因为老公工作变动，导致两地分居了，随后就是老公背着梦主在外地有了婚外情。开始的时候梦主从老公的相处中觉察到了蛛丝马迹，但并没有在意，对婚姻还是信任的，后来就是老公婚外情的对象直接找到梦主，跟梦主要见面交流，说出来两个人的具体情况。梦主就去跟对方见面了，了解到了两个人之间的具体情况，之所以找梦主是老公已经和她分手了，所以才来找梦主，希望梦主知道了两个人在一起的情况，直接就选择跟老公离婚。梦主并没有想要离婚，但是知道了具体情况，还是对婚姻失去了信任。需要通过梦境解决自身对婚姻的怀疑和不信任，才能够维持婚姻的稳定，获得内在的安宁。

类似婚外情的情况在现代婚姻中时有发生，对于我们来说，需要面对和解决这些问题，但是我们很多时候并不知道如何处理，这个就需要我们通过梦境了解潜意识的想法，选择正确的解决问题的方式。

4. 工作议题

工作议题是另外的内容，这里不仅仅包括工作本身，还有工作的提升和换工作等内容，这个也是我们需要重点考虑的内容。

案例一：

梦到自己老父亲对自己又亲又抱，梦里面没有办法动，而且拒绝过以后还是来，醒来以后觉得太恶心了，整个人都没办法缓过来。

解读：这种梦境很容易让我们觉得是某种乱伦的影响，但是基于心理结构我们知道爸爸象征思想，也就是思想相关的内容对自我的影响。实际上这个梦是由于自己工作内容影响造成的，现实中，梦主是女性，但是做的工作是互联网公司中的内容审核，她经常会看到很多黄色的图片和视频内容，梦主非常不喜欢这些内容，觉得十分恶心，但是因为工作的原因不得不接触，这就让梦主抗拒，又没办法拒绝。引导梦主在不能够换工作的情况下，通过处理内在的情绪和欲望，获得内在的平静。

案例二：

1. 梦到一群人在参与一个残酷的游戏，主办方把大家带到一个旅游景点，人很多，山很难爬，让我们选择左右两条路先走，主办方的人会随后来抓我们，抓住就会有很残酷的惩罚，我们很害怕。

2. 随后我和另外两个同事选了左边的，其他同事选了右边的，我们急忙开始逃窜，人非常多，我们又得在人群中挤着，又得手脚并用爬山，路还滑。

3. 于是我想到了一个办法，爬到一个平台上，我把计划告诉了他们，就是找路边的一个小旅店，花钱进去休息，主办方要在这么大的景点这么多人中找到我们也不容易，而且这些小旅店这么多，他们在外面找那么一圈找不到，想到我们可能在旅店里，要找也不容易，既然被找到的概率会低一点，且可以休息一下，不用人挤人，不用爬山，为什么不住旅店呢，于是就去选了个旅店住进去。

4. 后来在旅店又发生很多事情，我和那两位同事也是有竞争关系的，和各色人等斗智斗勇，结果忘了。

解梦：梦主是大学老师，主办方是她所在的大学，大学需要做课题、写论文，而这些课题很难做，而且考核的过程很严格，梦主压力很大，害怕同别人竞争，这个导致梦主逃避问题，选择了一个小的课题，准备混过去，但是过程还是压力很大，跟其他老师斗智斗勇，想要获得好的评级。引导梦主勇于面对现实问题，而不是去逃避，才能够获得现实真正的成长，从而建立起稳定的自信心和安全感。

5. 经济议题

赚钱和获取利益，这个是重要的议题，不仅仅包括如何赚钱，还包括投资等内容，这些都是经济议题的重要内容。有些人总是想着赚钱，但是他们选择的方式并不适合自己，或者说需要找寻到正确的方向。

案例一：

一、梦到我妈开的特斯拉，感觉是车出现了问题，梦中好像屡次说要去维修。

二、

1. 梦的场景转换极快，接着变成我在黄浦江边看表演，有人在江里放了一些驯化过的鱼进行动物表演。

2. 我在看表演，和一个不熟的小学同学，她打扮得很美。

3. 我突然低头，很惊悚，我穿了一件蓝色条纹衬衫，外面套了一件白色针织紧身的外套，下面是一条 bm 的牛仔裤，下半身忘了，因为我觉得自己穿得很土，觉得这身衣服在公众场合特别丢脸，直接就吓醒了。

解梦：梦主女性，进入了一家公司成了销售，自己的销售业绩不太行，不是梦主本身的销售能力不行，而是自己觉得自己做得不够好，自我否定的情绪导致了销售不顺畅。潜意识引导梦主进行改变，需要解决自己在公开销售时候的恐惧感，才能够顺利胜任工作。

案例二：

一、

1. 梦到在美国，我和谁一起去参加一个活动，好像是发生意外情况，活动停下来了，一起来的朋友先出去了。

2. 在漆黑的屋子里，我自己躺在床上几乎等了一个通宵，后来不想再等了，就往外走，发现其他参加活动的人都躺床上睡着了。

3. 出来后我一个人落寞地在美国大街上骑自行车（依然是晚上，太阳没出来），想起以前刚到美国的时候，师兄第一件事情就是带我去买自行车，买的时候价格也不看，也不管我是不是嫌贵或买不起。

4. 骑车的时候看到路边有一排排通身金色的自行车，我没停继续往前骑。

二、随后切到耳边响起妈妈的声音，说在美国不能给我买商业地产了，要 7 万美元，意思大概是买了这么贵的东西别的啥也不能干了。

三、最后切到好友猫猫在梦群里最后留言意思似乎是"妹妹我走了"，再往上翻，看到最开始猫猫先写了首简短打油诗谜语，然后我姐发言猜是不是破财的意思，最后猫猫揭晓答案是"妹妹我走了"。

解梦：梦主在之前好友的介绍下进入了一家 P2P 互联网金融公司，开始的时候谈好了很高的薪酬，但是真正入职之后发现公司不太行，公司业务不行。梦主还是想努力地做点业务，但是随着公司业务与日剧下，公司竟然让员工投入买公司的理财产品，潜意识提醒梦主不要买，但是梦主为了保住看起来美好的工作，还是投入了 10 万元。但是很快公司就暴雷，公司老板被抓了，而梦主不但没拿到工资，投入的 10 万元也打了水漂，而自己也再度失业了。需要引导梦主放弃执念，处理自己想要维持好形象的面子状态，学会放弃，才能够真正找到自身所适合的工作方向。

很多看起来美好的高回报投资背后都有一个陷阱，而梦主被想要赚钱的想法冲昏了头脑，最后越陷越深，导致整个生活都受到了巨大的影响。类似的陷阱在我们的生活中经常会发现，而潜意识会提醒我们这些问题，因此，我们需要关注潜意识的状态，才能够分辨和避免这些陷阱的影响。

6. 生活议题

生活方式是另一个内容,这里包括的内容可能是饮食、吸烟喝酒、运动、生活作息等内容,这些内容影响着我们的健康。

案例:

1. 梦到开始有好多类似于漫威的超级英雄,现在不火了,我有看到巨石强森扮演的英雄,感觉大家不想做超英。

2. 随后我在房间里面实验我的一套战甲,感觉开始变身好几次没成功,最后终于成了,旁边有猫咪,它好像害怕我,随后来了一个女A,在安抚猫咪,醒了。

解读:梦主本来从事器械练习,练就了强壮的肌肉,但是潜意识引导梦主采用更加适合自身的运动方式,后来就是梦主开始通过自行车骑行和跑马拉松这两种方式来保持身体的健康,梦中战甲就是持续坚持有氧运动的方式,最终获得了良好的身体状态。引导梦主持续坚持正确的运动方式。

运动是重要的内容,持续规律的运动,对我们潜意识的稳定有着重要作用。梦境会引导我们找寻到适合自己的运动方式,我们要做的就是跟潜意识的脚步,保持良好状态。

7. 关系议题

人是社会性动物,人都会存在各种关系,而这些关系给我们带来各种影响,有些关系看起来是好的,但是对潜意识是不好的影响;有些则是我们看起来不好的,实际上对我们有利。因此,需要通过梦境看到关系所产生的影响,也了解我们应该以什么样的方式来面对现实世界。

案例一:

梦到我抱着我的猫咪果冻和外婆一起去一家商场,但是梦中形象是白灰英短,到了一个商场,它跑丢了,我和外婆不停地找它,最后外婆把它找到了,外婆说这个商场是我学区房旁边的商场,我们抱它回家,醒了。

解读:这个梦说的是人际关系,实际上这个并不是普通的关系,而是梦主和自己小学老师的关系。梦主是小学生，她在学校的时候，中午吃饭，她负责帮同学们倒汤，在操作的过程中，她有的倒得太多，有的倒得又太少了，过程中被自己的副班主任看到了，之前她和副班主任关系很好，但是这里被老师当众批评了，然后梦主就很担心老师不再喜欢自己了，于是失去了安全感，但是经过了一周多的观察，发现副班主任对她还是很好的，于是找回了安全感，觉得她和老师的关系是没有问题的。引导梦主明白很多关系都是对事不对人的，同时引导梦主在具体操作中，做到一视同仁的状态。

人际关系对人的影响是很大的，很多人都会因为人际关系而产生担忧。通过梦境我们可以分辨其中的问题。

案例二：

1. 梦见我跟我对象去广东那边的一个商场玩，五层楼，商场的名字叫五台什么的，我们去那边之后才发现这个商场表面上是商场，其实是个阴阳交接的地方。

2. 一楼是一些小摊，卖点手作首饰之类的，二楼就是菜场和超市，听周围人讲二楼往上卖的就是硬通货了，我在梦里就理解为黄金之类的东西。

3. 这个商场的层高非常高，而且没电梯，但是可以打车爬坡去二楼，我们打到了一辆宝马，白色，车牌号是 17L 什么的，梦里我还觉得很惊讶，居然有人开着宝马来跑网约车。车辆爬坡的地方跟楼梯连在一起，非常陡。

4. 下车之后司机也下车了，然后朝着我们刚刚开过来的方向从里往外挥手，嘴里还念叨着"回去吧，回去吧"这样的话。这个时候我才注意到这个楼梯的不对劲，它是正反都是阶梯状的，反面的楼梯上有黑色的像减速带一样的东西。这时候这个司机才跟我们说，上面是给人走的，有减速带的那一面是给鬼走得，他刚才念叨"回去吧"就是让鬼去走自己该走的路，不要蹭活人的车这样。后面记得在那个菜场里买了个西瓜，后面就模糊不清了，醒了。

解梦：梦主在互联网大厂，公司有很多的层级，而从底层到高层有一个晋升通道，梦主因为做了一个公司重点开发的项目，非常优秀，于是被公司提拔做了总经理，而之前的兄弟什么的看梦主高升了，都来巴结梦主，而这个让梦主很困扰。潜意识引导梦主不要被这些人影响，不要因为之前的关系影响工作的状态。

实际上类似的人际关系对我们生活的影响还是很多的，通过潜意识梦境我们可以看到这些关系对我们的影响，并且杜绝类似影响，才能不影响到我们事业的发展。

案例三：

一、

1.梦到我和张琳琳还有几个人进了一个房间，进门前张琳琳煞有介事问我一个问题，我没听清。

2.随后地上有一只品种猫，挺可爱的，仔细看发现皮肤有一点小毛病，我们俩跟张琳琳说，他没回应。（有猫咪，猫咪有皮肤病。）

3.后来看床底下，发现我家的猫在的，不能确定好像是不是身上包扎着什么东西，后来是不是有人进来，感觉后面梦里的某国首相，后期也有坐在这里。（我家猫包扎着什么东西。）

二、

1.随后切到一个老头(好像是某国首相)设计要暗杀一个清秀的女孩A，我偷偷扔了一个木条或竹条过去（上面可能有些信息），她低头一看明白了就开始逃跑。（有女孩被暗杀，我帮她逃跑。）

2.接着从周围冲出来之前埋伏在暗处的黑色衣服杀手，危机四伏，不知道女孩A有没有成功逃脱。

三、之后切到某国首相老头半躺床上喋喋不休地在跟我说教，而我一边打包箱子一边想逃，一边怕他阻止我逃，他还在说类似知道我适合做什么，我越听越起了杀心，于是抢起手里的东西想暴打他，同时一边还在想走，一边他还在说教，醒了。

解梦：梦主是大龄女青年，现实中总是眼高手低，于是导致工作不稳定，而这个就需要父母支持，也就是我们常说的啃老。一方面是父母需要梦主稳定；另一方面总是好高骛远，想要一下子成功。这种情况下导致了亲子关系的紧张，一方面要依赖父母，另一方面还不希望父母干涉，跟父母冲突。这种亲子关系的紧张是由很多因素造成的，而关键点还是梦主自我认知偏差造成的，梦主需要调整自身的认知，脚踏实地，才能够得到良好的关系。

亲子关系也是重要的内容，在当下的社会中我们需要认真地对待这方面的影响，不然就可能给我们自己的生活造成负担和不良影响。

8. 成瘾性问题

现代社会，我们会存在很多成瘾性的内容，不仅是烟酒、暴饮暴食等内容，还包括上网成瘾、游戏成瘾，甚至是手淫、看黄片、召妓、赌博、吸毒等黄赌毒的内容，这些内容对潜意识的影响持续，对于被这些影响的人来说，类似的梦境会经常性出现。

案例一：

梦到有一只甲壳虫好像一直跟着我，我自己不能消灭它（梦中设定，我也不懂），最后好像让我妈用火还是啥给烧脱皮了，琥珀色的皮，我和妹妹向前走着，就这么一直走没多长时间就看到皮里甲壳虫又复活了，甩不掉。随后我好像有点想甩掉它，但又没那么讨厌它，不过看到它觉得不舒服。

解梦：梦主是男性，他因为是单身，在外面工作，又没有女友，于是养成了看小电影手淫的习惯，梦中的甲壳虫就代表看小电影手淫的习惯。虽然梦主也意识到了手淫对自己身体和内心的危害，并且想要戒掉手淫，但还是克制不住自己的欲望，总是想戒掉，但是戒掉了一段时间，又因为各种原因再度手淫了，而这种状态下，同样影响到了他自己找女友的动力，让梦主非常不爽。需要引导梦主控制自己内在的欲望和手淫的习惯，建立其正确的情感和亲密关系，才能够具有良好的身心状态。

类似受到手淫或类似欲望而成瘾的人越来越多了，而这种情况对潜意识带来不良的影响，需要认真面对和解决。

案例二：

1. 梦到说某个游戏，而这个游戏被某互联网大佬给改了，将游戏里面的人物都杀死了，换成了自己的人，还把一个饭店改成了警察局，随后在游戏里面放置一个二维码，骗其他人进来。

2. 随后感觉是男女主角被骗进了游戏里面，而他们来到了这个被改装的警察局，到处都是僵尸，还有很多苍蝇围绕着。随后男主发现一个图书馆的房间里面没有僵尸，准备看下，而我好像是女主，我在看着门，不过我们应该是被僵尸发现了，感觉僵尸准备进攻，醒了。

解梦：梦主是男性，他自己被打游戏所影响，总是会熬夜打游戏，自己戒掉了游戏，但是还是在看游戏的视频和直播，觉得看视频没事，这是梦主受到打游戏欲望的一种欺骗，也就是开始看，后面就控制不住地又开始打游戏了，因此，要解决游戏成瘾的问题，必须完全屏蔽才有效。引导梦主处理自我欺骗的情况，然后坚持控制游戏的影响，才能够让梦主将重点放在生活的正确面向。

很多人都会在戒掉某些成瘾性习惯的时候，出现自我欺骗的情况，类似于戒酒的人说再喝一次，抽烟的人说再抽一根，类似的情况是一种因成瘾性引发的自我欺骗，往往这个时候是戒除成瘾性问题的关键时期，只有过了这个阶段，才能够真正地戒除成瘾性的影响，因此，对于解决成瘾性问题的人来说需要重点关注。

第四章　心理解梦咨询技术

心理解梦咨询技术是一套以引导的方式帮助咨询者发现内在心理问题、调整心理状态、促进人格发展的潜意识心理咨询技术。心理解梦咨询技术包括四组技术，分别是潜意识融合技术、潜意识清理技术、潜意识成长技术和潜意识测量技术。

心理解梦咨询技术延续了分析心理学的咨询思路，通过潜意识的方式帮助来访者发现和解决内在问题。荣格在过去的咨询中，通过词语联想的方式来帮助来访者发现潜意识所隐藏的内在问题。而心理解梦疗法基于荣格的思想脉络，发展出了以呼吸和内在感受为主的潜意识咨询方法，基于这些方法，可以有效地帮助来访者发现和解决潜意识内在问题。潜意识咨询基于潜意识的状态，可以更加深入来访者的心理，进而解决来访者的心理问题。

心理解梦咨询技术是以引导词为基础的咨询技术，相对以对话为主的传统咨询方法而言，心理解梦咨询技术以特定的引导词为切入点，让来访者处于一种平静状态，并感受潜意识的状态，再基于潜意识身体或思维为基础，编制引导词，进一步深入来访者潜意识或解决潜意识的问题，从而引导这个咨询的走向。咨询师应用该技术的过程中，需要辨识出来访者潜意识的各种心理状态，也就是我们说的分裂机能作用，并编制相应的引导词汇来引导来访者发现或解决这些分裂机能产生的问题。

心理解梦咨询技术作为一种咨询技术可以单独应用于具体的心理咨询过程，与此同时，我们也可将心理解梦技术与心理解梦咨询技术结合使用，进而更加深入地帮助来访者。心理解梦技术是偏重于发现内在的问题和方向的重要方式，而心理解梦咨询技术则倾向于清理和解决内在问题的技术，两者相互结合能够帮助来访者更好地解决内在问题。

一、心理解梦咨询技术详解

（一）潜意识融合技术

潜意识融合技术是指通过一定方法帮助来访者更好地融入自身潜意识，感受潜意识状态的咨询技术，其主要方法为引导放松法。

引导放松法

引导放松法是咨询师基于引导词汇，帮助咨询者的意识融入潜意识的一种咨询方法。引导是指咨询师具有引导词汇，同时通过朗诵引导词汇引导来访者关注身体的不同部位，从而获得身体和心理的放松。引导能够帮助咨询者有效地融入潜意识，从而为进一步的咨询和处理创造条件和基础。

（1）操作方式

操作方法：

●处于放松姿势：让咨询者处于安静的环境中，可以坐在沙发椅或平躺在床上，咨询者找寻自己觉得舒适姿势进行咨询流程。

●跟随引导词：咨询师朗读引导词，让咨询者跟随引导词进行感受自身的状态，同时在放松的过程中伴随呼吸控制。

●关注身体感受：提醒来访者，在身体特定部位有明显感觉的时候，关注这个位置的状态，并告知咨询师。

方法引导词：

引导放松法的操作方式就是从脚部开始放松，一直延伸到我们的头部，放松过程的顺序和位置并不是最重要的，重要的是所有的位置都要被放松到，还有就是要缓慢进行，在咨询者真正感受到放松的时候，咨询师再逐步进行。过程中咨询师同样要融入，这样咨询的过程才会更加有感觉。

●闭上眼睛，找寻舒适的姿势，深呼吸 10 次。

●关注自己的脚部，放松脚趾、脚踝、脚底，放松整个脚部，整个脚部慢慢失去知觉。

●让这个放松从脚部慢慢地上升，逐渐延伸到小腿，放松小腿内侧、外侧、后侧，慢慢放松整个小腿，整个小腿慢慢失去知觉。

●让这个放松从脚部慢慢地上升，通过膝盖慢慢延伸到大腿，放松大腿内侧、外侧、后侧，慢慢放松整个大腿，整个大腿慢慢失去知觉。

●让这个放松从大腿继续向上延伸，逐渐延伸到了臀部，臀部慢慢放松，整个臀部慢慢失去知觉。

●放松由臀部来到小腹部，感受小腹部的放松，小腹部里面的大肠、小肠、膀胱慢慢放松，整个小腹部慢慢失去知觉。

●放松由小腹部慢慢地延伸到腰部，感受腰部的放松，腰部里面的肾脏慢慢放松，整个腰部慢慢失去知觉。

●放松由腰部慢慢延伸到腹部，感受腹部慢慢放松，腹部里面的胃、脾脏、胰腺、肝、胆慢慢放松，整个腹部慢慢失去知觉。

●放松由腹部慢慢延伸到背部，感受背部的放松，整个背部慢慢失去知觉。

●放松由背部慢慢延伸到胸部，感受胸部慢慢放松，胸部里面的心脏、肺脏慢慢放松，整个胸部慢慢放松，渐渐失去知觉。

●放松由胸部延伸到肩部，感受肩部慢慢放松，渐渐失去知觉。

●放松由肩部来到了大臂，感受大臂慢慢放松，渐渐失去知觉。

●放松由大臂延伸到了小臂，感受小臂慢慢放松，渐渐失去知觉。

●放松由小臂来到手腕和手，感受手腕和手慢慢放松，渐渐失去知觉。

●放松由手来到肩颈部，感受斜方肌、脖子、颈后慢慢放松，喉部慢慢放松，渐渐失去知觉。

●放松由颈部延伸到头部，感受头部、面部慢慢放松，整个脑部慢慢放松渐渐失去知觉。

●感受整个身体都放松了，整个身体失去了知觉。

注意事项：

在引导放松法的操作过程中，咨询者如有任何身体上的不舒服，让咨询者告诉咨询师。身体的不同部位的问题，展现了不同的身体问题。在我们的咨询过程中，很多问题并没有展现出来，因此，如果咨询者有特定的身体问题，可以特别重视，基于特定的问题，也展现了特定的心理问题。

特定身体部位出现疼痛或不适，背后的心理原因：

●头部疼痛或不适：头脑问题、错误想法或念头。

●肩颈部疼痛或不适：情绪问题、心理压力。

●胸口疼痛或不适：情绪问题、痛苦、委屈、情感问题等。

●腹部疼痛或不适：未被满足的需求、欲望问题。

●小腹部疼痛或不适：欲望问题、堕胎问题（女性）。

●四肢疼痛或不适：行动力问题、过去的伤痛等。

（2）案例实操

案例一：

女士，婚后想要孩子却一直不孕不育，当事人非常郁闷和紧张，一直不断看中医西医，通过吃药等各种方式调节自己的身体，但依然无法怀孕，而婆家因为想要抱孙子，给了咨询者很大的心理压力，于是咨询者就来做心理咨询了。

咨询者在咨询刚开始的时候，并没有道出自己问题的真实原因，但是通过放松引导法让咨询者的身体有了异常敏感的反应，于是在咨询师的追问下，咨询者终于道出了实情。原来咨询者高中时期就离开家住校了，在高中时代，一直跟不同的人恋爱，并且不断发生性关系，但当事人不觉得有什么问题，到了大学依然如此，堕胎几次后依旧我行我素，随着年龄增长就患上了不孕不育症。咨询者的身体在放松之后有了明显的痛点，这就是咨询者问题的关键，虽然堕胎已经过去了很久，但问题依旧存在于身体之中并没有得到解决，这也就是咨询者不孕不育的原因。

通过这个案例，我们能够发现当运用放松引导法的时候，咨询者的问题将伴随着身体的状态展现出来，这就给咨询师提供了咨询的方向，能够推进咨询的进展。通过引导放松法让咨询者感受潜意识，能让咨询者更容易发现和呈现潜意识的问题。

引导放松法能够呈现问题，呈现方式一般有两种，一种是身体问题，也就是身体的反应能告诉我们咨询者的问题。除了身体的问题，咨询者还会想到或感受到什么，这些也是潜意识中最为明显的问题。咨询师需要聚焦于这些呈现出来的问题，引导咨询者清理潜意识的问题。

案例二：咨询者梦境

一、梦到我在海边坐着，一个海上的快艇上面有一个男人 A 给我送了钱，说不能一次送完，一点一点地，在 A 再回海中央取的路上，撞上了什么东西，A 的船翻了他死了，我在过去看的时候看到海上他附近飘着好几个尸体。

二、随后梦到在一个房间里有两三个男生朋友在打扑克，我躺在沙发上，晕晕乎乎的好像睡着了还是怎样，闭着眼睛，我就在宇宙里一直往下沉、往下掉，我很害怕，使劲喊，想把自己从我在梦中的那个梦里脱离出来。

三、随后切到我妈妈和我妹妹在一个房间住的，我自己在第二个房间，我妈说好像谁来了，她跟我妹妹要起来接，在她们房间门口我妈拉上房门，脸上很恐惧地告诉我，你快拨打 110，你姥爷的灵魂来了（姥爷已故六年），吓醒了。

在咨询的过程中，咨询者提供了梦境，但是自己说自己感受不到恐惧。类似的状态下在咨询过程中经常出现，也就是每个咨询者的感知不同，对现实的感觉也不同，而对这种情况下我们应用了引导放松法。

在引导放松法之后，咨询者处于放松的状态，融入了潜意识，马上意识到了自身恐惧的状态。梦主大龄女青年，工作比较优秀，有房有车，自身对情感要求特别高，而最近遇到一个房地产富二代，同对方谈起了恋爱，对方很快就向她求婚了，而梦主也很快就同意了，但是这段情感太过仓促，因为风俗的缘故（梦主和老公都是回民），梦主老公让梦主辞职在家不工作了，而梦主因为处于热恋时期，冲昏了头脑，于是答应了。但是这段情感太过仓促，结婚后男方非常霸道，老公给她每个月 2 万元生活费，让梦主足不出户，同时还要让梦主删掉所有微信上的异性好友，而梦主开始同意了，但是这么生活了三个月后觉得这种生活非常煎熬，好像蹲监狱一样，同时，想到未来的人生都要依靠老公来生活，并失去自由，这让梦主异常恐惧。

通过引导放松法感受了潜意识之后，咨询者感受到了自身恐惧的根源，实际上梦主当下刚结婚不久，根本不敢面对自己的婚姻问题，因此，就在意识层面上忽视恐惧的根源，而引导放松法可以让咨询者处于放松状态，呈现最真实的状态。基于梦境运用引导放松法，可以有效地呈现潜意识的状态，适合在解梦前运用引导放松法。

（3）作用

融入咨询状态

很多早期进入咨询室的咨询者，往往会因为各种现实问题导致各种紧张不安，例如咨询者遭遇了婚姻危机的情况，她们的状态很不稳定，导致咨询很难有效地进行，因此，对这种情况，通过引导放松法可以有效地让咨询者的状态得到改善，恢复平静的状态，进而更好地融入后续咨询。

消除阻抗

在现实咨询中，由于各种各样的因素，很多咨询者有着明显或隐蔽的阻抗状态，通过沟通很难让咨询者融入咨询状态，很容易产生阻抗的情况。而咨询师通过引导放松法，可以有效地引导来访者放松心情，可以消除阻抗从而帮助咨询者建立信心，真实的感受要比语言的说服更加具有说服力，当来访者感受到了作用和放松，就可以建立其信任，推动咨询的有效进行。

发现潜意识问题

个体有着外感受器和内感受器，而在个体处于紧张或兴奋状态下，个体很容易被外在刺激影响，此时外感受器异常敏感，而抑制了内感受器的状态。当我们通过引导放松法作用后，咨询者的心理状态从紧张或兴奋转化为平静或放松的状态，而这种状态下内感受器会被激活，从而使得个体更加容易感受到源自内在的身心状态和变化。而这些内在的问题往往隐含着潜在的心理问题。

因为我们的意识都是关注外在，而对内在往往存在忽视的情况，因此，当我们开始进行引导放松法的时候，潜意识的问题在被关注到后开始展现，根据我们之前的经验，很多人都会在此时感受到身体的不适，而这个时候，我们就可以根据身体不适的位置，发现其潜在的问题。

自体状态调节

咨询师可以在咨询过程中应用引导放松法，同时也可以教会咨询者自学引导放松法，从而在现实生活中进行自我调节，控制自身的内在失控的状态。例如对那些容易愤怒的咨询者，可以通过在生气后，通过引导放松法，有效地控制情绪状态。同时，咨询师也可以通过引导放松法进行自身清理，让咨询的效果更加高效。

改善睡眠状态

根据我们的经验，很多有着睡眠障碍的咨询者，很多时候都会因为睡眠产生紧张的状态导致无法入睡，而通过引导放松法，我们可以改变咨询者的睡眠状态，咨询师本身可以教会咨询者引导放松法的内容，当咨询者掌握类似的方法后，可以在咨询后给咨询者留作业，要求咨询者每天睡前进行引导放松法，改善自身的精神状态，改善睡眠质量，对心理咨询有更好的效果。

（4）适用范围

所有的过程都可以运用引导放松法，也是应用后续心理解梦咨询技术的基础流程。在咨询的早期阶段，或有明显需要潜意识清理的阶段，引导放松法都是非常有帮助的。

（二）潜意识清理技术

潜意识清理技术就是通过系列方法帮助咨询者清理分裂机能产物的过程。通过心理解梦疗法的心理结构，我们知道分裂机能产物不断累积后，会在现实层面展现出来，并逐步影响当事人的社会生活状态。对于心理解梦疗法来说，无论是心理健康或人格发展，最基础的就是要聚焦和清除这些过去形成的分裂机能和累积的分裂机能产物，这样才能够让内在心理获得平静，进而得到成长的内在力量和动力。

心理解梦疗法中有两种方法进行控制分裂机能和清理分裂机能产物，分别是：认同接纳法和告疚法。

1.认同接纳法

认同接纳法是指咨询师在分析咨询者个人潜意识问题的基础上，由咨询师编制认同接纳的引导词汇，让咨询者在伴随呼吸控制的情况下，跟随咨询师复述引导词汇，进而做到控制分裂机能和清理分裂机能产物的一种咨询方法。

认同是自我意识对内在思维判断的一种认可的心理过程。这种认可一般来说都是我们过去判断的内容。基于认同的心理机制，我们可以借助认同来改变咨询者的认知过程，从而从潜意识层面上重塑咨询者的潜意识认知。

之所以需要通过认同来调整潜意识，实际上问题就在于，正是由于自我意识过去有着太多的不认同，导致了潜意识中的分裂机能及其产物无法被接纳和处理，这就导致了心理问题的产生，因此，认同接纳法就是利用认同来改变咨询者的认知的。最关键的在于，我们不认同自己和自身的状态，例如很多人不认同自己的容貌、身材或能力等，同时这个不认同还可能会转移到外在的父母、情感、婚姻上面，从而导致心理问题。

案例：女士，小时候因为父母的工作原因，三岁的时候将她寄送到姥姥家里，四岁又接回了自己家里。妈妈特别严厉，对她管教特别多，让她觉得特别痛苦。于是当她长大之后，当遇到各种痛苦的时候，她都会将自己的不幸转移到母亲的身上，也就是她会说自己的不幸正是因为妈妈的严厉和小时候的经历造成的。这种状态，让她心生怨恨，这种怨恨的情绪使得她不希望改变自己的问题，而是将问题都怨恨内心。她还会在咨询的过程中问，她的妈妈是否爱她，这个是她不确定的。也就是她的经历和妈妈的态度让她内心产生了巨大的悲伤情绪，这种情绪就是怀疑妈妈是否爱自己和怨恨妈妈而引发的。这个情绪让当事人一直痛苦不堪，同时也影响了自己同周围人的关系。

咨询者无法认同的就是母亲对自己的态度，也就是说，在她的认知中，妈妈就是应该爱孩子的，她无法认同妈妈不以她认知的对孩子的方式对待自己，而这种无法认同，在潜意识层面产生了一种怨恨的情绪，同时所有生活的问题都归因于妈妈不爱自己，这导致了潜意识层面认知上的问题，影响个体的行为和判断。

接纳是个体意识对具体内容融入潜意识的一种心理过程。大多数时候，个体很难接纳个人潜意识的问题，例如自身的情绪或执念等，这些无法接纳的问题，影响神经系统的状态，从而导致意识无法从原有的神经状态中走出来，而这些存在于潜意识的神经系统会持续消耗和影响个体的意识状态，导致意识无法从某种状态中走出来。

案例：女士，现年 35 岁，在 25 岁的时候有一个青梅竹马的男朋友，他们彼此非常相爱，不过一场车祸之后，男朋友离世了，从此之后，女生就非常痛苦。虽然渴望感情，在接下来的 10 年之中也不断接触男生，但接触了之后都觉得不如已故男友对自己好，无法接受现状，总是没多久就分手了，同时在生活中遭遇了任何挫折或问题，都会怀念男友在世的时候对自己的好，觉得没有男友的生活太难、太痛苦了，迟迟无法走出来。

从这个案例中，我们可以看到，很多现实已经发生的事情，咨询者的潜意识层面却无法接纳这个事实。实际上，在我们的咨询过程中发现，咨询者一直不愿意接纳男友已经去世的事实，而这也影响咨询者对现实的接纳，男友还活在并影响着咨询者的潜意识层面，唯有真正地面对和接纳男友已经去世的事实，潜意识层面的问题才能够被化解和清理，咨询者才能够正视生活，重新面对现实。

实际上，类似的情况发生在很多的现实案例中，很多现实的神经症，例如恐惧症或急性应激障碍 PTSD，都是因为潜意识层面上逃避当时的恐惧状态所引发的，因此，要解决类似潜意识问题，就需要在潜意识层面接纳相应的问题，这些神经症才能得以真正解决。

（1）操作方式

方法准备：

让咨询者处于闭目的状态下，最好是在引导放松法之后进行认同接纳法。

从引导放松法开始，随后在咨询者感受到身心内在的状态之后，通过认同接纳法进行潜意识问题的清理是最标准的流程。当咨询者处于放松状态，咨询者潜意识就会开始呈现出内在问题。咨询者的身体或内在心理反应在放松时会出现反应，例如身体出现反应，或出现强烈的情绪、执念等，无论是哪种情况，咨询师都要根据咨询者的状态进行认同接纳法操作。

方法操作方式：

①通过引导放松法或梦境分析，判断咨询者个人潜意识问题，确定头脑、情绪、欲望、执念等分裂机能及其产物的具体内容。

②咨询师通过对问题的认知，编制对应的引导词汇，例如认同××（胸部疼痛），接纳××（胸部疼痛）。

③让咨询者闭上眼睛，深呼吸。

④咨询师将引导词汇念出，并引导咨询者伴随呼吸念出引导词汇，即认同××（胸部疼痛），接纳××（胸部疼痛）。

⑤反复这个认同接纳的过程，直到咨询者呼吸不再顺畅。

⑥咨询师通过了解咨询者感受或观察咨询者状态，再次编制接下来的引导词汇，重复第④步的内容，不断清理分裂机能及其产物。

方法注意事项：

先感受，后事实

对于咨询者来说，有很多时候会出现无法接纳的情况，例如在我们的咨询中出现当事人抗拒老公不爱自己，这个时候，就是要反向进行处理，也就是认同抗拒老公不爱自己，接纳老公不爱自己，也就是先让当事人认同接纳自己当下的状态，这个之后，当事人的状态会发生改变，再让当事人尝试认同接纳老公不爱自己，这样接纳的过程就是先接纳当下的感受，再接纳真实的状态的方式。

有什么处理什么

咨询者无论在任何的状态，都可以通过认同接纳法进行处理，例如有情绪，那就处理情绪，有头脑就处理头脑，有欲望就处理欲望，这个过程就是潜意识展现什么问题，就通过认同接纳法解决什么问题，这个过程需要咨询师在对内在分裂机能及其产物的认知基础上进行后续操作。

（2）案例实操

身体问题

身体明显反应

咨询者的身体开始反应，代表潜意识在身体层面的垃圾需要被关注和清理，那就根据身体不舒服的部位进行处理，例如咨询者的胸部疼痛，那操作就是：

●认同胸部痛苦（伴随呼吸）。

●接纳胸部痛苦（伴随呼吸）。

●重复上面的过程，直到咨询者呼吸不再顺畅。

●根据咨询者感受，再次确定接下来个人潜意识的问题。

潜意识开始起作用的时候，疼痛会转移，可能会转移到其他地方，例如转移到腰部，那就继续做腰部的处理。

●认同腰痛（伴随呼吸）。

●接纳腰痛（伴随呼吸）。

●重复上面的过程，直到咨询者呼吸不再顺畅。

●根据咨询者感受，再次确定接下来个人潜意识的问题。

这个过程就是处理身体反应的过程。

案例一：

女士，工作之后就有了头颈痛和痛经，这些痛苦一直困扰着当事人，她一直认为是身体的问题，但是通过咨询发现，当事人是存在着某种自卑的情绪状态，从小开始就觉得自己是不好的，于是努力学习。但是工作之后，因为工作中存在着未知的情况，也就是当问题没有解决的时候，当事人会因为自卑，引发了巨大的压力，这些压力导致了当事人不但工作中会烦躁，而且在生活中还会有头颈痛和痛经的情况。

从咨询者的状态来看，她有着明显的身体反应，也就是头颈痛和痛经，同时咨询者还着烦躁、自卑、痛苦和压力等情绪，需要连同情绪一起处理。

●认同头颈痛（伴随呼吸），接纳头颈痛（伴随呼吸）。

●认同痛经（伴随呼吸），接纳痛经（伴随呼吸）。

● 认同烦躁（伴随呼吸），接纳烦躁（伴随呼吸）。

● 认同自卑（伴随呼吸），接纳自卑（伴随呼吸）。

● 认同痛苦（伴随呼吸），接纳痛苦（伴随呼吸）。

● 认同压力（伴随呼吸），接纳压力（伴随呼吸）。

● 根据咨询者感受，再次确定接下来个人潜意识的问题。

基于以上就可以减轻身体痛苦和情绪影响，持续处理能够有效缓解相应的痛苦状态。

案例二：

女士，婚后想要孩子却一直不孕不育，当事人非常郁闷和紧张，一直不断看中医西医，通过吃药等各种方式调节自己的身体，但依然无法怀孕。而婆家因为想要抱孙子，给了咨询者很大的心理压力，于是咨询者就来寻求心理咨询的帮助。在咨询过程中，咨询者腹部非常疼痛，通过沟通知道梦主过去流产多次，引发了不孕不育。

基于咨询者的现状，我们知道咨询者有着身体的疼痛，同时咨询者对失去的孩子也非常内疚，对不起孩子，同时让咨询者感受身体，咨询者对伤害了自己的身体同样内疚和不安，害怕以后也没办法怀孕了，基于此，我们发现咨询者的身体有痛苦、腹痛，同时有着不安、悲伤、内疚、恐惧等身体问题，同样需要处理。

● 认同腹痛（伴随呼吸），接纳腹痛（伴随呼吸）。

● 认同痛苦（伴随呼吸），接纳痛苦（伴随呼吸）。

● 认同不安（伴随呼吸），接纳不安（伴随呼吸）。

● 认同悲伤（伴随呼吸），接纳悲伤（伴随呼吸）。

● 认同内疚（伴随呼吸），接纳内疚（伴随呼吸）。

● 认同恐惧（伴随呼吸），接纳恐惧（伴随呼吸）。

● 根据咨询者感受，再次确定接下来个人潜意识的问题。

身体问题是咨询过程中非常多的问题，通过认同接纳法，我们可以有效地缓解痛苦，并基于身体疼痛的部位发现引发疼痛背后的深层身体或心理问题，有效推动咨询的进程。

情绪问题

情绪问题是重要的内在问题，情绪垃圾一般隐藏在个人潜意识内部，在特定的刺激点会展现出这种情绪状态。有时我们看起来没什么情绪，一旦特定的刺激或挫折出现的时候，个体的情绪垃圾就会开始影响我们。咨询者可能在放松的状态下产生情绪，哭泣是排除情绪垃圾的有效方式，一定要让咨询者通过哭泣清理和排除情绪，不能够压抑情绪。

案例一：

女士，在二十几岁的时候有一个青梅竹马的男朋友，他们彼此非常相爱，不过一场车祸之后，男朋友离世了，从此之后，女生就非常痛苦，虽然渴望感情，在接下来的十几年之中也不断接触男生，但接触了之后都觉得不如已故男友对自己好，无法接受现状，总是没多久就分手了，同时在生活中遭遇了任何挫折或问题，都会怀念男友在世的时候对自己的好，觉得没有男友的生活太难、太痛苦了，迟迟无法走出来。

通过对案例的分析，我们可以发现梦主存在着很多的情绪问题，其中包括失去男朋友的痛苦、悲伤、难过、不舍，对找不到新男友的不安、郁闷、委屈，对生活有着畏难、逃避的情绪状态，基于以上这些，我们编制的词汇如下：

● 认同痛苦（伴随呼吸），接纳痛苦（伴随呼吸）。

● 认同悲伤（伴随呼吸），接纳悲伤（伴随呼吸）。

● 认同难过（伴随呼吸），接纳难过（伴随呼吸）。

● 认同不舍（伴随呼吸），接纳不舍（伴随呼吸）。

● 认同不安（伴随呼吸），接纳不安（伴随呼吸）。

● 认同郁闷（伴随呼吸），接纳郁闷（伴随呼吸）。

● 认同委屈（伴随呼吸），接纳委屈（伴随呼吸）。

● 认同畏难（伴随呼吸），接纳畏难（伴随呼吸）。

● 认同逃避（伴随呼吸），接纳逃避（伴随呼吸）。

●重复上面的过程，直到咨询者呼吸不再顺畅。

通过上面的处理，咨询者的情绪状况得到了缓解，不过后续还是会产生这些情绪，需要持续多次进行处理，这些情绪才能够得到抑制和清理。

类似的情绪问题还有很多，梦境中的情绪同样可以用认同接纳法进行处理。

案例二：

女士，大龄女青年，咨询者找了一个老公，开始的时候没觉得有问题，后来发现老公原来是精神病，对方家里一直隐瞒梦主。而梦主觉得被骗了，做咨询的过程中，通过引导放松法，咨询者胸口开始堵塞和疼痛。后来通过认同接纳法，发现对方有着愤怒、郁闷和委屈的情绪，通过认同接纳法继续处理，让梦主通过哭泣宣泄情绪，咨询者的胸口的堵塞和疼痛消失了。

●认同胸部痛苦（伴随呼吸），接纳胸部痛苦（伴随呼吸）。

●认同愤怒（伴随呼吸），接纳愤怒（伴随呼吸）。

●认同郁闷（伴随呼吸），接纳郁闷（伴随呼吸）。

●认同委屈（伴随呼吸），接纳委屈（伴随呼吸）。

●重复上面的过程，直到咨询者呼吸不再顺畅。

案例三：

高中男生，父母因为男生抑郁的状态带男生来进行心理咨询，但是男生并不想要做心理咨询，有着抵触的情绪，对咨询师的问话不配合，不信任咨询师。

咨询师可以通过观察对咨询者的状态进行判断，当我们判断了某种状态的时候，并不需要说服对方放弃某种状态，因为对方也很难放弃。所以这个时候，我们要做的不是作用于对方的意识层面，更多的是让对方走入潜意识。从咨询者的状态来看，他明显有着抵触、怀疑、不信任、不安等情绪状态，需要通过以下方式处理：

●认同抵触（伴随呼吸），接纳抵触（伴随呼吸）。

●认同怀疑（伴随呼吸），接纳怀疑（伴随呼吸）。

●认同不信任（伴随呼吸），接纳不信任（伴随呼吸）。

●认同不安（伴随呼吸），接纳不安（伴随呼吸）。

●重复上面的过程，直到咨询者呼吸不再顺畅。

通过这样的方式，对方会开始意识到自己的怀疑和抵触，同时也在潜意识处理这些情绪后，咨询就可以继续推进了。

认同接纳法不仅适合于咨询，也可以教会咨询者让他在生活中自己运用，咨询师自身如果在咨询的过程中也出现情绪问题，同样可以通过这个方式进行调节。

头脑问题

在咨询的过程中，头脑问题也是容易出现的，这个问题会阻碍咨询的过程，有时咨询师较难纠正咨询者的想法，主要是因为头脑问题很难通过意识的调节进行改变，大多数人都不认为自己的思路有问题，争论也很难达到预期的效果，有些人甚至会通过表面伪装来承认自己的问题，但是其实心里并不认同咨询师。

案例一：

女士，在做心理咨询的过程中，咨询师发现咨询者有顾左右而言他的问题，于是就提了出来，咨询者就开始说，您说得对，我过去的咨询师也这样说，开始表达而且还一直停不下来，咨询师每说个问题，她都会说咨询师你说得对，过去自己如何如何，通过语言来赞同咨询师。

很多的咨询者都会有这种情况，他们其实并不想改变，或者说他们害怕面对自己的问题，同时还担心别人生气，于是产生了这种行为模式，以一种奉承别人的方式来进行沟通，但他们本身并不认为自己有问题，即使认为有问题也觉得自己无法改变，他们在逃避问题。在这种情况下，咨询师如果还是通过意识上的认知调节问题就很难达到效果，但我们通过认同接纳法就可以有效地解决这个问题。

在这个案例中，咨询者逃避、奉承和顾左右而言他的问题，这里就通过认同接纳法进行处理。

●认同逃避（伴随呼吸），接纳逃避（伴随呼吸）。

●认同奉承（伴随呼吸），接纳奉承（伴随呼吸）。

●认同顾左右而言他（伴随呼吸），接纳顾左右而言他（伴随呼吸）。

●根据咨询者感受，再次确定接下来个人潜意识的问题。

有些我们认同是对的认知，在潜意识中却是有问题的，我们认为对的想法，对于当事人来说是有问题的，这时咨询师本身也要打破过去固有的认知，保持开放的心态，才能发现并帮助咨询者解决问题。

梦例二：

妈妈带我来一个类似于展览馆的地方，那里只有一个讲解员。门口的一面墙上是一个美人鱼模型，很有年代感了，上面全是黄锈。她背后有个巨大的齿轮，她可以依靠那个齿轮上上下下地运作，会发出年久失修的机器那样的吱吱呀呀的声音。

往展览馆里面走，只有门口有一个牌子（就像是博物馆里介绍文物的展示牌）上面有字（但我忘了，因为这是好久以前的梦了）。展览馆里除了那个牌子之外，就什么都没有了。里面很干净，是不同于美人鱼模型的一种科技感。站在门口可以看到建筑里面的结构（有点像中国古代建筑结构，之前在电视上看到过，但不知道叫什么，还记得被建筑师运用在装修房子中，那个节目好像是梦想改造家），里面只开了几盏灯。

后来妈妈说她有事先走，一会儿来接我，可是后来就杳无音信了。那里有一辆小甲壳虫车，黄色的（就像名侦探柯南里阿笠博士的那辆），我就开走了，路上越来越黑，但那个黑很特殊（就像魔卡少女樱里小樱收复光和暗牌那样，只能看到自己），然后因为恐惧，感觉自己的身体在膨胀，然后逐渐充满了整辆车。

梦主是 35 岁的女性，因为过去生活习惯非常不好，熬夜加喝酒，使自己的肩膀、耳朵和腰部都各种不舒服，梦主看到网上朋友推荐的健身，于是去了健身房，想通过健身教练的规划让自己的身体状态得到改善。于是梦主决定要去健身，但这个方式并没有达到健身教练所说的效果，梦主健身后身体状态并没有好转，梦主非常害怕，觉得可能是自己不够努力的缘故，于是拼命运动，但是依然感觉不到好起来的状态。

上面的案例中，咨询者认为通过健身可以使自己的状态好起来，于是一直坚持，但从潜意识梦境来看，梦主想通过健身的方式来解决自己问题的认知是错的，如果这种认知不改变，将会影响梦主的身体状态。可能大多数人认为健身是好的，但对于特定的个体来说，健身能带来好身体的认知就是错的，因此，咨询师需要开放心态，才能够有效地帮助咨询者调整自己的状态。

● 认同健身有问题（伴随呼吸），接纳健身有问题（伴随呼吸）。

● 认同头脑（伴随呼吸），接纳头脑（伴随呼吸）。

● 认同执念（伴随呼吸），接纳执念（伴随呼吸）。

● 认同恐惧（伴随呼吸），接纳恐惧（伴随呼吸）。

● 根据咨询者感受，再次确定接下来个人潜意识的问题。

梦例三：

梦到说某个游戏，而这个游戏被某互联网大佬改了，将游戏里面的人物都杀死了，换成了自己的人，还把一个饭店改成了警察局，随后在游戏里面放置一个二维码，骗其他人进来。

随后感觉是男女主角被骗进了游戏里面，而他们来到了这个被改装的警察局，到处都是僵尸，还有很多苍蝇围绕着。随后男主发现一个图书馆的房间里面没有僵尸，准备看下，而我好像是女主，我在看着门，不过我们应该是被僵尸发现了，感觉僵尸准备进攻，醒了。

通过前面的梦境解读我们已经知道，梦主受到了游戏的影响，之前有着有游戏成瘾的状态，而梦主认为可以看游戏，但是如果继续看，又会打起来，这个就是头脑的问题，基于梦境我们还看到恐惧和不安，基于此，我们编制的引导词汇如下：

● 认同游戏成瘾（伴随呼吸），接纳游戏成瘾（伴随呼吸）。

● 认同恐惧（伴随呼吸），接纳恐惧（伴随呼吸）。

● 认同不安（伴随呼吸），接纳不安（伴随呼吸）。

● 认同头脑（伴随呼吸），接纳头脑（伴随呼吸）。

●认同执念（伴随呼吸），接纳执念（伴随呼吸）。

●根据咨询者感受，再次确定接下来个人潜意识的问题。

基于此，我们处理了头脑和执念的问题，同时对成瘾性问题，需要持续关注梦境的变化，对后续出现的问题持续控制和清理。

欲望问题

欲望问题是对我们很有影响的，特别是当欲望已经产生并持续影响的时候，这时就更需要去解决这个问题。

案例一：

男士，信仰佛教，平时吃斋念佛，事业有成，结婚生子。但他对陌生女性总有各种追求和好感，总是无法控制自己的欲望，希望拥有更多的情感关系，这给他带来很大的满足感。

咨询者有欲望问题，且咨询者自己也觉得这样是不对的，因为自己是佛教徒。但他还是有很多欲望，和不同的女人不停发生关系，但自己又控制不住。这就需要处理欲望问题，还有自我否定问题。

●认同自己控制不住欲望（伴随呼吸），接纳自己控制不住欲望（伴随呼吸）。

●认同自我否定（伴随呼吸），接纳自我否定（伴随呼吸）。

除了在现实中的欲望，很多时候梦境中也会有欲望展现。

案例二：

梦到好像是去看文物，在某个场馆里面，入口和出口都摆放着两个考古出土的古董文物，感觉有点类似于古埃及的什么雕像。

开始我们在看，随后好像是不知道谁碰到入口处的雕像，于是第一尊雕像就复活过来了，那好像是一个蛇神，同时是死神，这个蛇神就追我们，我们一群人被吓得朝着出口跑。

随后我们到了出口，这里也摆着另一尊雕像，慌乱中有人碰到了这尊雕像，于是这尊雕像也活了过来，感觉也是某个神，而这个神就开始和前面的蛇神打架，感觉它们巨大，而我们一群人夹在两个神之间，不停地逃跑躲避，醒了。

梦主是女生，而梦主有着一种一旦遇到了情感分手或者分离的时候，就会产生各种的低落情绪和问题，随后梦主在情绪低落下就会通过各种的方式，沉迷于游戏和暴饮暴食的生活方式出不来，前面的蛇神是分手，而后面的神则是不好的生活方式，这种情况已经一再发生，而梦主的生活就是混乱好长时间出不来，这个梦在提醒梦主固有模式对自身的巨大影响。

沉迷游戏和暴饮暴食都是梦主欲望的一种展现，这些欲望对身体状态产生了负面的影响，需要处理这些问题。

●认同不应该暴饮暴食(伴随呼吸)，接纳不应该暴饮暴食(伴随呼吸)。

●认同不应该沉迷游戏(伴随呼吸)，接纳不应该沉迷游戏(伴随呼吸)。

●认同分手痛苦（伴随呼吸），接纳分手痛苦（伴随呼吸）。

●认同分手逃避（伴随呼吸），接纳分手逃避（伴随呼吸）。

通过以上的方式可以逐步解决咨询者欲望所造成的问题，不过对遭遇挫折时的状态，还是需要教会咨询者解决情绪问题的方式。

执念问题

执念就是为了满足我们内在空虚感的内在追求，执念会以很多方式出现在我们的生活中，人们展现执念的方式是不同的，但执念的影响是相似的。

案例一：

女士，公司员工，年轻的时候曾经陪老公出国陪读，没有工作完全依赖老公，后来老公毕业后一起回国，最终因为生活方面的原因老公与其离婚。离婚之后，女士渴望结婚，每周都安排相亲，希望能早点嫁出去，但总是遭遇挫折。于是女士变成私下里虐待公司的猫，而且还跟公司的人说自己能看到鬼，公司不干净之类的话。整个人状态很怪异，最终被公司辞退了。

咨询者的问题就是对婚姻的执念，本质上就是咨询者没有从过去的失婚中走出来，这种状态造成咨询者不断通过追求外在来满足自己内在的痛苦和空虚，甚至在无法排解痛苦的时候，拿公司的动物出气，这种胡思乱想是需要处理的。

●认同痛苦（伴随呼吸），接纳痛苦（伴随呼吸）。

●认同委屈（伴随呼吸），接纳委屈（伴随呼吸）。

●认同执念（伴随呼吸），接纳执念（伴随呼吸）。

●认同胡思乱想（伴随呼吸），接纳胡思乱想（伴随呼吸）。

通过调整执念扭转咨询者过去的状态，但解决执念问题并非一蹴而就的，咨询者在很多次的咨询处理之后，终于找到了自己的方向和价值，才慢慢放下了执念。

案例二：

一、梦到晚上和闺蜜 A 还有谁准备在房间睡觉，看到房子对面的吊车的驾驶室坠落了下来，从窗户看出去像是电影慢镜头画面，然后厂里好像有人来通知闺蜜 A，让她去现场看一下。

二、

1. 不知道为什么后来场景一换，好像知道受伤的是我的小叔叔，身边的人全部都变成了我爷爷家那边的亲戚。家里人决定派我和我妹妹还有我姑父一起去探望小叔叔。

2. 出门前她们拿了我的雪地靴给我，高筒的，穿好以后我就在想这双到底是不是我的雪地靴呀，因为边上还有一双高筒的，仔细辨别了一下发现脚上这双橙色的就是我的，还和我身上的橙色衣服很搭。

3. 走出门以后，路过一家银器店，我妹妹就去问老板一个银制盒子的价格，盒子上面是很精致的一个熊的图案。老板说了一个价格她觉得比较贵，又问如果按分量卖 100g 多少钱，我心想按分量算不是一样的吗？果然老板说的价格还是贵，我们就走了。我问我妹妹你要买这个干什么呀，她说收藏用。

三、

1. 到了一个房间里，看到以前跳舞的同学 B 回来了，她眼睛不知道怎么了眼珠灰灰的好像看不太清楚我，我说你听声音应该也能知道我是谁吧。

2. 然后桃子也回来了，B 说她和桃子借了这套房子在这里"疗伤"，我才知道原来桃子和男朋友分手了。这时候谁说"东南亚"（一个皮肤黑黑的长得有异域风情的女孩子，其实我也不认识）也分手了。我想怎么回事，怎么都分手了呀。

3. 然后 A 和桃子说说话要注意，要避免提到某些人。我想我对 EX 已经无所谓了呀，是不是你害怕听到 EX 的名字啊。

4. 然后我一想 A 说她也在这里"疗伤"那她老公怎么回事啊？我就问她老公呢，她说我和老公很好啊。

5. 后来我把这件事情和另一个闺蜜 C 说了一下，她说：你听她胡说，和老公关系很好干什么和另一个女孩子借房子在外面住啊？

四、

1. 梦到在哪个城市和好友 D 一起旅游，要去一个知名景点好像是一个看演出的地方，那个地方要走过去的路线比较曲折，看了手绘地图路线以后知道要经过一个大转盘从外圈绕过去再折进去。

2. 去的路上被一个外国男同事叫住，说他找那地方找了好久都没找到，我说那你就跟我们一起走吧。

3. 我们走着走着从一条小路插进去，然后觉得好像不对，感觉剧院应该在我们更外面的一条马路那边。

4. 我问 D 拿地图来看，他先给了我一张，我看上面没有手绘的路线说不是这张，然后又给了我那张有手绘路线的。我就和好友说我们走的不是去剧院的路啊。他说：对啊，因为我不准备去剧院。我这时候有点晕倒的感觉，然后知道他要去看一栋古建筑，网上有人评价说不值得一看。

5. 这时候隔着我们没多远的地方就看到一条沿着转盘绕的路，大概也就几米远，但是因为中间被一些绿化带和小店隔着没法直接穿过去，我在考虑要不要退回去到去剧院的路上。

梦主之前参与了创业工作，梦主是兼职在做的，创业开始的时候已经有了起色，但是还没有完全赚钱，合伙人提出让梦主辞职全职投入当前的事业，但是梦主觉得创业风险太大，不想要辞职创业，因此，对创业有了退出的念头，而这个梦就展现了梦主退出的想法，代表梦主有着对之前稳定工作的执念和头脑，同时也发现梦主有恐惧、不安，以及逃避的状态。基于此，引导词汇如下：

- ●认同执念（伴随呼吸），接纳执念（伴随呼吸）。
- ●认同头脑（伴随呼吸），接纳头脑（伴随呼吸）。
- ●认同恐惧（伴随呼吸），接纳恐惧（伴随呼吸）。
- ●认同不安（伴随呼吸），接纳不安（伴随呼吸）。
- ●认同逃避（伴随呼吸），接纳逃避（伴随呼吸）。

对于很多内在方向来说，可能会存在某些不确定，但是逃避内在方向就是一种执念的表现，而另一种执念就是不放弃错误的方向，这两个都是需要处理和解决的潜意识问题。

（3）作用

解决咨询者阻抗

在心理咨询过程中，我们经常遭遇到阻抗，大多是因为咨询者对咨询师信任不足，这时咨询者主要处于怀疑的情绪，这时咨询的进程就会受到阻碍，这时就需要通过沟通技巧让咨询者面对怀疑情绪打消顾虑，也就是通过解梦清理技术去除怀疑情绪，让咨询者认同怀疑（呼吸），接纳怀疑（呼吸）。通过我们的咨询经验，大多数咨询者都可以消除怀疑情绪，然后走上正常咨询过程。

解决逃避、转移情况

心理咨询过程中，有些咨询者在面对和成长相关问题的时候容易产生逃避，或者他们会转移话题，这往往是由咨询者过去思维习惯导致的，他们可能会转移问题。比如咨询师说 A 问题，咨询者可能说 B 情况，而说 B 情况，咨询者开始说过去 C 的情况，类似的情况经常发生。

应对这类问题，首先要明白咨询者的问题，显然咨询者的问题就是逃避或头脑问题，这时通过聚焦处理，认同逃避和接纳逃避（伴随呼吸），处理咨询者的逃避问题。

明确潜意识问题

当咨询师在咨询过程中无法确定咨询者心理问题的时候，可以通过认同接纳法进行潜意识问题方向的判断，从而确定问题的大致范围。

认同接纳头脑（伴随呼吸）。

认同接纳情绪（伴随呼吸）。

认同接纳欲望（伴随呼吸）。

认同接纳执念（伴随呼吸）。

让咨询者对这四个内容进行呼吸，通过咨询者感受自身呼吸的顺畅程度，最为顺畅的方向就是存在问题的方向，我们就可以大致判断来咨询者的问题方向。实际上荣格的词语测试也是应用类似方法。一般来说，当咨询师无法确定咨询者问题的时候运用此方法。

清理潜意识垃圾

认同接纳法是要解决之前已经发现的问题，这些问题可能是通过解梦、呼吸引导法呈现的，咨询师通过这些方式解决观察到的问题。

呼吸法呈现的问题

之前放松引导法已经发现了咨询者的问题，例如身体的痛点或情绪问题，这时咨询师可以通过认同痛苦（伴随呼吸），接纳痛苦（伴随呼吸）的方式，让咨询者处理相关痛点，处理的过程可以多次呼吸。

解梦呈现问题的处理

梦境会呈现头脑、欲望、执念、情绪方面的问题，咨询师就要根据梦境呈现的问题，让咨询者面对问题。

认同接纳头脑（伴随呼吸）。

认同接纳情绪（伴随呼吸）。

认同接纳欲望（伴随呼吸）。

认同接纳执念（伴随呼吸）。

处理咨询问题

咨询师也可以通过其他方式帮助咨询者发现问题，发现问题后的解决方式就是用认同接纳法处理。例如咨询者阻抗，那就通过认同接纳（阻抗、怀疑、不信任）来解决阻抗的问题。

（4）适用范围

认同接纳法适用于各种内在的身心问题的清理过程。

2.告疾法

告疾法是指咨询师在对咨询者个人潜意识问题分析的基础上，编制告疾引导词汇，让咨询者在伴随呼吸的情况下，跟随咨询师复述该告疾引导词汇，进而做到清理个人潜意识垃圾的一种咨询方法。

告疚是指意识与潜意识和解的一种心理过程。所有的内在混乱可以理解为都是由于意识的失控导致的，而意识能够觉察到自身的问题，并向潜意识寻求和解的时候，借助呼吸，就可以将过去由于意识产生的问题，通过告疚在潜意识层面得到解决与修复，这里的问题包括各种固有的伤害，也包括当下新产生的伤害。告疚法可以应用在现实咨询过程中，咨询者的各种分裂机能及其产物都可以应用告疚法进行处理，从而帮助来访者调节潜意识的状态，推动咨询过程。

（1）操作方式

①辨识咨询者的潜意识问题，身体或心理问题。

②咨询师通过对问题的认知，编制对应的引导词汇，例如告疚××（胸部疼痛）。

③让咨询者闭上眼睛，深呼吸。

④咨询师将引导词汇念出，引导咨询者念出引导词汇并伴随呼吸，即告疚××（胸部疼痛）。

⑤反复告疚多次，直到咨询者呼吸不再顺畅。

⑥咨询师通过了解咨询者感受或观察咨询者状态，再次编制接下来的引导词汇，通过重复第④步的内容，不断清理潜意识垃圾。

经过以上步骤进行处理之后，可以有效清理和排除分裂机能产物，同时抑制分裂机能的作用，让潜意识处于稳定状态。

注意事项：

需要咨询者意识到自身问题，告疚法用于咨询者能够意识到自己的问题的时候，如果咨询者有其他情绪，拒绝承认自己有问题，那就要先处理拒绝承认的问题，需要发现咨询者背后的情绪根源，尝试通过认同接纳法先处理情绪，然后再基于告疚法进行处理。

（2）案例实操

身体案例

案例一：

中年女性，在我们解梦咨询过程中，通过引导放松法，咨询者小腹部产生了明显疼痛感，于是我们询问咨询者过去是否有过手术的情况，当事人承认自己曾经堕胎四次，于是我们让咨询者进行告疚的清理，我们可以看到咨询者有身体的痛苦，同时还有着对伤害身体的内疚，以及未曾见到孩子的内疚，基于此我们的引导词如下：

● 告疚堕胎（伴随呼吸）。

● 告疚伤害身体（伴随呼吸）。

● 告疚伤害了未出世的孩子（伴随呼吸）。

● 告疚内疚（伴随呼吸）。

● 告疚悲伤（伴随呼吸）。

● 告疚痛苦（伴随呼吸）。

基于这些告疚词汇，当事人一下子号啕痛哭，觉得对不起自己死去的孩子，对不起自己的身体，当时痛哭了好久才平静下来，而当事人的身体痛苦逐渐缓解了，同时觉得之前胸口仿佛堵塞的大石头消失了，呼吸也顺畅了。显然，这个案例中，意识选择堕胎的行为就是咨询者对自己身体和未出生孩子的一种伤害，不过大多数人并不知道自己这个伤害产生的影响。当我们告疚的时候，就是在同潜意识承认自我的问题，导致了对自身的伤害，因此，通过这种方式就可以调和潜意识的问题，从而让潜意识得到有效修复。

从上面的案例中，我们看到，意识有时候能够觉察到自身的问题，有时候则觉察不到，这些时候，通过告疚的方式，可以发现潜意识中的状态，进而基于此来展现潜意识的状态。

案例二：

一、

1. 梦里妈妈死去了，我还在学校上课，我很悲伤，终于到了下课午饭时间，我出去溜达了一圈，也无心买什么吃的。

2. 随后我回到学校，坐立不安。我拿出一个手机，给我姐姐打电话，手机是爸爸的，所以我庆幸我背出了姐姐的电话号码。（镜头好像我真的来到了奶奶家，就是姐姐家里）电话接通，我这边有很大的雨声，我问姐姐你听得到我这边的声音吗？她说听不太清，我就把话筒对准了雨声。

3. 打完电话，我坐在休息长廊的椅子上，我忍不住哭了出来。同学问我怎么了，我说我妈妈死了。

二、

1. 随后我跑回家里，打开大房间的门，看到妈妈在那里，梦里我知道那只是她的灵魂。她趴在床边，很害怕的样子，跟我说："床底下那是什么东西？把它拿出来。"我认为她以为是有鬼，我蹲下来看了看，有个黑影，于是走到床那边里头，把那东西拿出来，是一块塑料袋套着的毯子。（妈妈去世了，灵魂还在，有东西影响妈妈的灵魂。）

2. 接着我和妈妈聊着天，但我知道她还是会走的，心里很难过，我俩准备午饭，我在冰箱里找到冷冻鸡翅，我说烧几个？她说一个，我想我也吃不下，我很开心我还可以再看见她,但我的心中还是抑制不住地悲伤。（妈妈未来要走，很伤心。）

3. 随后我俩都在洗漱盆这边洗东西，我终于憋不住哭着说，我会想你的，她说她给我打过电话，但号码打全了拨出去时，号码就变成了"玉米"两个字，所以拨不出来，醒了。（妈妈给意识发消息，但是意识不重视。）

这个梦境之前我们已经解读过，梦主由于过度工作，导致身体出现问题，而这个就是潜意识提醒梦主身体出现问题，需要处理伤害和没有关注身体的问题，同时梦主有多种情绪问题：悲伤、痛苦、难过、不舍、不安、内疚，这些问题都可以通过告疚法进行处理。

● 告疚伤害身体（伴随呼吸）。

● 告疚没有关注身体（伴随呼吸）。

● 告疚痛苦（伴随呼吸）。

● 告疚悲伤（伴随呼吸）。

● 告疚难过（伴随呼吸）。

●告疚不舍（伴随呼吸）。

●告疚不安（伴随呼吸）。

●告疚内疚（伴随呼吸）。

重复上面的过程，直到咨询者呼吸不再顺畅。

很多时候身体的状态可能被我们在过度关注其他内容的时候而忽略，这就会导致潜在的伤害，而通过梦境发现这些问题，就需要我们重视起来，并加以处理。

情绪案例

案例一：

女士，小时候因为父母的工作原因，三岁的时候被寄送到姥姥家里，四岁又被接回了自己家里。妈妈特别严厉，对咨询者管教特别严，让咨询者觉得特别痛苦。于是当咨询者长大之后，当遇到各种痛苦的时候，她都会将自己的不幸归咎到母亲的身上，也就是咨询者会说自己的不幸正是因为妈妈的严厉和小时候的经历造成的。这种状态，让咨询者心生怨恨，这种怨恨的情绪使得她不希望改变自己的问题，而是将问题都怨恨内心。她还会在咨询的过程中问，咨询者的妈妈是否爱她，这个是咨询者不确定的。也就是咨询者的经历和妈妈的态度让她内心产生了巨大的悲伤情绪，这种情绪就是怀疑妈妈是否爱自己和怨恨妈妈而引发的。这个情绪让当事人一直痛苦不堪，同时也影响了自己同周围人的关系。

基于此，我们可以发现，咨询者有着很多的情绪问题，其中包括愤怒、怨恨、恐惧、不安、委屈、怀疑、逃避、痛苦等，而对这些情绪处理的引导词如下：

●告疚愤怒（伴随呼吸）。

●告疚怨恨（伴随呼吸）。

●告疚恐惧（伴随呼吸）。

●告疚不安（伴随呼吸）。

●告疚委屈（伴随呼吸）。

●告疚怀疑（伴随呼吸）。

●告疚逃避（伴随呼吸）。

●告疚痛苦（伴随呼吸）。

●告疚不敢面对（伴随呼吸）。

咨询者类似逃避的状态并非个案，这里咨询者是将问题归结于妈妈，而有些人则会将问题归因于失败的情感或婚姻等，有的人甚至归因于社会环境的问题，而这些导致了当事人逃避问题，累积更多的分裂机能产物，唯有正视和面对这些问题，咨询者才能够真正地成长起来，直面自身所遇到的各种问题。

案例二：

1. 梦到大概高中，我恐惧课堂，闺蜜跟我说无论我做不做化学实验、听不听得懂，去上化学课就很棒了，可我还是不敢去课堂，在我极度没有动力时，看见别人在正常生活就想哭，我忍不住在朋友（好像陌生女孩）面前哭泣，假装不下去，女孩子宿舍的室友，释放了善意。

2. 随后我想进一个办公室去，领导和同事们在开会，一个主任坐在躺椅上挡住了门，我进不去了。

3. 接着切到我无法工作，但不敢被发现，接到了工作电话不知所措时，我科长提醒我什么时间要开会，我意识到可以说自己有个会要开，然后就敷衍过去了，梦中我严重抑郁了，醒来整个人都不好了。

从这个梦境中我们可以看到梦主有着特别明显的情绪反应，主要就是抑郁、低落、恐惧、不安、委屈、烦躁，而展现的是逃避、伪装、敷衍的状态，这些都是需要重点处理的问题，对这个梦主的引导词汇为：

●告疚抑郁（伴随呼吸）。

●告疚低落（伴随呼吸）。

●告疚恐惧（伴随呼吸）。

●告疚不安（伴随呼吸）。

●告疚委屈（伴随呼吸）。

●告疚烦躁（伴随呼吸）。

●告疚逃避（伴随呼吸）。

●告疚伪装（伴随呼吸）。

●告疚敷衍（伴随呼吸）。

这种梦境中出现的情绪问题需要咨询师重点关注，帮助咨询者解决这些问题才能够避免更严重的情况发生。

欲望案例

案例一：

女生，从小在妈妈身边长大，爸爸因工作原因长期不在身边，从小因为学习比较好，于是觉得自己很优秀，还经常表现自己，就算受到老师的打压也没有改变我行我素的习惯。在高考时候，由于考试不够理想遭受了重大打击，于是在上大学和工作的时候，总是渴望找回初高中时代的感觉，渴望成功，经常有很多想法，想去追寻成功，但一旦遭遇挫折就会有暴饮暴食的习惯。

咨询者暴饮暴食的习惯，是因为遭遇挫折后自我否定导致的，咨询者只要不开心就会有非常强烈地想吃东西的欲望，自己根本没办法克制。这种欲望问题也影响了咨询者的状态，因为吃导致身材走样，从而更加自卑。这个案例需要从欲望和情绪两个角度进行处理：

●告疚暴饮暴食（伴随呼吸）。

●告疚欲望（伴随呼吸）。

●告疚逃避（伴随呼吸）。

●告疚自卑（伴随呼吸）。

意识很多时候无法知道自己的行为对潜意识的影响，这就是梦境存在的意义，因此，很多时候，我们并不清楚问题在哪里，为什么我们就会做噩梦或失眠，其背后就是意识与潜意识的分离。我们可以通过梦境发现意识所造成的问题，而这些发现仅仅是觉察到意识所存在的问题。同样地，在咨询过程中，我们同样可以通过告疚法来帮助咨询者发现潜意识的问题，在这个过程中，我们通过借用呼吸的状态，感受呼吸的通畅程度来确定潜意识的状态，进而发现潜意识中是否存在相应的问题。

案例二：

一、

1.梦到我要去完成一个任务，好像穿着类似特种兵的衣服，他们发给每人一个木格子的东西，好像是接下去过一小片海一样的地方当浮板用。

2.看到有女生开始用木格子当浮板开始过海，其实就几米的距离，前面就是一个登船的地方。

3.我不想弄湿衣服，发现登船的地方楼梯边上有绳子结成的网，我就拉住绳结网很努力地爬上去。

二、

1.随后切到我和一个女生 A 一起走上那个楼梯后发现来到一片地方，路边好像有一些美国学生在一起抽大麻，然后再往前走，有一些裸体的女生躺在地上摆各种姿势，边上有人在拍照，感觉像是行为艺术。

2.然后一个男人 B 推着一辆平板车，上面有个裸体女人也在做各种姿势，然后我身边的一个女生 A 往里面平板车上的一个容器里面丢了一些钱。

3.然后我们继续往前走，我问了那女生 A 一个问题，具体问什么记不清了，然后她回答我的时候说："他们还嫌我给的钱不够多呢。"

4.这时候身后就有很凶的男人 C 追来的声音，我和那个女生 A 就开始逃，逃进一个弄堂拐进一个门，那女生 A 就跑进其中一个房间躲起来了，我把房间的门锁好，开始关灯，关了一个开关发现还有两盏灯亮着，就又关了一个开关，这下房间暗了，想说外面追的人就看不到里面了。

5.随后外面一个男人 C 的声音敲门说开门还是出来的，我又着急又害怕，想往里面找那个女生 A 躲进了哪间房间，然后急醒了。

之前，我们分析过这个梦境，而通过观察，我们可以看到梦境中梦主有多种问题，一个是对该做的事情的逃避和对金钱的欲望，另一个就是恐惧和不安，这个需要处理。

这个是我们之前分析过的梦境，梦主因为现实的工作原因，选择陪睡的方式来获取利益，这种情况就是欲望的展现，基于此，需要处理的内容有欲望和头脑，同时还有恐惧、不安、逃避等情绪问题。

●告疚逃避（伴随呼吸）。

●告疚恐惧（伴随呼吸）。

●告疚不安（伴随呼吸）。

●告疚欲望（伴随呼吸）。

●告疚头脑（伴随呼吸）。

基于这些可以有效地处理潜意识的问题，避免类似的情况再次出现，影响内在的稳定。

头脑案例

案例一：

女士，从小父母管教严格，青少年时期一直看席慕蓉、席绢等言情小说长大，对情感充满了幻想，但是因为家里管教严格，之前从来没有谈过真正的恋爱，后来到了大城市工作，因为工作的原因，交友面狭窄，与此同时，因为年龄的增长，父母从过去的不让谈恋爱，变成了着急让咨询者结婚，这种情况下，咨询者就开始尝各种相亲，但是因为之前被言情小说的影响，总是想要那种浪漫的爱情，对相亲对象各种的挑剔，导致年龄不断增长，却始终找不到合适的情感对象。

从咨询者的沟通中我们可以发现，咨询者就是有着不切实际的念头导致了情感的问题，与此同时，还有这要求太高、挑剔的问题，这些是阻碍咨询者问题的关键，同时咨询者在咨询过程中也存在着焦虑和压力的情绪状态，基于这些编制的引导词如下：

●告疚头脑（伴随呼吸）。

●告疚不切实际（伴随呼吸）。

●告疚要求高（伴随呼吸）。

●告疚挑剔（伴随呼吸）。

●告疚焦虑（伴随呼吸）。

案例二：

梦到公司不知道为什么不许大家出去，然后老板就想起来带着我们从边门出去，随后我们去边门的路上要经过一个像监狱的地方，我们这波人分别坐在两个房间里，而此时老板有事情出去一下。

随后我说话的时候手臂一挥，不小心触动了红外感应器，警报响了，大家问怎么办，接着保安来了，这时候老板正好回来了，开始讲解监狱的结构，佯装只是要带我们参观而不是要逃出去。

后来到了边门，需要用员工卡在机器上打印一张通行证，这样才能证明自己不是偷溜出去的，我觉得我员工卡没带，想要不要回去拿，结果发现其实员工卡就在身上，打印了一张通行证出去了，醒来了。

梦主女士，过去总是一段时间没有感情就非常难以生活，因此，会有各种的短暂的情感关系，通过解梦咨询的过程，梦主已经意识到自己的问题，但是还是无法控制自己的状态，甚至自欺欺人觉得想要谈长期的恋爱，不过通过梦境可以看出来这个状态，而从中我们可以发现梦主有着头脑、自欺欺人、欺骗、逃避、伪装、虚伪、欲望的问题，编制的引导词如下：

● 告疚头脑（伴随呼吸）。

● 告疚自欺欺人（伴随呼吸）。

● 告疚欺骗（伴随呼吸）。

● 告疚逃避（伴随呼吸）。

● 告疚伪装（伴随呼吸）。

● 告疚虚伪（伴随呼吸）。

● 告疚欲望（伴随呼吸）。

执念案例

案例一：

某女性咨询者，因为过去家庭教育原因，对性行为特别恐惧，在学校的时候有同性追求咨询者，因为对男女关系的抗拒，于是她发展了同性恋的关系，对这个咨询者很困扰。

通过对咨询者的咨询过程，咨询者慢慢放弃了同性关系，但对异性的亲密关系依然感到恐惧，潜意识引导咨询者结交男朋友，但由于这种恐惧影响了咨询者的状态，于是在咨询的过程中，聚焦于恐惧情绪进行了深入处理。

● 告疗恐惧（伴随呼吸）。

● 告疗不安（伴随呼吸）。

● 告疗胡思乱想（伴随呼吸）。

● 告疗执念（伴随呼吸）。

● 告疗同性恋（伴随呼吸）。

● 告疗逃避（伴随呼吸）。

类似的瓶颈在每个人的成长过程中都是常见的，而处理这些瓶颈的方式就是不断地面对和处理这些瓶颈背后的个人潜意识垃圾，这样可以让一个人得到成长和提升。

案例二：

1. 不知道怎么回事，我就杀了一个陌生的男的（有点猥琐，但没有实际伤害到我），并且藏尸在我的书包里，也不知道用的什么方法让这个尸体一直保持没有异味，但是慢慢腐烂。

2. 之后有一天我背着包和闺蜜出去玩，同行还有她的朋友，以及朋友的男朋友两人。闺蜜和她朋友不知道发生了什么事情，有点矛盾，然后莫名其妙就变成我和她在商场前面快步走，想甩开她们。

3. 后来通过一个偏远的消防楼梯，我们去了二楼，在二楼比较偏的地方，我告诉她我杀了人，但是我把那个男的说成他该死，夸大了他的恶心。她也没有告发我，问我怎么办。

4. 到了晚上一起走在小区里，我说我想到的不留痕迹的方法就是火化。刚好路边有一户人家，在除门前的草，有人往里面丢垃圾，我就顺便把我的书包丢了进去。

5. 但是火灭了，尸体却没有烧完，隔着不远，看到了一个头骨，旁边的主人受到了惊吓，我就站在那里，没有很慌乱，但是内心慌得一批。就惊醒了。

咨询者女生，现实中本来是有男朋友的，但是某次却与男友的好兄弟发生了亲密关系，这事梦主没有对其他人讲，后来梦主正巧和男朋友有些矛盾，就想借助矛盾直接分手，这样就不会被道德谴责了，但梦主虽然借机分手了，偷情的事情还是被身边的人知道了。因为已经分手了，虽然梦主表现得无所谓，但是内心还是不安的。

从这个梦境中我们可以看到，梦主并没有意识到自己有问题，但通过梦境我们发现梦主的问题有逃避、隐瞒、欲望、不安、恐惧、焦虑。所以我们要让咨询者进行潜意识垃圾的清理，清理的过程就是根据心理解梦的结果而来的。

●告疚欲望（伴随呼吸）。

●告疚逃避（伴随呼吸）。

●告疚隐瞒（伴随呼吸）。

●告疚不安（伴随呼吸）。

●告疚恐惧（伴随呼吸）。

●告疚焦虑（伴随呼吸）。

我们可以通过这样的方式帮助咨询者清理内在问题，同时也让咨询者意识到自身的问题，今后就能避免出现类似的问题。

（3）作用

清理分裂机能产物

告疚法用于清理个人内在分裂机能产物的过程，对那些累积在潜意识中的固有问题，都可以通过告疚法进行处理。

控制分裂机能的产生

对于很多受到分裂机能影响的人来说，他们的分裂机能会持续产生，因此，通过告疚法可以有效地控制分裂机能的后续作用。例如某个容易生气的人，再次生气的时候就可以通过告疚法，在生气的初始阶段进行控制，使得内在的分裂机能背后的神经系统和内分泌得到抑制，从而避免生气的后续影响。

去除成长中的瓶颈

虽然集体潜意识的方向是发挥个人天赋、促进个人成长，但并非所有的人都能跟随潜意识方向的，特别当这个方向是陌生的，或者当事人过去在这个方向上有过挫折的时候，这时当事人就会存在卡点，这个卡点将会影响个人潜意识状态，当个人潜意识出现并阻碍集体潜意识的时候，我们就需要通过告疚法来去除这些卡点，从而消除个人潜意识对集体潜意识的影响。

（4）适用范围

告疚法适合于咨询者能够意识到自身问题的时候，不适合于咨询者无法接受问题的情况，也就是说，如果咨询者认为自己的某种状态自身并没有错误，那就不适合用告疚法，而是应该运用认同接纳法，让咨询者融入状态，慢慢改变咨询者的问题。

（三）潜意识成长技术

潜意识成长技术是指提升意识控制和潜意识能力的咨询技术。意识的控制和调整是内在提升的基础，对之前内在的问题，需要通过提升控制来让内在控制力提升，使得内在控制力获得成长。另一方面，从心理解梦疗法的心理结构中，我们可以知道整合机能是我们内在的核心，同时也是个体内在力量的源泉，整合机能会引导我们发现自身的天赋和成长方向，个体需要朝着提升的方向努力。因此，让整合机能发挥内在力量是成长的重点。因此，潜意识成长技术既要对问题进行控制，也要促进内在整合机能的成长。潜意识成长技术的主要方法为供慕法。

1. 供慕法

供慕法是指咨询师以对咨询者集体潜意识提升内容进行细致分析为基础，编制供慕引导词汇，让咨询者在伴随呼吸的情况下，跟随咨询师复述该引导词汇，进而做到强化集体潜意识提升的一种咨询方法。

咨询师首先需要对集体潜意识提升的内容进行分析，这个分析的对象主要是咨询者的问题和梦境。接着针对这些提升内容，咨询师需要编制引导词汇，从而让咨询者明确成长的内容，随后咨询师引导咨询者进行伴随呼吸的引导复述，使得这些引导词汇作用于潜意识。后续可以通过对梦境的持续分析，观察这些成长的有效性。

（1）操作方式

方法操作方式：

①通过梦境分析，辨识咨询者集体潜意识提升的具体内容。

②咨询师基于提升内容，编制对应的一系列引导词汇，例如供慕××（例如供慕改变）。

③让咨询者闭上眼睛，深呼吸。

④咨询师将引导词汇念出，并引导咨询者伴随呼吸念出引导词汇，即供慕××（例如供慕改变）。

⑤反复认同接纳的过程，直到咨询者呼吸不再顺畅。

⑥咨询师通过了解咨询者感受或者观察咨询者状态，确定接下来的集体潜意识成长方向或方式，再次编制接下来的引导词汇，并重复第④步的内容，不断地促进潜意识成长。

为咨询者形成引导提升词汇列表，在每次咨询过程中进行供慕处理。

（2）案例实操

控制提升

案例一：

男士，从小因为比较懦弱，经常被班级里的同学欺负，后来就是特别自卑。而这个自卑的情绪状态使得他对什么事情都小心谨慎，而对事情总是过度思考，甚至有妄想的情况。后来长大了，他工作之后，有一个过去曾经欺负过他的同学，在微信上加他，而他通过之后，对方用他的手机号注册了网站，并且跟他要验证码，但是他并没有给对方，于是对方拉黑了他。从这之后，他总是不断地想象，说觉得对方可能会使用各种方式来害自己，想象得五花八门，因为特别恐惧，他去了五次电信营业厅去询问是否有问题，得到答复后安心了，但是后面又开始害怕起来，也曾经去了两次公安局，而公安局的答复也是没有任何的问题，但是他还是不放心。整个生活都是一直在想这件事，这让他寝食难安。只要一接到一个陌生的短信或电话，他都会认为是那个同学搞的鬼。然后自己觉得特别悔恨，觉得自己当时不应该加对方的微信，不加就不会有这样的事情了。

从咨询者描述的状态来看，他有着很多的情绪问题，一方面我们可以通过认同接纳法和告疚法清理相关的情绪，同时也可以通过供慕法来控制内在的状态。基于此，我们可以构建与情绪相反的词汇来强化内在力量，对于恐惧来说就是勇敢，而对于自卑就是更加自信，于是构建的引导词汇为：

●供慕更加勇敢。

●供慕更加自信。

●供慕不要想太多。

基于供慕的内容，我们可以帮助咨询者强化内在正向的力量，从而对抗内在的各种分裂机能的产生，有效减少内在混乱。

案例二：

一、

1.梦里妈妈死去了，我还在学校上课，我很悲伤，终于到了下课午饭时间，我出去溜达了一圈，也无心买什么吃的。

2.随后我回到学校。坐立不安。我拿出一个手机，给我姐姐打电话，手机是爸爸的，所以我庆幸我背出了姐姐的电话号码。（镜头好像我真的来到了奶奶家，就是姐姐家里。）电话接通，我这边有很大的雨声，我问姐姐你听得到我这边的声音吗？她说听不太清，我就把话筒对准了雨声。

3.打完电话，我坐在休息长廊的椅子上，我忍不住哭了出来。同学问我怎么了，我说我妈妈死了。

二、

1.随后我跑回家里，打开大房间的门，看到妈妈在那里，梦里我知道那只是她的灵魂。她趴在床边，很害怕的样子，跟我说："床底下那是什么东西？把它拿出来。"我认为她以为是有鬼，我蹲下来看了看，有个黑影，于是走到床那边里头，把那东西拿出来，是一块塑料袋套着的毯子。

2.接着我和妈妈聊着天，但我知道她还是会走的，心里很难过，我俩准备午饭，我在冰箱里找到冷冻鸡翅，我说烧几个？她说一个，我想我也吃不下，我很开心我还可以再看见她，但我的心中还是抑制不住地悲伤。

3.随后我俩都在洗漱盆这边洗东西，我终于憋不住哭着说，我会想你的，她说她给我打过电话，但号码打全了拨出去时，号码就变成了"玉米"两个字，所以拨不出来，醒了。

之前我们看过这个梦境，也就是说，妈妈死了，代表当事人因为过度工作，导致身体出了问题，身体功能失常了，前面我们已经通过认同接纳

265

法和告疢法进行了清理，不过除了清理之外，我们要控制分裂机能的作用，同样需要基于供慕法进行强化内在力量，因为这个梦境中的问题是过度工作、作息不规律和不运动导致的，因此，我们供慕法也要在这些方面进行处理，编制的引导词汇如下：

●供慕早睡早起（伴随呼吸）。

●供慕作息规律（伴随呼吸）。

●供慕坚持运动（伴随呼吸）。

●供慕身体重回健康（伴随呼吸）。

能力提升

案例一：

1.梦到在一个类似教室的地方，大概有20+以上的人，好像要英语考试，有个类似女老师的人在讲规则，她拿着一张卷子，上面都是英文段落，第一题比较容易，好像是把最下面的几句英文句子抄在上面就算得分了。其他的段落都是根据内容找到校园的某个地方，一段一段找下去，有点像找线索，直到找到最终的那个地点，在那个地点把卷子交上去就算答题了（不用写内容，地点就代表找到了答案）。截止时间好像是上午 11 点。

2.我跟女 A 在一起，我先把第一题抄句子做了，后面的段落我看有好多不认识的英文单词，段落都很难理解，要找线索地点很难啊。教室里好多人都在商量要怎么做，我也去跟女 A 讨论。她说先等她把句子抄完再说，我就等了她几分钟。在等她的时间里，我在翻一本册子，好像是答案本，是之前数学考试的答案吗，我看着有些答案就是我考数学时候写的，但数学考试都已经结束了，有没有答案也不重要了啊，而且英语答案上面也没有啊。

3.女 A 抄完后站起来准备往外走，说开始找找看吧，我看看时间好像还有 20 几分钟，也不知道来不来得及啊。我跟女 A 说，学校有个讨论群的，我看群里有人发了分析思路，我们要不看看从里面找找线索，她说可以。

4.我俩刚出门走到走廊里，迎面就遇见女 B 跟女 C，她俩在聊天中经过我俩身边，女 B 好像是之前认识的，女 C 没看到脸。女 B 经过我们身边的时候，悄悄给我们比画了一下，她往走廊旁边指指，好像是说从那里另一个通道走进去就是最终地点了。

5. 那个通道很近的，在走廊尽头拐进去就行了，我跟女 A 就按她指的走了过去，看到里面是一个类似图书馆一样的小空间，有大概十个人坐在那边看书还是写东西，比较安静的场合。有个女 D 负责收卷子的，我上前问她是不是交给她，要不要写什么内容再交，她说不用直接交就行，还说交完以后去旁边拿下纪念品。

6. 我们交完后就去拿纪念品，是在一个很大的花瓶里有很多不同颜色的绢花（白色为主，不同颜色的花边），好像是抽出来会团成一个球的那种包装，女 A 在那里抽。

在学习心理咨询过程中，梦主仅仅学习了相关的知识，并没有真正的实操心理咨询的经验，梦境引导梦主要多多练习，克服心理压力，就能够找到适合自身的咨询方法和风格了，基于此，梦主需要提升咨询的实践、多多练习，坚持解决咨询的问题，编制的引导词为：

● 供慕坚持进行心理咨询（伴随呼吸）。

● 供慕多多练习心理咨询（伴随呼吸）。

● 供慕咨询顺利（伴随呼吸）。

对内在提升的方向，就是需要供慕相关方向的内容顺利，可以让潜意识的力量提升，从而提升内在力量，越是复杂的提升，越需要通过供慕法来强化内在力量。

（3）作用

控制身体疾病

身体的内在疾病本质就是一种内在能量的失控，这种情况下需要在通过药物或其他方式控制身体疾病的同时，可以通过供慕法，让潜意识给我们提供更大的力量。

控制心理活动

对某些失控的心理活动，例如愤怒、想太多等情况，可以通过供慕法进行处理，让自己不要被这些内在心理活动所影响，这里的情绪都可以处理，而头脑、执念、欲望，则需要咨询师通过解梦帮助咨询者确定相关内容，再进行处理。

控制上瘾行为

上瘾都是因为欲望引发的问题，而这些欲望消耗个体内在能量，同时给内在心理带来否定和混乱，对上瘾行为，意识的控制是相对困难的，因为上瘾行为有着相关的路径，需要通过很大的力量去除内在分裂机能的运行模式，每次内在上瘾欲望来的时候，都会在原有的分裂机能作用下产生分裂机能产物，也就是内在的激素的分泌，这些内在激素会影响意识的行为模式，总是被上瘾物所影响，这个时候需要一些控制上瘾的行为之外，通过供慕控制上瘾行为，可以有效调动潜意识力量，帮助克服上瘾行为。上瘾行为都会给身体造成伤害，因此，需要结合告疢法结合运用。

引导健康生活方式

健康的生活方式有很多，例如早睡早起、定时运动等，不过对于现代人来说，这些行为有时候很难做到，这个时候就需要通过供慕法让自己可以保持健康的生活方式，从而获得身心健康。具体每个人的健康生活方式不同，可以根据潜意识梦境进行分析，看潜意识希望咨询者采用哪种生活方式。对需要坚持的内容，都可以采用这个方式。

以早睡早起举例，引导词汇应为：

● 供慕早睡早起。

● 告疢晚睡晚起。

● 去除成长瓶颈。

成长出现的各种问题和瓶颈，有些时候很难处理和解决，这个时候就需要潜意识协助我们一起解决。集体潜意识的方向是发挥个人天赋、促进个人成长，但并非所有人都能跟随潜意识方向，特别当这个方向是陌生的，或当事人过去受过挫折的地方，这时当事人就会存在问题，这些问题将会影响当事人的成长，这时就需要意识与集体潜意识共同作用来解决潜意识的卡点，让咨询者更有面对问题的力量。

（4）适用范围

供慕法一般基于潜意识告诉我们需要改变的内容，或我们根据常识觉得应该改变的事情，例如抽烟、酗酒等成瘾性问题，其他的则是需要在潜意识引导的方向，也就是说，当我们已经明确了潜意识方向的时候才运用此方法。一般潜意识引导的方向都是基于解梦而发现的。

（四）潜意识测量技术

潜意识测量是心理解梦疗法的组成部分，基于心理解梦疗法中的引导放松法和认同接纳法，我们对来访者的无意识状态进行分析与判断。

心理解梦测量是传承荣格开创的词语测试法，在该方法中，荣格通过咨询师朗读一连串英文词汇，对来访者的心电图和反应时间进行观测，进而发现来访者无意识内在问题的一种有效测量方法。以这种方法为基础，我们通过实践发现朗诵文字的同时配合个体呼吸，同样可以达到展现潜意识内在问题的效果，因此，我们选择了特定的词汇，结合呼吸的过程，来测量来访者呼吸的状态，进而发现潜意识的问题。

心理解梦疗法中的引导放松法是引导来访者处于放松状态，认同接纳法是基于呼吸的一种咨询技术，通过呼吸过程中对特定关键词汇的复述，结合观察呼吸的状态，就可以展现无意识的状态。我们的测量是引导放松法和认同接纳法结合进行的。

心理解梦疗法测量表是我们基于心理解梦疗法的基本理论，将个体潜意识的情绪机能、头脑机能、欲望机能和执念机能作为测量指标进行编制。目前的测量表是我们在心理解梦咨询实践过程中不断地总结和优化的结果，基于该测量表可以有效识别分裂机能及其产物在潜意识中的影响和累积状态。

1. 测量过程

（1）运用引导放松法

咨询师通过引导放松法让咨询者处于放松的状态。放松状态能够使得咨询者展现潜意识的问题。引导放松法的操作方式参加本书第四章引导放松法章节。

（2）运用并结合测量量表，应用认同接纳法

结合测量量表，应用认同接纳法，对应量表中的内容逐个认同接纳并感受，记录来访者的呼吸状态，并针对每个测试内容进行打分。认同接纳

法的操作方式参见本书第四章认同接纳法章节。

（3）整理测量量表

咨询师基于量表的分数，得出整个分数，对量表的结果进行整理分析，得出当前咨询者潜意识内存在的分裂机能及其产物的状态。

2. 量表内容

（1）综合量表

测量内容	测量效果	评分
认同情绪，接纳情绪	○呼吸顺畅 ○呼吸正常 ○呼吸阻塞	顺畅为 5 分 正常为 1 分 阻塞为 0 分
认同头脑，接纳头脑	○呼吸顺畅 ○呼吸正常 ○呼吸阻塞	顺畅为 5 分 正常为 1 分 阻塞为 0 分
认同欲望，接纳欲望	○呼吸顺畅 ○呼吸正常 ○呼吸阻塞	顺畅为 5 分 正常为 1 分 阻塞为 0 分
认同执念，接纳执念	○呼吸顺畅 ○呼吸正常 ○呼吸阻塞	顺畅为 5 分 正常为 1 分 阻塞为 0 分

（2）情绪机能量表

测量内容	测量效果	评分
认同悲伤，接纳悲伤	○呼吸顺畅 ○呼吸正常 ○呼吸阻塞	顺畅为 5 分 正常为 1 分 阻塞为 0 分
认同焦虑，接纳焦虑	○呼吸顺畅 ○呼吸正常 ○呼吸阻塞	顺畅为 5 分 正常为 1 分 阻塞为 0 分
认同忧虑，接纳忧虑	○呼吸顺畅 ○呼吸正常 ○呼吸阻塞	顺畅为 5 分 正常为 1 分 阻塞为 0 分
认同愤怒，接纳愤怒	○呼吸顺畅 ○呼吸正常 ○呼吸阻塞	顺畅为 5 分 正常为 1 分 阻塞为 0 分
认同怨恨，接纳怨恨	○呼吸顺畅 ○呼吸正常 ○呼吸阻塞	顺畅为 5 分 正常为 1 分 阻塞为 0 分

续表

测量内容	测量效果	评分
认同恐惧，接纳恐惧	○呼吸顺畅 ○呼吸正常 ○呼吸阻塞	顺畅为5分 正常为1分 阻塞为0分
认同委屈，接纳委屈	○呼吸顺畅 ○呼吸正常 ○呼吸阻塞	顺畅为5分 正常为1分 阻塞为0分
认同烦恼，接纳烦恼	○呼吸顺畅 ○呼吸正常 ○呼吸阻塞	顺畅为5分 正常为1分 阻塞为0分
认同压力，接纳压力	○呼吸顺畅 ○呼吸正常 ○呼吸阻塞	顺畅为5分 正常为1分 阻塞为0分
认同气馁，接纳气馁	○呼吸顺畅 ○呼吸正常 ○呼吸阻塞	顺畅为5分 正常为1分 阻塞为0分

（3）头脑机能量表

测量内容	测量效果	评分
认同自我否定，接纳自我否定	○呼吸顺畅 ○呼吸正常 ○呼吸阻塞	顺畅为5分 正常为1分 阻塞为0分
认同怀疑，接纳怀疑	○呼吸顺畅 ○呼吸正常 ○呼吸阻塞	顺畅为5分 正常为1分 阻塞为0分
认同质疑，接纳质疑	○呼吸顺畅 ○呼吸正常 ○呼吸阻塞	顺畅为5分 正常为1分 阻塞为0分
认同臆断，接纳臆断	○呼吸顺畅 ○呼吸正常 ○呼吸阻塞	顺畅为5分 正常为1分 阻塞为0分
认同迷茫，接纳迷茫	○呼吸顺畅 ○呼吸正常 ○呼吸阻塞	顺畅为5分 正常为1分 阻塞为0分
认同比较，接纳比较	○呼吸顺畅 ○呼吸正常 ○呼吸阻塞	顺畅为5分 正常为1分 阻塞为0分

续表

测量内容	测量效果	评分
认同胡思乱想，接纳胡思乱想	○呼吸顺畅 ○呼吸正常 ○呼吸阻塞	顺畅为 5 分 正常为 1 分 阻塞为 0 分
认同悲观，接纳悲观	○呼吸顺畅 ○呼吸正常 ○呼吸阻塞	顺畅为 5 分 正常为 1 分 阻塞为 0 分
认同失望，接纳失望	○呼吸顺畅 ○呼吸正常 ○呼吸阻塞	顺畅为 5 分 正常为 1 分 阻塞为 0 分
认同绝望，接纳绝望	○呼吸顺畅 ○呼吸正常 ○呼吸阻塞	顺畅为 5 分 正常为 1 分 阻塞为 0 分

（4）欲望机能量表

测量内容	测量效果	评分
认同痛苦，接纳痛苦	○呼吸顺畅 ○呼吸正常 ○呼吸阻塞	顺畅为 5 分 正常为 1 分 阻塞为 0 分
认同紧张，接纳紧张	○呼吸顺畅 ○呼吸正常 ○呼吸阻塞	顺畅为 5 分 正常为 1 分 阻塞为 0 分
认同身体阻塞，接纳身体阻塞	○呼吸顺畅 ○呼吸正常 ○呼吸阻塞	顺畅为 5 分 正常为 1 分 阻塞为 0 分
认同渴望满足，接纳渴望满足	○呼吸顺畅 ○呼吸正常 ○呼吸阻塞	顺畅为 5 分 正常为 1 分 阻塞为 0 分
认同欲望，接纳欲望	○呼吸顺畅 ○呼吸正常 ○呼吸阻塞	顺畅为 5 分 正常为 1 分 阻塞为 0 分
认同被诱惑，接纳被诱惑	○呼吸顺畅 ○呼吸正常 ○呼吸阻塞	顺畅为 5 分 正常为 1 分 阻塞为 0 分
认同移情，接纳移情	○呼吸顺畅 ○呼吸正常 ○呼吸阻塞	顺畅为 5 分 正常为 1 分 阻塞为 0 分
认同享受，接纳享受	○呼吸顺畅 ○呼吸正常 ○呼吸阻塞	顺畅为 5 分 正常为 1 分 阻塞为 0 分

续表

测量内容	测量效果	评分
认同懒惰，接纳懒惰	○呼吸顺畅 ○呼吸正常 ○呼吸阻塞	顺畅为5分 正常为1分 阻塞为0分
认同内在混乱，接纳内在混乱	○呼吸顺畅 ○呼吸正常 ○呼吸阻塞	顺畅为5分 正常为1分 阻塞为0分

（5）执念机能量表

测量内容	测量效果	评分
认同逃避，接纳逃避	○呼吸顺畅 ○呼吸正常 ○呼吸阻塞	顺畅为5分 正常为1分 阻塞为0分
认同畏难，接纳畏难	○呼吸顺畅 ○呼吸正常 ○呼吸阻塞	顺畅为5分 正常为1分 阻塞为0分
认同分裂，接纳分裂	○呼吸顺畅 ○呼吸正常 ○呼吸阻塞	顺畅为5分 正常为1分 阻塞为0分
认同自卑，接纳自卑	○呼吸顺畅 ○呼吸正常 ○呼吸阻塞	顺畅为5分 正常为1分 阻塞为0分
认同自大，接纳自大	○呼吸顺畅 ○呼吸正常 ○呼吸阻塞	顺畅为5分 正常为1分 阻塞为0分
认同自满，接纳自满	○呼吸顺畅 ○呼吸正常 ○呼吸阻塞	顺畅为5分 正常为1分 阻塞为0分
认同盲目，接纳盲目	○呼吸顺畅 ○呼吸正常 ○呼吸阻塞	顺畅为5分 正常为1分 阻塞为0分
认同摇摆，接纳摇摆	○呼吸顺畅 ○呼吸正常 ○呼吸阻塞	顺畅为5分 正常为1分 阻塞为0分
认同虚荣心，接纳虚荣心	○呼吸顺畅 ○呼吸正常 ○呼吸阻塞	顺畅为5分 正常为1分 阻塞为0分
认同错误追求，接纳错误追求	○呼吸顺畅 ○呼吸正常 ○呼吸阻塞	顺畅为5分 正常为1分 阻塞为0分

3. 测量整理

咨询师根据测量的内容，整理总分数。分数高意味着咨询者潜意识中的分裂机能产物越多。咨询师根据测量量表测试的结果，可以通过观察相应的分裂机能具体影响，例如委屈倾向特别强烈，进而发现在咨询中应该重点关注和询问的内容，为咨询提供有效支撑。

4. 测量时机

潜意识测量技术作为一种测量方式，有着特定的测量时间，因个体潜意识的分裂机能及其产物会随着咨询的过程不断发生变化，如有些情绪机能已经被控制，但是又产生了其他的头脑问题等情况，因此，需要在咨询的不同阶段应用该潜意识测量技术。以下列出适合应用潜意识测量技术的时间点。

5. 咨询开始阶段

咨询师刚开始与咨询者进行初次或前几次咨询的阶段，可以通过应用潜意识咨询技术，一方面可以发展咨询者的内在潜意识状态；同时也可作为一种记录，为长程咨询接收后的总结时，给出一个标准化的分数度量方式。

6. 咨询疗程之后

对一个咨询疗程，例如 10 次咨询后，可以应用潜意识测量技术，从而发现咨询者的心理状态，同时作为咨询有效性的一种验证。

7. 咨询周期结束

咨询周期结束后，需要进行潜意识测量技术，确定咨询效果，作为咨询报告的一部分，可以给出咨询者一个定量的效果，同时可以作为咨询师判断咨询者咨询结束的一个标准。

8. 测量作用

（1）标准化咨询效果

通过心理咨询过程的前后进行测量内容对比，对咨询者潜意识问题进行标准化度量，从而可以确定咨询者潜意识问题的解决程度，进而明确咨询效果。

（2）发现潜意识问题

潜意识测量技术基于荣格所开创的词语测试法，基于测量技术的结果，我们可以发现潜意识问题的具体指向，明确内在具体问题。

（3）提升咨询效率

咨询师知道具体问题后，就可以根据这些问题确定引发的根源，从而可以引导咨询方向、提升咨询效率。

（五）咨询技术综合运用

前面我们已经分别介绍了心理解梦咨询技术的单独运用，不过在真实咨询过程中，我们会将这些内容进行综合运用。也就是说，咨询过程我们会在开始阶段通过引导放松法让来访者处于平静放松的状态，然后在咨询初始阶段应用潜意识测量技术，发现咨询者潜意识问题，随后通过咨询或梦境分析，进一步明确咨询者的内在问题。随后基于问题应用潜意识清理技术或潜意识成长技术来帮助来访者控制内在问题、提升内在力量。

放松引导法、认同接纳法、告疚法和供慕法，这四种方法在解梦咨询的过程中是需要配合使用的，在一对一的心理咨询过程中，需要灵活运用这四种方法。

●通过放松引导法，可以让咨询者平静，同时发现问题。

●通过认同接纳法，可以发现和解决之前放松引导法呈现的问题。

●告疚法是解决内在问题的过程，是清理个人潜意识垃圾的过程。

●供慕法是让个体能够跟随潜意识的方向，从而获得个体的内在成长和提升。

案例：

一、梦到我和一个我很亲密的不知道性别的某 A 在一起，我们俩坐在透明的泡泡里，在城市的高空飘荡，由上往下，循环地飘荡，每一次下落我的心都会慌一下，然而这个和我很亲密的 A 居然是个变态杀手，A 和我在一起的目的就是要杀我，而且悄无声息地分尸的那种，我们就这么荡了一会。

二、

1.然后场景跳到我家，我总感觉大门外有什么东西在，于是我就去猫眼看，猫眼里门外没有东西，但我看到一小撮头发，应该是有人躲在旁边，猫眼只能看到一点头发。

2.随后我很警觉地打开大门大骂，为什么躲在外面也不敲门，随后出现一个男B，他说自己是来推销治病的，我就让男B进来，他帮我把脉，把出我确实有慢性病，发现是之前A给我吃的东西里面一直在下毒，然后B的小助理也得过这个病，他就让小助理跟我一起进我房间给我开药方，于是我的病就好了，梦就醒了。

通过咨询沟通，我们了解到梦主是一个很容易放弃和逃避的人，对工作和情感都是如此，而逃避的方式就是通过耍脾气，破坏工作或情感的状态。而通过咨询的过程，潜意识引导梦主发现了自己破坏的问题，也就是持续的逃避和破坏会让梦主的生活出现各种问题，基于此，对梦主编制的引导词如下：

●认同逃避，接纳逃避（伴随呼吸）。

●认同愤怒，接纳愤怒（伴随呼吸）。

●认同破坏，接纳破坏（伴随呼吸）。

●认同紧张，接纳紧张（伴随呼吸）。

●告疚逃避（伴随呼吸）。

●告疚愤怒（伴随呼吸）。

●告疚紧张（伴随呼吸）。

●告疚破坏工作（伴随呼吸）。

●告疚破坏情感（伴随呼吸）。

●供慕坚持工作（伴随呼吸）。

●供慕坚持情感（伴随呼吸）。

基于这些引导词汇，我们可以通过引导放松法让咨询者处于放松的状态，随后通过以上的引导词汇，帮助来访者处理内在的问题，同时强化内在力量。在现实的咨询过程中，这种综合运用是更加有效的方式。

二、心理解梦咨询技术应用

典型心理问题处理

心理咨询过程中，咨询者可能因为不同的现实问题而引发各种心理问题，其中现实问题主要指的是各种情感、婚姻、工作、人际关系等问题；而对于心理问题，则可能是抑郁症、焦虑症等。对于现实问题，我们可以通过心理解梦咨询技术进行处理；对于后者，我们更多是帮助咨询者缓解相关的症状，从而避免出现更严重的心理问题。基于此，我们总结了各种现实问题和心理问题的解梦咨询技术的具体解决方案，方便咨询师在遇到类似问题的时候帮助来访者进行有针对性的处理。

1.咨询问题

（1）阻抗问题

在现实咨询过程中，咨询师很容易遇到咨询者阻抗的情况，而阻抗对咨询的推进有着很大的影响，因此，咨询师需要有效地解决咨询者的阻抗问题，才能够与咨询者建立信任和咨询信心。针对阻抗问题，我们编制了以下的引导词汇，在咨询者阻抗的情况下可以使用：

●认同紧张，接纳紧张（伴随呼吸）。

●认同不安，接纳不安（伴随呼吸）。

●认同怀疑，接纳怀疑（伴随呼吸）。

●认同阻抗，接纳阻抗（伴随呼吸）。

●告疚紧张（伴随呼吸）。

●告疚不安（伴随呼吸）。

●告疚怀疑（伴随呼吸）。

●告疚阻抗（伴随呼吸）。

●供慕放松（伴随呼吸）。

●供慕信任（伴随呼吸）。

（2）移情问题

移情是咨询过程中咨询者对咨询师的一种情感投射。在现实的咨询过程中，咨询师经常会遇到移情的问题，如果不正确引导，咨询将会无法有效进行。实际上，不仅仅是咨询者对咨询师会产生移情，咨询师对咨询者也会产生移情的情况。因此，这种情况下，咨询师和咨询者都需要进行移情问题的处理。处理的过程，一般由咨询师引导咨询者进行，而咨询师则是需要自己处理移情的情况。

咨询者引导词汇：

- ●认同移情，接纳移情（伴随呼吸）。
- ●认同执念，接纳执念（伴随呼吸）。
- ●认同头脑，接纳头脑（伴随呼吸）。
- ●认同内疚，接纳内疚（伴随呼吸）。
- ●认同愤怒，接纳愤怒（伴随呼吸）。
- ●认同不安，接纳不安（伴随呼吸）。
- ●告疚移情（伴随呼吸）。
- ●告疚执念（伴随呼吸）。
- ●告疚头脑（伴随呼吸）。
- ●告疚内疚（伴随呼吸）。
- ●告疚愤怒（伴随呼吸）。
- ●告疚不安（伴随呼吸）。
- ●供慕不要移情（伴随呼吸）。

咨询师引导词汇：

- ●认同移情，接纳移情（伴随呼吸）。
- ●认同愤怒，接纳愤怒（伴随呼吸）。
- ●认同不安，接纳不安（伴随呼吸）。
- ●认同愧疚，接纳愧疚（伴随呼吸）。
- ●认同欲望，接纳欲望（伴随呼吸）。
- ●认同执念，接纳执念（伴随呼吸）。
- ●认同头脑，接纳头脑（伴随呼吸）。
- ●告疚移情（伴随呼吸）。
- ●告疚愤怒（伴随呼吸）。

●告疚不安（伴随呼吸）。

●告疚愧疚（伴随呼吸）。

●告疚欲望（伴随呼吸）。

●告疚执念（伴随呼吸）。

●告疚头脑（伴随呼吸）。

●供慕不要移情（伴随呼吸）。

2. 成瘾性问题

成瘾性是很多人面对的问题，特别是对那些因为成瘾性问题导致身体受到影响的人，需要通过潜意识的清理进行处理。因成瘾性问题有着戒断反应的周期性特质，所以对这些问题，咨询师需要周期性地帮助咨询者进行清理和解决，才能够有效地控制成瘾性问题。

现代社会成瘾性的内容非常普遍，因此，我们需要基于不同的内容进行成瘾性控制，基于以下的内容进行控制。以下为引导词：

●认同执着于游戏、吸烟、酗酒、赌博、手淫、纵欲、吸毒、盗窃，接纳执着于游戏、吸烟、酗酒、赌博、手淫、纵欲、吸毒、盗窃（伴随呼吸）。

●认同游戏、吸烟、酗酒、赌博、手淫、纵欲、吸毒、盗窃成瘾，接纳游戏、吸烟、酗酒、赌博、手淫、纵欲、吸毒、盗窃成瘾（伴随呼吸）。

●认同执念，接纳执念（伴随呼吸）。

●认同空虚，接纳空虚（伴随呼吸）。

●认同头脑，接纳头脑（伴随呼吸）。

●认同兴奋，接纳兴奋（伴随呼吸）。

●认同自卑，接纳自卑（伴随呼吸）。

●认同愤怒，接纳愤怒（伴随呼吸）。

●认同逃避，接纳逃避（伴随呼吸）。

●认同内疚，接纳内疚（伴随呼吸）。

●认同欲望，接纳欲望（伴随呼吸）。

●认同不安，接纳不安（伴随呼吸）。

●认同恐惧，接纳恐惧（伴随呼吸）。

●认同怀疑，接纳怀疑（伴随呼吸）。

●告疚游戏、吸烟、酗酒、赌博、手淫、纵欲、吸毒、盗窃（伴随呼吸）。

●告疚执念（伴随呼吸）。

●告疚空虚（伴随呼吸）。

●告疚头脑（伴随呼吸）。

●告疚兴奋（伴随呼吸）。

●告疚自卑（伴随呼吸）。

●告疚愤怒（伴随呼吸）。

●告疚逃避（伴随呼吸）。

●告疚内疚（伴随呼吸）。

●告疚欲望（伴随呼吸）。

●告疚不安（伴随呼吸）。

●告疚恐惧（伴随呼吸）。

●告疚怀疑（伴随呼吸）。

●供慕不再执着于游戏、吸烟、酗酒、赌博、手淫、纵欲、吸毒、盗窃（伴随呼吸）。

●供慕去除成瘾（伴随呼吸）。

3. 神经症问题

很多时候，咨询者的神经症并不是在咨询的当下发生，咨询师有必要安排潜意识清理作为作业，让来访者每日进行处理，从而帮助来访者持续地控制自身的抑郁状态。

神经症意味着潜意识中所存在的分裂机能产物已经影响到当事人的现实生活，同样也代表，处理各种神经症清理过程不是一蹴而就的，需要持续地通过心理解梦疗法来解决神经症的状态。

（1）抑郁障碍

抑郁障碍是最常见的精神障碍之一，是指由各种原因引起的以显著而持久的心境低落为主要临床特征的一类心境障碍，伴有不同程度的认知和行为改变，部分患者存在自伤、自杀行为，甚至因此死亡。

从心理解梦疗法的视角来看，抑郁障碍是个体内在分裂机能及其产物不断累积，影响神经系统和激素内分泌系统所引发的心理问题，对这类累积性的心理问题，主要就是通过引导放松法和告疚法进行处理。首先，咨询师通过引导放松法让咨询者处于放松状态，然后基于以下引导词汇处理抑郁障碍：

- 认同抑郁，接纳抑郁（伴随呼吸）。
- 认同低落，接纳低落（伴随呼吸）。
- 认同沮丧，接纳沮丧（伴随呼吸）。
- 认同痛苦，接纳痛苦（伴随呼吸）。
- 认同悲伤，接纳悲伤（伴随呼吸）。
- 认同绝望，接纳绝望（伴随呼吸）。
- 认同自我否定，接纳自我否定（伴随呼吸）。
- 认同自我怀疑，接纳自我怀疑（伴随呼吸）。
- 认同烦躁，接纳烦躁（伴随呼吸）。
- 认同不安，接纳不安（伴随呼吸）。
- 认同劳累，接纳劳累（伴随呼吸）。
- 认同恐惧，接纳恐惧（伴随呼吸）。
- 认同郁闷，接纳郁闷（伴随呼吸）。
- 认同憋屈，接纳憋屈（伴随呼吸）。
- 告疚抑郁（伴随呼吸）。
- 告疚低落（伴随呼吸）。
- 告疚沮丧（伴随呼吸）。
- 告疚痛苦（伴随呼吸）。
- 告疚悲伤（伴随呼吸）。
- 告疚绝望（伴随呼吸）。
- 告疚自我否定（伴随呼吸）。
- 告疚自我怀疑（伴随呼吸）。
- 告疚烦躁（伴随呼吸）。
- 告疚不安（伴随呼吸）。
- 告疚劳累（伴随呼吸）。
- 告疚恐惧（伴随呼吸）。

●告疚郁闷（伴随呼吸）。

●告疚憋屈（伴随呼吸）。

●供慕正向（伴随呼吸）。

●供慕积极（伴随呼吸）。

●供慕乐观（伴随呼吸）。

●供慕改变（伴随呼吸）。

抑郁障碍可以基于上面的引导词汇作为基础，在每个内容让咨询者呼吸三次，根据呼吸的通畅程度来确定咨询者当前的抑郁情绪的主要内容。然后针对特定的情绪进行持续处理。在清理的过程中，可以让咨询者感受内在心理状态，如果有任何其他的情绪问题，可以让咨询者说出来，咨询师针对这些内容，再编制新的引导词汇帮助来访者进行有针对性的清理。

（2）双相情感障碍

双相障碍（bipolar disorder，BD）也称双相情感障碍，指临床上既有躁狂或轻躁狂发作，又有抑郁发作的一类心境障碍。典型表现为心境高涨、精力旺盛和活动增加（躁狂或轻躁狂）与心境低落、兴趣降低、精力降低和活动量减少（抑郁）反复或交替发作，可伴有幻觉、妄想或紧张症等精神病性症状及强迫、焦虑症状，也可与代谢综合征、甲状腺功能异常、多囊卵巢综合征，以及物质使用障碍、焦虑障碍、强迫障碍和人格障碍等共病。

双相障碍是另一种神经症，同样是分裂机能产物在潜意识中转化的结果，需要通过引导放松法和告疚法进行处理。在抑郁发作阶段，可以参考上一节中抑郁障碍的引导词汇进行处理。对躁狂发作，则采用以下引导词汇进行处理：

躁狂发作：

●认同兴奋，接纳兴奋（伴随呼吸）。

●告疚兴奋（伴随呼吸）。

●告疚头脑（伴随呼吸）。

●告疚幻想（伴随呼吸）。

●告疚妄想（伴随呼吸）。

●告疚执念（伴随呼吸）。

- ●告疚幻觉（伴随呼吸）。
- ●告疚紧张（伴随呼吸）。
- ●告疚焦虑（伴随呼吸）。
- ●告疚不安（伴随呼吸）。
- ●告疚烦躁（伴随呼吸）。
- ●告疚冲动（伴随呼吸）。
- ●告疚愤怒（伴随呼吸）。
- ●告疚自大（伴随呼吸）。
- ●供慕冷静（伴随呼吸）。
- ●供慕平静（伴随呼吸）。
- ●供慕改变（伴随呼吸）。

双相情感障碍是周期性变化的一种神经症，在抑郁发作和躁狂发作阶段采用不同的引导词汇进行处理，在我们的咨询实践中，持续几个周期的控制可以帮助咨询者有效地降低抑郁发作和躁狂发作的强度，进而使得咨询者回归正常的心理状态。在咨询过程中，咨询师针对咨询者的现实状态继续编制引导词汇。

（3）广泛性焦虑障碍

广泛性焦虑障碍（generalized anxiety disorder，GAD）是以广泛且持续的焦虑和担忧为基本特征，伴有运动性紧张和自主神经活动亢进表现的一种慢性焦虑障碍。

广泛性焦虑障碍展现出的是持续的焦虑状态，需要通过引导放松法和告疚法进行处理。通过以下引导词汇帮助咨询者进行处理：

- ●认同紧张，接纳紧张（伴随呼吸）。
- ●认同焦虑，接纳焦虑（伴随呼吸）。
- ●认同不安，接纳不安（伴随呼吸）。
- ●认同烦躁，接纳烦躁（伴随呼吸）。
- ●认同压力，接纳压力（伴随呼吸）。
- ●告疚紧张（伴随呼吸）。
- ●告疚焦虑（伴随呼吸）。

●告疚不安（伴随呼吸）。

●告疚烦躁（伴随呼吸）。

●告疚自我否定（伴随呼吸）。

●告疚自我怀疑（伴随呼吸）。

●告疚压力（伴随呼吸）。

●告疚担忧（伴随呼吸）。

●告疚愤怒（伴随呼吸）。

●告疚逃避（伴随呼吸）。

●告疚头脑（伴随呼吸）。

●告疚想太多（伴随呼吸）。

●供慕平静（伴随呼吸）。

●供慕冷静（伴随呼吸）。

●供慕稳定（伴随呼吸）。

以上的引导词汇对其他的焦虑障碍也具有作用。咨询师基于咨询者具体的其他焦虑内容继续处理。

（4）恐惧症

特定恐惧症（specific phobia）是一种对某种特定物体或场景产生强烈、持久且不合理的恐惧，害怕随之而来的后果，并对恐惧的物体或场景主动回避，或者带着强烈的害怕和焦虑去忍受的一种焦虑障碍。

场所恐惧症（agoraphobia）是指患者对多种场景（如乘坐公共交通、人多时或空旷场所等）中出现明显的不合理的恐惧或焦虑反应，因担心自己难以脱离或得不到及时救助而采取主动回避这些场景的行为，或在有人陪伴和忍耐着强烈的恐惧焦虑置身这些场景，症状持续数月，从而使患者感到极度痛苦，或个人、家庭、社交、教育、职业和其他重要领域功能的明显受损的一种焦虑障碍。

恐惧症需要根据具体的恐惧内容进行区分，具体编制引导词汇，例如恐惧人际关系，那就需要告疚恐惧人际关系。对于咨询师来说，如果当事人在咨询期间并没有表现出恐惧症状，也可以通过告疚法进行清理，在处理过程中，会将潜意识中的问题展现出来。

●认同恐惧，接纳恐惧（伴随呼吸）。

●认同焦虑，接纳焦虑（伴随呼吸）。

●认同不安，接纳不安（伴随呼吸）。

●认同烦躁，接纳烦躁（伴随呼吸）。

●认同压力，接纳压力（伴随呼吸）。

●告疚恐惧（伴随呼吸）。

●告疚害怕（伴随呼吸）。

●告疚紧张（伴随呼吸）。

●告疚焦虑（伴随呼吸）。

●告疚不安（伴随呼吸）。

●告疚烦躁（伴随呼吸）。

●告疚自我否定（伴随呼吸）。

●告疚自我怀疑（伴随呼吸）。

●告疚压力（伴随呼吸）。

●告疚逃避（伴随呼吸）。

●告疚愤怒（伴随呼吸）。

●供慕勇敢（伴随呼吸）。

●供慕面对（伴随呼吸）。

●供慕平静（伴随呼吸）。

●供慕改变（伴随呼吸）。

咨询师根据咨询过程中咨询者具体的内在感受，继续编制引导词汇。

（5）强迫症

强迫症（obsessive-compulsive disorder，OCD）是一种以反复、持久出现的强迫思维和（或）强迫行为为基本特征的精神障碍。

●认同紧张，接纳紧张（伴随呼吸）。

●认同焦虑，接纳焦虑（伴随呼吸）。

●认同不安，接纳不安（伴随呼吸）。

●认同烦躁，接纳烦躁（伴随呼吸）。

●认同压力，接纳压力（伴随呼吸）。

● 告疚紧张（伴随呼吸）。

● 告疚焦虑（伴随呼吸）。

● 告疚不安（伴随呼吸）。

● 告疚担忧（伴随呼吸）。

● 告疚烦躁（伴随呼吸）。

● 告疚自我否定（伴随呼吸）。

● 告疚自我怀疑（伴随呼吸）。

● 告疚压力（伴随呼吸）。

● 告疚强迫（伴随呼吸）。

● 告疚执念（伴随呼吸）。

● 告疚愤怒（伴随呼吸）。

● 告疚逃避（伴随呼吸）。

● 供慕放松（伴随呼吸）。

● 供慕平静（伴随呼吸）。

● 供慕慢下来（伴随呼吸）。

（6）创伤后应激障碍（PTSD）

创伤后应激障碍（post-traumatic stress disorder，PTSD）是指个体经历、目睹或遭遇到一个或多个涉及自身或他人的实际死亡，或受到死亡威胁，或严重受伤，或躯体完整性受到威胁后，所导致的个体延迟出现和持续存在的一类精神障碍。

● 认同恐惧，接纳恐惧（伴随呼吸）。

● 认同焦虑，接纳焦虑（伴随呼吸）。

● 认同不安，接纳不安（伴随呼吸）。

● 认同烦躁，接纳烦躁（伴随呼吸）。

● 认同压力，接纳压力（伴随呼吸）。

● 告疚恐惧（伴随呼吸）。

● 告疚害怕（伴随呼吸）。

● 告疚紧张（伴随呼吸）。

● 告疚焦虑（伴随呼吸）。

●告疚不安（伴随呼吸）。

●告疚烦躁（伴随呼吸）。

●告疚逃避（伴随呼吸）。

●告疚压力（伴随呼吸）。

●告疚痛苦（伴随呼吸）。

●告疚悲伤（伴随呼吸）。

●告疚绝望（伴随呼吸）。

●供慕放松（伴随呼吸）。

●供慕勇敢（伴随呼吸）。

●供慕面对（伴随呼吸）。

针对创伤后应激障碍，可以采用上面的内容，针对特定的创伤源，编制不同的引导词汇，例如对遭遇死亡的情况，可以编制告疚恐惧死亡，而其他的创伤也可以应用类似方法，有针对性的处理创伤源。创伤后应激障碍是比较严重的问题，需要引导咨询者进行处理，并教会来访者在特定的情绪反应的时候进行处理。

（7）适应障碍

适应障碍（adjustment disorder，AD）是指在明显的生活改变或环境变化时所产生的短期和轻度的烦恼状态和情绪失调，常有一定程度的行为变化等，但并不出现精神病性症状。常见的生活事件包括居丧、离婚、失业、搬迁、转学、患重病、退休等。

●认同烦恼，接纳烦恼（伴随呼吸）。

●认同焦虑，接纳焦虑（伴随呼吸）。

●认同不安，接纳不安（伴随呼吸）。

●认同紧张，接纳紧张（伴随呼吸）。

●认同压力，接纳压力（伴随呼吸）。

●告疚烦恼（伴随呼吸）。

●告疚烦躁（伴随呼吸）。

●告疚焦虑（伴随呼吸）。

●告疚紧张（伴随呼吸）。

●告疚压力（伴随呼吸）。

●告疚不安（伴随呼吸）。

●告疚恐惧（伴随呼吸）。

●告疚害怕（伴随呼吸）。

●告疚不适应（伴随呼吸）。

●告疚逃避（伴随呼吸）。

●供慕勇敢（伴随呼吸）。

●供慕稳定（伴随呼吸）。

●供慕面对（伴随呼吸）。

4. 情感问题

（1）失恋

很多时候，情感中的失恋会让人们产生各种心理问题，甚至导致抑郁状态，很多人都是因为失恋走入咨询室，因此，解决失恋问题是一个重要的内容。咨询师可以根据以下引导词汇帮助咨询者处理，如果有其他心理问题，则可继续编制引导词汇。

●认同痛苦，接纳痛苦（伴随呼吸）。

●认同不安，接纳不安（伴随呼吸）。

●认同担忧，接纳担忧（伴随呼吸）。

●认同恐惧，接纳恐惧（伴随呼吸）。

●认同郁闷，接纳郁闷（伴随呼吸）。

●认同失望，接纳失望（伴随呼吸）。

●认同绝望，接纳绝望（伴随呼吸）。

●认同崩溃，接纳崩溃（伴随呼吸）。

●认同自卑，接纳自卑（伴随呼吸）。

●认同失恋，接纳失恋（伴随呼吸）。

●认同失去，接纳失去（伴随呼吸）。

●认同丧失，接纳丧失（伴随呼吸）。

●告疚痛苦（伴随呼吸）。

●告疚不安（伴随呼吸）。

●告疚担忧（伴随呼吸）。

●告疚恐惧（伴随呼吸）。

●告疚郁闷（伴随呼吸）。

●告疚失望（伴随呼吸）。

●告疚绝望（伴随呼吸）。

●告疚自卑（伴随呼吸）。

●告疚烦恼（伴随呼吸）。

●供慕不要被失恋影响（伴随呼吸）。

●供慕自信（伴随呼吸）。

●供慕勇敢（伴随呼吸）。

（2）亲人离世

身边人的亲人离世对我们往往带来极大的冲击和痛苦，特别是那些我们关系亲密的亲人。我们针对这些亲人离世编制的处理词汇如下，这些词汇不仅仅适用于当下的亲人离世，也可以用于之前离世很久的亲人那些留存在潜意识中的情绪问题。

●认同痛苦，接纳痛苦（伴随呼吸）。

●认同难过，接纳难过（伴随呼吸）。

●认同悲伤，接纳悲伤（伴随呼吸）。

●认同不安，接纳不安（伴随呼吸）。

●认同担忧，接纳担忧（伴随呼吸）。

●认同恐惧，接纳恐惧（伴随呼吸）。

●认同郁闷，接纳郁闷（伴随呼吸）。

●认同绝望，接纳绝望（伴随呼吸）。

●认同失去，接纳失去（伴随呼吸）。

●认同丧失，接纳丧失（伴随呼吸）。

●认同孤独，接纳孤独（伴随呼吸）。

●认同不舍，接纳不舍（伴随呼吸）。

●告疚痛苦（伴随呼吸）。

●告疚悲伤（伴随呼吸）。

- ●告疚不安（伴随呼吸）。

- ●告疚担忧（伴随呼吸）。

- ●告疚郁闷（伴随呼吸）。

- ●告疚绝望（伴随呼吸）。

- ●告疚不安（伴随呼吸）。

- ●告疚难过（伴随呼吸）。

- ●告疚孤独（伴随呼吸）。

- ●告疚不舍（伴随呼吸）。

- ●供慕勇敢（伴随呼吸）。

- ●供慕面对（伴随呼吸）。

- ●供慕坚强（伴随呼吸）。

5. 婚姻问题

（1）冲突

在婚姻中存在各种问题，主要的就是两个人之间的各种冲突，而这些冲突背后就是未被有效解决的情绪，这里就需要进行处理。

- ●认同冲突，接纳冲突（伴随呼吸）。

- ●认同愤怒，接纳愤怒（伴随呼吸）。

- ●认同痛苦，接纳痛苦（伴随呼吸）。

- ●认同委屈，接纳委屈（伴随呼吸）。

- ●认同憋屈，接纳憋屈（伴随呼吸）。

- ●认同要求太高，接纳要求太高（伴随呼吸）。

- ●认同怀疑，接纳怀疑（伴随呼吸）。

- ●认同冲动，接纳冲动（伴随呼吸）。

- ●告疚愤怒（伴随呼吸）。

- ●告疚痛苦（伴随呼吸）。

- ●告疚委屈（伴随呼吸）。

- ●告疚憋屈（伴随呼吸）。

- ●告疚要求太高（伴随呼吸）。

- ●告疚怀疑（伴随呼吸）。

● 告疚冲突（伴随呼吸）。

● 告疚冲动（伴随呼吸）。

● 供慕和谐（伴随呼吸）。

● 供慕克制（伴随呼吸）。

（2）家暴

在婚姻中常常出现家暴的情况，对于这种情况来说，家暴者和被家暴者如果意识到自身的问题，并且想要解决这些问题的时候，可以通过以下方式进行处理。

家暴者：

● 认同冲动，接纳冲动（伴随呼吸）。

● 认同紧张，接纳紧张（伴随呼吸）。

● 告疚头脑（伴随呼吸）。

● 告疚欲望（伴随呼吸）。

● 告疚家暴（伴随呼吸）。

● 告疚破坏（伴随呼吸）。

● 告疚暴力（伴随呼吸）。

● 告疚愤怒（伴随呼吸）。

● 告疚痛苦（伴随呼吸）。

● 告疚冲动（伴随呼吸）。

● 告疚内疚（伴随呼吸）。

● 告疚紧张（伴随呼吸）。

● 供慕放松（伴随呼吸）。

● 供慕克制（伴随呼吸）。

● 供慕改变（伴随呼吸）。

● 供慕不再家暴（伴随呼吸）。

被家暴者：

● 认同痛苦，接纳痛苦（伴随呼吸）。

● 认同不安，接纳不安（伴随呼吸）。

●认同恐惧，接纳恐惧（伴随呼吸）。

●认同愤怒，接纳愤怒（伴随呼吸）。

●认同委屈，接纳委屈（伴随呼吸）。

●告疚痛苦（伴随呼吸）。

●告疚不安（伴随呼吸）。

●告疚恐惧（伴随呼吸）。

●告疚愤怒（伴随呼吸）。

●告疚委屈（伴随呼吸）。

●告疚面子（伴随呼吸）。

●告疚自尊心（伴随呼吸）。

●告疚头脑（伴随呼吸）。

●告疚执念（伴随呼吸）。

●告疚压力（伴随呼吸）。

●告疚担忧（伴随呼吸）。

●供慕面对（伴随呼吸）。

●供慕勇敢（伴随呼吸）。

●供慕改变（伴随呼吸）。

（3）出轨

婚姻中经常发生出轨问题，这种问题对婚姻稳定性影响很大，因此，需要对出轨的双方都进行处理，唯有解决这些问题，才能够控制出轨的状况。

出轨者：

●告疚内疚（伴随呼吸）。

●告疚郁闷（伴随呼吸）。

●告疚痛苦（伴随呼吸）。

●告疚不安（伴随呼吸）。

●告疚冲动（伴随呼吸）。

●供慕不再出轨（伴随呼吸）。

被出轨者：

●告疚愤怒（伴随呼吸）。

●告疚怨恨（伴随呼吸）。

●告疚痛苦（伴随呼吸）。

●告疚委屈（伴随呼吸）。

●告疚憋屈（伴随呼吸）。

●告疚郁闷（伴随呼吸）。

●告疚要求太高（伴随呼吸）。

●告疚怀疑（伴随呼吸）。

●告疚冲突（伴随呼吸）。

●告疚冲动（伴随呼吸）。

6. 教育问题

教育问题包括很多方面，对于学生来说，在学习中会产生各种情绪，因此，需要处理这些内在的问题，才能让学习更加顺利。与此同时，教育的另一面可能是家长的问题，很多家长有着过高的要求，如果想让孩子学习好，家长和孩子都需要进行相关的情绪处理，教育问题才能够有效解决。因此，对于那些因为学习问题而来咨询的学生来说，咨询师要解决的不仅仅是学生本身的心理问题，同样要解决的还有家长的心理问题。基于此，下面分别给出学生和家长需要处理的引导词汇。

针对学生的引导词汇：

●认同压力，接纳压力（伴随呼吸）。

●认同不安，接纳不安（伴随呼吸）。

●认同紧张，接纳紧张（伴随呼吸）。

●认同担忧，接纳担忧（伴随呼吸）。

●认同比较，接纳比较（伴随呼吸）。

●认同痛苦，接纳痛苦（伴随呼吸）。

●认同自卑，接纳自卑（伴随呼吸）。

●认同厌烦，接纳厌烦（伴随呼吸）。

●认同恐惧，接纳恐惧（伴随呼吸）。

- ●认同愤怒，接纳愤怒（伴随呼吸）。
- ●告疾压力（伴随呼吸）。
- ●告疾不安（伴随呼吸）。
- ●告疾紧张（伴随呼吸）。
- ●告疾担忧（伴随呼吸）。
- ●告疾比较（伴随呼吸）。
- ●告疾痛苦（伴随呼吸）。
- ●告疾自卑（伴随呼吸）。
- ●告疾厌烦（伴随呼吸）。
- ●告疾恐惧（伴随呼吸）。
- ●告疾愤怒（伴随呼吸）。
- ●供慕放松（伴随呼吸）。
- ●供慕学习顺利（伴随呼吸）。
- ●供慕热爱学习（伴随呼吸）。
- ●供慕自信（伴随呼吸）。

针对家长的引导词汇：

- ●认同紧张，接纳紧张（伴随呼吸）。
- ●认同不安，接纳不安（伴随呼吸）。
- ●认同压力，接纳压力（伴随呼吸）。
- ●认同比较，接纳比较（伴随呼吸）。
- ●认同恐惧，接纳恐惧（伴随呼吸）。
- ●认同厌恶，接纳厌恶（伴随呼吸）。
- ●认同愤怒，接纳愤怒（伴随呼吸）。
- ●认同要求太高，接纳要求太高（伴随呼吸）。
- ●告疾紧张（伴随呼吸）。
- ●告疾不安（伴随呼吸）。
- ●告疾压力（伴随呼吸）。
- ●告疾比较（伴随呼吸）。

●告疾恐惧（伴随呼吸）。

●告疾厌恶（伴随呼吸）。

●告疾愤怒（伴随呼吸）。

●告疾要求太高（伴随呼吸）。

●供慕信任（伴随呼吸）。

●供慕放松（伴随呼吸）。

●供慕不要要求太高（伴随呼吸）。

7. 生活方式问题

很多人的生活方式有问题，特别是那些暴饮暴食的人，有着肥胖状态，也可以通过解梦咨询技术进行干预和处理。

●认同痛苦，接纳痛苦（伴随呼吸）。

●告疾自卑（伴随呼吸）。

●告疾痛苦（伴随呼吸）。

●告疾吃太多（伴随呼吸）。

●告疾痛苦（伴随呼吸）。

●告疾懒惰（伴随呼吸）。

●告疾不运动（伴随呼吸）。

●告疾执念（伴随呼吸）。

●供慕坚持运动（伴随呼吸）。

第五章　附录

单字象征列表

单字象征意义是心理解梦疗法研发过程中，结合真实梦境和解梦实践，总结形成的象征意义解读体系，为本疗法原创内容的一部分。

单字象征意义以拼音的形式呈现，目前展示的为常用的单字，后续还会增加新的内容。

ai：

埃：代表影响；代表基础、基本

癌：代表破坏、伤害、损害

矮：代表基础、基本

艾：代表控制或失控；代表终止、停止；代表伤害、损害、破坏

爱：代表喜爱、喜好；代表重视、关注；代表容易

an：

安：代表安稳、稳定、稳固；代表安置、安放、放置

桉：代表稳定、稳固

氨：代表稳定、稳固

庵：代表守护、保护、护卫

鹌：代表守护、保护、护卫

岸：代表依靠、依赖

案：代表控制、限制、掌控；代表失控

暗：代表隐藏、隐蔽；代表混乱、迷失、迷惑

ao：

袄：代表守护、保护、护卫

奥：代表隐藏、隐蔽、隐性

澳：代表隐藏、隐蔽、隐秘

ba：

八：代表预期、预判

巴：代表粘连，象征连接；代表接近、靠近；代表展现、表现、呈现；代表基础、基本

爸：代表协助、帮助、辅助

霸：代表控制；代表限制、束缚

bai：

白：代表展现、表现、呈现；代表失控、混乱；代表无效、没用；代表明白，象征清楚、懂得、理解

百：代表众多、很多、许多

ban：

班：代表任务、责任；代表控制、限制、掌控

般：代表种类、类型

斑：代表部分、组成；代表基础、基本

癍：代表失控、混乱；代表问题

半：代表部分、组成

伴：代表协助、辅助、帮助

瓣：代表基础、基本

bang：

邦：代表基础、基本

帮：代表帮助、协助、辅助

榜：代表重视、关注；代表展现、表现、呈现

棒：代表控制、限制、掌控；代表打击、攻击；代表破坏、伤害、损害

bao：

包：代表守护、保护、护卫；代表具有、具备、拥有；代表控制、限制、掌控

苞：代表守护、保护、护卫

雹：代表破坏、伤害、损害

宝：代表重视、关注；代表尊敬、尊重

堡：代表保护、守护、护卫

豹：代表凶狠、凶恶；代表破坏、伤害、损害；代表攻击、打击；代表解决、处理

暴：代表破坏、伤害、损害；代表攻击、打击；代表展现、表现、呈现

爆：代表破坏、伤害、损害；代表展现、呈现、表现；代表控制、限制、掌控；代表失控

bei：

杯：代表重视、关注

碑：代表尊重、尊敬

北：代表重视、关注

倍：代表加倍；代表更加、增进

ben：

本：代表拥有、具有；代表基本、基础

beng:

崩：代表破坏、伤害、损害；代表失去、丧失

绷：代表控制、限制、掌控

bi:

鼻：代表重视、关注

匕：代表破坏、伤害、损害；代表攻击、打击

笔：代表展现、表现、呈现；代表控制、限制、掌控

碧：代表守护、保护、护卫

弊：代表破坏、伤害、损害

壁：代表守护、保护、护卫

bian:

蝙：代表失控

鞭：代表打击、攻击；代表破坏、伤害、损害

扁：代表控制、限制、掌控；代表失控

匾：代表展现、表现、呈现

辫：代表控制、限制、掌控

biao:

标：代表展现、表现、呈现；代表追求、追逐；代表重视、关注

镖：代表攻击、打击；代表守护、保护、护卫

表：代表表现、展现、呈现；代表规则、规范、标准

bin:

宾：代表配合；代表协助、辅助、帮助

彬：代表重视、关注

斌：代表重视、关注

滨：代表靠近、接近、临近；代表旁边；代表协助、帮助、辅助

bing：

冰：代表稳定、稳固；代表控制、限制、掌控；代表破坏、伤害、损害；代表干净、洁净、净化；代表基础、基本

兵：代表打击、攻击；代表破坏、伤害、损害；代表守护、保护、护卫

丙：代表控制、限制、掌控；代表失控

柄：代表控制、限制、掌控

饼：代表合并、整合、融合、结合；代表构建、建构

病：代表打击、攻击；代表破坏、伤害、损害；代表错误；代表缺点；代表问题；代表失控

bo：

伯：代表协助、帮助、辅助

舶：代表协助、帮助、辅助

博：代表众多；代表懂得、理解、知道；代表获得、获取、得到

bu：

卜：代表预测、预判、预料；代表判断、评估；代表选择

布：代表基础、基本；代表守护、保护、护卫；代表布告、宣告；代表控制、限制、掌控；代表分布、分散；代表散布、传播

部：代表控制、管理、管控、限制；代表部分、组成、定位；代表任务、责任

cai：

才：代表才能、能力；代表仅仅

财：代表价值

材：代表材料；代表基础、基本；代表才能、能力

裁：代表裁减、减少、减弱、降低；代表设置、设计；代表控制、限制、

掌控

　　彩：代表展现、表现、呈现；代表庆祝；代表赞美、称赞、赞颂；代表预测、预判

　　睬：代表重视、关注

　　菜：代表基础、基本；代表协助、帮助、辅助；代表获得、获取、得到；代表重视、关注

　　蔡：代表基础、基本

　　can：

　　餐：代表获取、获得、得到

　　蚕：代表重视、关注

　　灿：代表明显、清楚；代表鲜艳、鲜明、艳丽；代表展现、表现、呈现

　　cang：

　　仓：代表存储、储备、储藏；代表守护、保护、护卫；代表失控；代表隐藏、隐蔽

　　苍：代表控制、限制、掌控；代表失控

　　舱：代表部分、组成；代表存储、储备、储藏

　　藏：代表隐藏、隐蔽、隐性；代表储藏

　　cao：

　　曹：代表控制、掌握、掌控；代表重视、关注

　　槽：代表基础、基本；代表控制、限制、掌控

　　草：代表基本、基础、根基；代表材料；代表随意、任意、随性；代表展现、表现、呈现

　　ce：

　　册：代表基础、基本；代表控制、限制、掌控

　　厕：代表协助、辅助、帮助；代表参与、参加；代表清理、清除

测：代表推测、预测；代表判断、评估；代表控制、限制、掌控

cha：

叉：代表控制、限制、掌控；代表失控

茶：代表依靠、依赖；代表获得、得到、取得；代表基础、基本

察：代表观察、发现；代表分析、判断、评估；代表懂得、理解、明白

chai：

差：代表差事、任务；代表派遣、安排

柴：代表材料；代表基础、基本

chan：

禅：代表重视、关注；代表控制、限制、掌控

蝉：代表持续、延续、继续

chang：

昌：代表获得、获取、得到

长：代表长度；代表长期；代表持续、延续、继续；代表特长、优势、天赋；代表擅长、擅于

肠：代表重视、关注

偿：代表偿还、归还；代表获得、得到、获取；代表满足

厂：代表守护、保护、护卫；代表生产、产出；代表基础、基本

场：代表基础、基本；代表展现、表现、呈现

畅：代表畅通、顺畅；代表畅快、舒畅

chao：

钞：代表基础、基本

超：代表超越；代表超出

朝：代表朝向、朝着、面对；代表尊重、尊敬；代表重视、关注

巢：代表基础、基本；代表守护、保护、护卫

吵：代表争吵、冲突；代表失控

炒：代表控制、限制、掌控

che：

车：代表行动；代表控制、限制、掌控；代表方式、方法；代表基础、基本

chen：

尘：代表影响；代表基础、基本

臣：代表协助、辅助、帮助；代表控制、限制、掌控；代表尊重、尊敬

辰：代表定位、位置

陈：代表陈列、设置；代表诉说、表达；代表陈旧、旧有、固有

晨：代表定位、位置

cheng：

丞：代表协助、辅助、帮助

诚：代表真诚、诚实

承：代表承受、承担、担负；代表接受、获得、获取、得到；代表延续、继续、持续；代表迎合、顺从

城：代表基础、基本；代表拥有、具有

乘：代表乘坐；代表乘机、趁着、就着；代表追求、追逐；代表乘法

盛：代表承载、承担、容纳

程：代表规则、规律、规范；代表过程、进程、程度；代表行动

惩：代表惩罚、惩处、惩办

橙：代表成果、结果；代表价值

秤：代表判断、评估

chi：

吃：代表获得、获取、得到；代表控制、限制、掌控；代表失控

弛：代表松弛、放松；代表失控

驰：代表行动；代表向往、追逐、追求；代表传播、传递

池：代表基础、基本；代表控制、限制、掌控

持：代表控制、限制、掌控；代表持续、延续、继续；代表支持、支撑

尺：代表增多、增进、增加；代表短小；代表尺度，象征规则、准则、标准；代表基础、基本；代表控制、限制、掌控

齿：代表展现、表现、呈现；代表控制、限制、掌控；代表基础、基本

赤：代表赤诚、真诚；代表展现、表现、呈现；代表失去、损失；代表伤害、损害、破坏

翅：代表帮助、协助、辅助；代表控制、限制、掌控

chong：

虫：代表破坏、伤害、损害；代表基础、基本

重：代表重复、反复；代表重新；代表持续、继续、连续

崇：代表崇敬、尊重、尊敬；代表重视、关注

宠：代表重视、关注；代表尊重、尊敬

chou：

仇：代表仇恨、怨恨

愁：代表忧愁、愁苦、痛苦

筹：代表筹集、募集；代表筹划、计划、安排

酬：代表获得、获取、得到；代表满足；代表尊重、尊敬

丑：代表丑陋；代表丑恶；代表丑化；代表厌恶、讨厌

臭：代表厌恶、讨厌；代表破坏、伤害、损害

chu：

初：代表初始、开始、起始

除：代表控制、限制、掌控；代表去除、清除

厨：代表处理、解决

锄：代表去除、清理

雏：代表初始、开始、起始

蛴：代表储存、累积

橱：代表储存、累积

处：三声：代表处于、位于；代表处理、解决、执行；代表控制、限制、掌控；四声：代表位置、定位

储：代表储存、累积；代表储备、备用

楚：代表展现、表现、呈现；代表基础、基本；代表感觉、感受；代表清楚、明白、懂得

畜：代表储存、累积

触：代表接触；代表触发、引发、引起；代表触动；代表感触、感觉、感悟

chuan：

川：代表基础、基本；代表展现、表现、呈现

传：代表传递、传输；代表宣传、传播；代表传授

船：代表行动；代表帮助、协助、辅助

串：代表串联、联结、连接；代表破坏、伤害、损害；代表连续、持续、继续

chun：

春：代表享受、享乐

纯：代表纯粹、纯净；代表纯洁

唇：代表控制、限制、掌控；代表基础、基本

chuang：

疮：代表伤害、破坏、损害

窗：代表控制、限制、掌控

床：代表基础、基本

chui：

吹：代表控制、限制、掌控；代表吹嘘；代表展现、表现、呈现

垂：代表垂着、低垂；代表延续、持续、继续；代表重视、关注；代表接近、靠近、临近

锤：代表控制、限制、掌控；代表打击、攻击

ci：

词：代表展现、表现、呈现；代表重视、关注；代表基础、基本

瓷：代表稳定、稳固

祠：代表尊重、尊敬

辞：代表离别、离去、放弃、失去；代表展现、表现、呈现

慈：代表协助、辅助、帮助；代表重视、关注

cong：

聪：代表判断、评估

cu：

粗：代表忽视、轻视；代表基础、基本；代表失控

醋：代表基础、基本；代表促进、促使；代表嫉妒、比较

cui：

翠：代表纯粹、一致；代表赞美、赞颂、赞扬

粹：代表纯粹、一致；代表赞美、赞扬、赞颂

cun：

村：代表基础、基本；代表存储、累积

存：代表具有、具备、拥有；代表留存；代表存储、累积

寸：代表短小；代表众多；代表基础、基本；代表规则、标准；代表控制、限制、掌控

cuo：

错：代表错误；代表丧失、失去；代表混乱、失控；代表交错、交替；代表控制

da：

答：代表回答、答复；代表报答、回报；代表展现、表现、呈现

达：代表到达、抵达；代表达到、达成、实现；代表理解、懂得、明白；代表重视、关注

打：代表行动、执行、解决、进行；代表打击、攻击；代表破坏、伤害、损害

dai：

代：代表替代、代替；代表时代

待：代表等待；代表对待；代表待遇

贷：代表替代、代替；代表借入；代表借出

带：代表地带、区域；代表带着、携带、具有、拥有、具备；代表连带、联系；代表基础、基本；代表引导、引领

袋：代表守护、保护、护卫；代表基础、基本

戴：代表具有、具备；代表获得、获取、得到；代表尊重、尊敬；代表重视、关注

dan：

丹：代表方式、方法；代表控制、限制、掌控；代表失控

担：代表担负、承担、负责；代表责任、任务

单：代表基础、基本；代表守护、保护、护卫

胆：代表负担、责任；代表胆气、勇气、勇敢

旦：代表展现、表现、呈现；代表责任、任务

诞：代表诞生、产生；代表展现、表现、呈现；代表失控、混乱

蛋：代表基础、基本

弹：代表攻击、打击；代表破坏、伤害、损害

dang：

当：一声：代表担当、担任、担负；代表控制、限制、掌控；代表当下；代表匹配；代表应当、应该；代表阻挡、阻拦；四声：代表适当、适合、匹配；代表当作、作为；代表上当、受骗；代表价值

挡：代表阻挡、阻碍

党：代表追求、追逐；代表群体；代表基础、基本；代表守护、保护、护卫；代表协助、帮助、辅助

档：代表档次、等级；代表守护、保护、护卫

dao：

刀：代表控制、掌控、限制；代表攻击、打击；代表伤害、损害、破坏

导：代表引导、引领；代表导致、引发；代表传导、传递

岛：代表基础、基本

盗：代表破坏、伤害、损害

道：代表追求、追逐；代表道理、规则、规范；代表方式、方法；代表展现、表现、呈现；代表控制、限制、掌控

de：

德：代表重视、关注

deng：

灯：代表展现、表现、呈现；代表控制、限制、掌控

凳：代表依靠、依赖

邓：代表等候、等待

di：

低：代表基础、基本；代表降低、减少、减弱；代表控制、限制、掌控

堤：代表堤防、防护、守护、保护

迪：代表延续、继续、持续

敌：代表敌对、对抗、冲突；代表打击、攻击、打败；代表匹配、相当；代表破坏、伤害、损害

笛：代表展现、表现、呈现；代表提示、提醒

地：代表根基、基础、基本；代表支撑、支持；代表定位、位置

弟：代表协助、辅助、帮助；代表守护、保护、护卫

帝：代表控制、限制、掌控

第：代表次序、顺序；代表重视、关注；代表基础、基本

dian：

典：代表依靠、依赖、凭借；代表基础、基本；代表规则、规范

点：代表基础、基本；代表地点、定位；代表确定、选择；代表控制、限制、掌控；代表清点、清查；代表指点、指引、引导

电：代表基础、基本；代表攻击、破坏、伤害

店：代表获得、取得、得到；代表依靠、依赖、凭借

殿：代表尊重、尊敬；代表重视、关注；代表协助、辅助、帮助

diao：

雕：代表打击、攻击；代表控制、限制、掌控

吊：代表控制、限制、掌控；代表失控；代表尊重、尊敬

调：代表展现、表现、呈现；代表获得、获取、得到；代表调动、变动、改变；代表调查、分析、研究

掉：代表掉落、落下、落后；代表失去、丧失、遗失；代表改变、变化

ding：

丁：代表基础、基本；代表组成、部分

钉：代表控制、限制、掌控；代表打击、攻击；代表破坏、伤害、损害

顶：代表顶点、高点；代表支持、支撑；代表尊重、尊敬；代表替代；代表面对

鼎：代表协助、帮助、辅助；代表支持、支撑；代表依靠、依赖

订：代表控制；代表制定、确定；代表修正、修改

定：代表稳定、稳固、平稳；代表确定、确认；代表预定

dong：

东：代表行动

冬：代表重视、关注

董：代表懂得、理解、明白

懂：代表懂得、理解、明白

栋：代表支持、支撑；代表承担、负担、责任

洞：代表基础、基本；代表洞察、觉察、判断

dou：

斗：三声：代表基础、基本；代表增进、增强、增多；代表引导、引领；四声：代表争斗、竞争、冲突；代表比较、对比、比拼

豆：代表基础、基本；代表依靠、依赖

du：

都：代表重视、关注；代表基础、基本

独：代表独自、单独；代表独有、特有、特别

督：代表控制、限制、掌控

毒：代表伤害、损害、破坏

肚：代表重视、关注；代表基础、基本

赌：代表预期、期望；代表比拼、竞争

杜：代表控制、限制、掌控；代表失控

度：代表标准、准则；代表展现、表现、呈现；代表定位、位置；代表度过、经过

duan：

端：代表控制、限制、掌控；代表失控；代表展现、表现、呈现

短：代表短的、短小、短期；代表短缺、缺失；代表减少、减弱、降低；代表短处、缺点、不足；代表基础、基本

段：代表控制、限制、掌控；代表段位、等级；代表组成、部分

断：代表断开、断裂；代表中断、终止；代表破坏、伤害、损害；代表失去、丧失；代表放弃；代表判断、评估；代表控制、限制、掌控

锻：代表控制、限制、掌控

dui：

堆：代表堆积、累积

队：代表队列；代表队伍、群体、集体；代表基础、基本

对：代表正确；代表正常、平常；代表匹配、适合；代表相对、面对；代表朝着、面向；代表反馈、反应

兑：代表兑换、交换

dun：

盾：代表守护、保护、防护

顿：代表停顿、停止；代表顿然、忽然；代表控制、限制、掌控；代表失控

duo：

多：代表众多；代表增多、增进；代表多出；代表过多、过度

朵：代表基础、基本

躲：代表躲开；代表躲避、逃避；代表躲藏、隐藏

e：

鹅：代表守护、保护、护卫

恶：三声：代表厌恶、讨厌；四声：代表破坏、伤害、损害

遏：代表遏止、控制、限制、掌控

噩：代表破坏、伤害、损害

en：

恩：代表恩惠、恩赐；代表协助、帮助、辅助

er：

耳：代表重视、关注

饵：代表诱饵、引诱；代表重视、关注

二：代表协助、辅助、帮助；代表延续、持续、继续；代表失控、混乱

fa：

发：代表展现、表现、呈现；代表引导、引领；代表控制、限制、掌控

阀：代表控制、限制、掌控

罚：代表惩罚、处罚

法：代表规则、规范、规律；代表方法、方式；代表控制、限制、掌控

fan：

帆：代表依靠、依赖

凡：代表基础、基本

犯：代表罪犯、犯人；代表破坏、伤害、损害；代表攻击、打击；代表展现、表现、呈现

饭：代表获得、获取、得到

泛：代表基础、基本；代表广泛、增进、增加、增多

范：代表范围、界限；代表典范、典型、样式、形式

fang：

方：代表方形；代表方式、方法；代表区域、范围；代表方向、方面；代表当下

芳：代表赞美、赞颂、赞扬

坊：代表守护、保护、护卫

防：代表防止、阻止；代表防护、守护、保护、护卫

房：代表守护、保护、护卫

fei：

非：代表不是、否定；代表错误、失误；代表违反、违背；代表指责；代表坚持；代表判断

肥：代表增多、增加、增进；代表丰富、富含；代表肥料、材料、基础、基础

匪：代表破坏、伤害、损害；代表并非、不是；代表特殊、特别、独特

翡：代表特殊、特别、独特

废：代表废止、废除、废弃、放弃、舍弃；代表衰败、破败；代表无用、失效；代表伤害、损害、破坏

肺：代表重视、关注

费：代表付出；代表耗费、消耗

fen：

分：代表基础、基本；代表判断、评估；代表分离、分开；代表控制、掌控

芬：代表影响；代表赞美、赞颂、赞扬

坟：代表分割、分别、区别；代表失去、丧失；代表放弃、舍弃

粉：代表基础、基本；代表粉饰、美化；代表控制、限制、掌控；代表破坏、伤害、损害

份：代表部分、组成

粪：代表厌恶、讨厌；代表基础、基本

feng：

丰：代表丰富、众多；代表赞美、赞颂、赞扬

风：代表基础、基本；代表影响

封：代表封闭、封堵；代表控制、限制、掌控；代表赋予、授予、给予

峰：代表重视、关注

锋：代表攻击、打击；代表破坏、伤害、损害

蜂：代表基础、基本；代表众多

冯：代表凭借、依靠、依赖

凤：代表尊重、尊敬；代表重视、关注

奉：代表奉献、付出；代表尊重、尊敬；代表重视、关注；代表信奉、信仰

俸：代表获得、获取、得到

fo：

佛：代表追求、追逐；代表尊重、尊敬；代表重视、关注

fu：

夫：代表负担、担负、责任、任务；代表辅助、协助、帮助

肤：代表依靠、依赖

弗：代表否定；代表辅助、协助、帮助

扶：代表协助、辅助、帮助

服：代表展现、表现、呈现；代表协助、帮助、辅助；代表服从、顺从、顺应、认同；代表适应、适合

俘：代表俘获、捕获

符：代表依靠、依赖、凭证；代表辅助、协助、帮助；代表符合、配合、匹配

福：代表幸福、福气；代表尊重、尊敬；代表辅助、帮助、协助

抚：代表协助、辅助、帮助

府：代表协助、辅助、帮助；代表控制、限制、掌控

斧：代表打击、攻击；代表工具、方式、方法；代表协助、辅助、帮助；代表改变、变化

辅：代表辅助、协助、帮助

腐：代表破坏、伤害、损害；代表协助、辅助、帮助

父：代表尊重、尊敬；代表重视、关注；代表辅助、帮助、协助

付：代表付出、给予；代表辅助、帮助、协助

妇：代表付出、奉献；代表辅助、协助、帮助

附：代表附带、连带；代表协助、辅助、帮助；代表附近、靠近、临近；代表依附、依靠、依赖

复：代表反复、往复；代表回复、答复；代表复原、还原；代表重复；代表繁复、复杂

副：代表辅助、协助、帮助；代表副产、附带、连带；代表符合、匹配

富：代表价值；代表丰富，象征增进、增加、增强、增多；代表具有、拥有、具备

赋：代表赋予、给予；代表具有、具备；代表负担、任务、责任

腹：代表守护、保护、护卫；代表拥有、具有、具备

gai：

钙：代表稳定、稳固

盖：代表覆盖、盖住；代表守护、保护、护卫；代表超过、超越；代表建造、构造、构建

gan：

干：代表干预；代表控制、限制、掌控；代表处理、解决；代表影响；代表失控；代表缺失、缺少、缺乏

甘：代表赞美、赞美、赞扬；代表甘愿、愿意；代表重视、关注

肝：代表处理、解决、行动

杆：一声：代表支持、支撑；四声：代表控制、限制、掌控

gang：

岗：代表位置、定位；代表守护、保护、护卫

缸：代表守护、保护、护卫

港：代表守护、保护、护卫

杠：代表依靠、依赖

钢：代表稳定、稳固；代表刚强、坚强、坚定

gao：

羔：代表未成熟、待成熟

高：代表重视、关注；代表提高、提升；代表赞美、赞颂、赞扬

膏：代表守护、保护、护卫；代表提高、提升

告：代表告知、宣告、通知；代表控告、控诉；代表展现、表现、呈现

ge：

哥：代表重视、关注

鸽：代表依靠、依赖

歌：代表歌颂、赞颂；代表重视、关注；代表展现、表现、呈现

革：代表守护、保护、护卫；代表革新、变革、改变、变化；代表革除、去除、清除、清理

格：代表规则、规范；代表阻止、阻碍；代表特点、特质、特征；代表研究、判断；代表追求、追逐

gen：

根：代表根基、基础、基本

geng：

更：代表更改、改变、变化；代表更新、重构、构建；代表理解、懂得、明白

庚：代表更改、改变、变化

gong：

工：代表工作、行动、操作；代表任务、责任；代表能力；代表效果、有效、功效

弓：代表打击、攻击；代表破坏、伤害、损害；代表处理、解决；代表控制、限制、掌控

公：代表共同、全体；代表尊重、尊敬；代表重视、关注；代表基础、基本

功：代表功效、效果、有效；代表成果、结果；代表解决、处理

共：代表共同、相同

攻：代表攻击、打击；代表行动、执行、解决、进行

供：一声：代表供给、供应、提供；四声：代表尊重、尊敬；代表重视、关注；代表展现、表现、呈现

宫：代表尊重、尊敬；代表重视、关注

恭：代表尊重、尊敬；代表重视、关注

巩：代表巩固、稳固、加固

贡：代表尊重、尊敬；代表重视、关注

gou：

狗：代表伤害、破坏、攻击；代表厌恶、讨厌；代表守护、保护、护卫

gu：

估：代表估算、估计、预测、预判；代表评估、判断

姑：代表重视、关注

菇：代表判断、评估

古：代表过去、过往；代表固有、旧有

股：代表协助、帮助、辅助；代表部分、组成

谷：代表基础、基本；代表重视、关注；代表限制、困境、阻碍；代表控制、掌控；代表失

骨：代表基础、基本；代表支持、支撑；代表固有、旧有

蛊：代表破坏、伤害、损害

固：代表稳固、稳定；代表固有、旧有

故：代表破坏、伤害、损害；代表缘故、原因；代表固有、旧有；代表重视、关注；代表失去、丧失；代表依靠、依赖

顾：代表查看、观看；代表重视、关注；代表尊重、尊敬

gua：

瓜：代表重视、关注

刮：代表破坏、伤害、损害；代表去除、清理；代表改变、变化；代表抢夺、掠夺

卦：代表预测、预判；代表预期、期望；代表重视、关注

guai：

怪：代表特殊、特别、独特；代表破坏、伤害、损害；代表责怪、指责、

责备

guan：

关：代表控制、限制、掌控；代表关注、重视

观：一声：代表观看；代表观念、判断、评估；代表展现、表现、呈现；四声：代表展现、表现、呈现

官：代表管理、管控、控制、限制、掌控；代表基础、基本

棺：代表限制、束缚、约束

馆：代表依靠、依赖；代表守护、保护、护卫；代表获得、获取、得到

管：代表管理、管控、控制、掌控；代表基础、基本

贯：代表连续、延续、继续；代表坚持

guang：

光：代表展现、表现、呈现；代表尊重、尊敬；重视、关注；代表完全、全部

广：代表大范围、大区域；代表广泛、众多；代表推广、增进、增加、增多

gui：

龟：代表规则、规律、规范；代表重视、关注；代表基础、基本；代表厌恶、讨厌

规：代表规则、规律、规范；代表控制、限制、掌控

轨：代表依靠、依赖；代表规则、规律、规范

鬼：代表破坏、伤害、损害；代表规则、规律、规范

柜：代表守护、保护、护卫

贵：代表尊重、尊敬；代表重视、关注

guo：

锅：代表依靠、依赖

郭：代表辅助、协助、帮助

国：代表依靠、依赖；代表基础、基本；代表追求、追逐

果：代表结果、成果；代表获得、得到、获取；代表重视、关注；代表满足

ha：

哈：代表控制、限制、掌控；代表展现、表现、呈现

hai：

孩：代表待完善、待完成、待成长、待提升

海：代表基础、基本、根基；代表巨大、巨量、巨深、巨远；代表延续、持续、继续；代表追求、追逐

害：代表伤害、损害、破坏

han：

函：代表守护、保护、护卫

寒：代表减弱、减少、降低；代表缺失、缺乏、不足

韩：代表守护、保护、护卫

汉：代表守护、保护、护卫

汗：代表守护、保护、护卫

旱：代表缺失、缺乏、不足；代表基础、基本

hang：

行：代表行列；代表行业、行当；代表擅长、擅于

航：代表航行、运行、行动

hao：

毫：代表细微、细小、细致；代表控制、限制、掌控

豪：代表尊重、尊敬；代表重视、关注

号：代表重视、关注；代表控制、限制、掌控；代表引导、引领；代表展现、表现、呈现

耗：代表耗费、消耗；代表损耗、损失；代表失去、丧失

he：

合：代表闭合、控制、限制、掌控；代表适合、配合、匹配；代表聚合、聚集；代表符合；代表总和、全部

何：代表确定、确认

和：代表适合；代表配合

河：代表延续、连续、持续；代表依靠、依赖

荷：代表负荷、负担、责任、任务

核：代表依靠、依赖；代表核算、判断、评估

盒：代表守护、保护、护卫

贺：代表祝贺、庆贺、恭贺

赫：代表影响、影响力；代表展现、表现、呈现

鹤：代表依靠、依赖

hei：

黑：代表混乱、失控；代表破坏、伤害、损害；代表隐藏、隐蔽；代表基础、基本

hong：

红：代表影响；代表弘扬、赞美、赞颂、赞扬；代表喜庆、庆祝；代表获得、获取、得到；代表展现、表现、呈现；代表失控；代表基础、基本

虹：代表展现、表现、呈现

洪：代表洪大、巨大；代表失控

hou:

侯：代表守护、保护、护卫

猴：代表变化、改变

喉：代表守护、保护、护卫

后：代表后面；代表延续、持续、继续；代表协助、辅助、帮助

厚：代表增加、增多、增进；代表重视、关注

候：代表等候、守候；代表展现、表现、呈现

hu:

狐：代表重视、关注；代表展现、表现、呈现

胡：代表失控；代表控制、限制、掌控；代表互动、交互

壶：代表守护、保护、护卫

湖：代表互动、交互、交流、沟通；代表累积；代表基础、基本

虎：代表破坏、伤害、损害；代表攻击、打击；代表勇敢、勇猛、英勇、勇于；代表鲁莽、草率

户：代表基础、基本；代表保护、守护、护卫

hua:

化：代表变化、改变、变动；代表获得、获取、得到

华：代表展现、表现、呈现；代表赞美、赞颂、赞扬；代表重视、关注

花：代表展现、表现、呈现；代表赞美、赞颂、赞扬；代表变化、改变；代表特殊、特别、独特

滑：代表变化、改变；代表滑行、滑动、运行、行动

画：代表控制、限制、掌控；代表展现、表现、呈现

huai:

怀：代表怀念；代表具有、拥有、具备；代表守护、保护、护卫；代表重视、关注

坏：代表破坏、伤害、损害

huan：

欢：代表欢乐、快乐；代表喜欢、追求、追逐

环：代表控制、限制、掌控；代表周围、周边；代表环行、行动；代表部分、组成

幻：代表幻想、想象；代表变化、改变

换：代表交换、对换；代表变化、改变

患：代表破坏、伤害、损害

huang：

荒：代表失控、混乱

皇：代表重构、重建、更新

凰：代表重构、重建、更新

黄：代表重构、重建、更新

煌：代表重构、重建、更新

hui：

灰：代表丧失、损失、失去；代表耗费、耗损、消耗、付出

辉：代表影响；代表展现、表现、呈现；代表赞美、赞颂、赞扬

回：代表返回、重回；代表回馈、反馈；代表变化、改变

汇：代表汇集、聚集、集中；代表整合；代表传递

惠：代表协助、辅助、帮助

慧：代表判断、评估

hun：

昏：代表昏暗；代表迷失、失控、混乱

婚：代表追求、追逐

混：代表控制、限制、掌控；代表混乱、失控

魂：代表重视、关注

huo：

活：代表活着、活动；代表生活；代表救活、救助；代表变化、变动、改变

火：代表基础、基本；代表控制；代表失控、混乱；代表破坏、伤害、损害；代表快速、急速；代表重视、关注

货：代表获得、获取、得到

获：代表获得、获取、得到

祸：代表破坏、伤害、损害

ji：

击：代表攻击、打击；代表破坏、伤害、损害

机：代表控制、限制、掌控；代表展现、表现、呈现；代表方式、方法

肌：代表基础、基本

鸡：代表累积；代表失控、混乱

积：代表累积

基：代表基础、基本

吉：代表获得、获取、得到

级：代表等级、级别；代表基础、基本

极：代表极点、顶点；代表极致、极端；代表增进、增加、增强

疾：代表伤害、破坏、损害；代表讨厌、厌恶；代表疾速、快速

济：代表协助、辅助、帮助

脊：代表支持、支撑

计：代表计算、核算；代表判断、评估；代表计划、安排

记：代表记忆、记性、记住；代表记录

际：代表边界、界限、范围；代表遭遇、遭受

技：代表技术、方式、方法；代表技艺、技能、能力

剂：代表依靠、依赖

季：代表依靠、依赖

迹：代表痕迹、印迹、踪迹；代表展现、表现、呈现

继：代表延续、持续、继续

绩：代表功绩、绩效、效果；代表展现、表现、呈现

祭：代表尊重、尊敬

寄：代表依靠、依赖；代表传递、传送

jia：

加：代表增进、增加、增强、增多；代表超过、超越

夹：代表控制、限制、掌控；代表失控、混乱

佳：代表赞美、赞颂、赞扬；代表享受、享乐

茄：代表增进、增加、增强

家：代表依靠、依赖；代表守护、保护、护卫；代表重视、关注；代表尊重、尊敬；代表基础、基本

甲：代表守护、保护、护卫；代表重视、关注；代表尊重、尊敬

价：代表价格；代表价值

驾：代表控制、限制、掌控；代表支持、支撑；代表重视、关注

架：代表支持、支撑；代表基础、基本；代表控制、限制、掌控；代表失控

假：三声：代表假的、虚假；代表假设、假想；代表假借、借用；四声：代表休息、休养

嫁：代表依靠、依赖；代表转嫁、转移

jian：

尖：代表突出、突显；代表细致

歼：代表打击、攻击；代表歼灭、消灭

坚：代表坚固、稳固、稳定；代表坚持、持续、连续、继续；代表坚强、坚定；代表守护、保护、护卫

肩：代表肩负、负担、担负、责任、任务

艰：代表艰难、艰辛、艰苦

奸：代表破坏、伤害、损害

监：代表监控、控制、掌控；代表监禁、限制、束缚、约束；代表失控

渐：代表逐渐、渐进、逐步

剑：代表破坏、伤害、损害；代表打击、攻击

俭：代表节俭；代表减少、减弱、降低

茧：代表守护、保护、护卫

柬：代表依靠、依赖、凭证

检：代表检查、检测；代表控制、限制、掌控

睑：代表守护、保护、护卫

件：代表组成、部分；代表展现、表现、呈现

建：代表建立、建成；代表建造、构建

舰：代表攻击、打击；代表破坏、伤害、损害

健：代表健康、健全、强壮；代表强化、加强；代表善于、擅于；代表容易、易于；代表建设、构建

鉴：代表鉴定、鉴别、判断、评估

键：代表控制、限制、掌控

jiang：

江：代表依靠、依赖

将：代表临近、靠近、接近；代表控制、限制、掌控；代表引导、引领

姜：代表协助、辅助、帮助

浆：代表基础、基本；代表增进、增多、增强

缰：代表控制、限制、掌控

疆：代表区域、范围、界限

讲：代表表达、展现、表现、呈现；代表重视、关注；代表商量、

商讨

　　奖：代表奖赏、赏赐；代表奖励、鼓励

　　桨：代表基础、基本；代表依靠、依赖

　　匠：代表控制、限制、掌控

　　降：代表降下、落下；代表降低、减少、减弱；代表控制、限制、掌控

　　jiao：

　　交：代表交付、完结、完成；代表相交、关联、连接；代表交并、共同、协同；代表交合、结合

　　教：代表教育、教导、引导、引领

　　焦：代表破坏、伤害、损害；代表失控、混乱；代表控制、限制、掌控

　　角：代表基础、基本；代表组成、部分；代表冲突、竞争；代表展现、表现、呈现

　　脚：代表行动；代表基础、基本；代表依靠、依赖

　　饺：代表结合、联合

　　轿：代表重视、关注

　　较：代表比较、较量、比拼；代表较为、更为；代表计较、重视、关注

　　jie：

　　阶：代表支持、支撑；代表组成、部分；代表等级、级别

　　街：代表基础、基本；代表接触、交流

　　节：代表连接；代表控制、限制、掌控；代表道德；代表节律、节奏、规律、规则、规范；代表部分；代表依靠、依赖

　　杰：代表杰出、出众；代表特殊、特别、独特

　　洁：代表洁净、干净；代表清洁、清理、去除

　　结：代表结成、形成、组成；代表控制、限制、掌控；代表失控、混乱；

代表完结、结束

　　解：代表去除、排除、清除；代表解决；代表满足；代表理解；代表打开

　　介：代表控制、限制、掌控；代表重视、关注；代表定位、位于、位置

　　戒：代表控制、限制、掌控；代表重视、关注

　　界：代表界限、范围；代表组成、部分

　　jin：

　　巾：代表清理、清除；代表守护、防护、守护

　　今：代表现在、当下、当前

　　斤：代表标准、规则；代表基础、基本

　　金：代表价值、有价值；代表重视、关注；代表追求、追逐；代表稳定、稳固

　　津：代表基础、基本；代表展现、表现、呈现

　　筋：代表基础、基本；代表控制、限制、掌控

　　紧：代表紧密、紧凑、紧致；代表紧缩；代表靠近、接近；代表控制、限制、掌控；代表重视、关注

　　锦：代表重视、关注

　　进：代表进行、行动；代表前进、推进、上进；代表提升、提高；代表获得、获取、得到；代表展现、表现、呈现

　　近：代表靠近、接近、临近；代表近来、近期；代表接纳；代表亲密

　　浸：代表控制、限制、掌控

　　晋：代表晋升、提升、提高

　　禁：代表禁止、控制、限制、掌控

　　jing：

　　京：代表重视、关注

　　经：代表控制、限制、掌控；代表规则、规律、规范；代表经历、经验、体验；代表延续、持续、继续

晶：代表展现、表现、呈现

精：代表基础、基本；代表提升、提高、成长；代表破坏、伤害、损害

井：代表基础、基本

景：代表展现、表现、呈现

净：代表干净、清洁；代表净化、清理；代表纯粹、单纯；代表平静

竞：代表竞争、争夺

敬：代表尊敬、敬重、尊重

静：代表静止、静态；代表安静、平静

jiu：

九：代表众多

酒：代表基础、基本；代表享受、享乐；代表失控

旧：代表旧的、陈旧；代表旧的、固有

ju：

居：代表居住、居处；代表处于、位于；代表具有、具备、拥有；代表累积

据：代表依据、依靠、依赖；代表占据、占有

局：代表局部、部分、组成；代表控制、限制、掌控；代表追求、追逐；代表重视、关注

巨：代表巨大；代表影响；代表特别、极其

句：代表组成、部分；代表支持、支撑

具：代表具有、具备；代表具体；代表依靠、依赖

剧：代表剧烈、猛烈；代表展现、表现、呈现

俱：代表全面、全都

聚：代表聚合、聚集、集合

juan：

娟：代表娟美、美好、美丽、赞美

捐：代表捐献；代表付出；代表获得、获取、得到；代表放弃、舍弃；代表失去、丧失

卷：三声：代表控制、限制、掌控；四声：代表展现、表现、呈现；代表基础、基本

眷：代表重视、关注

圈：代表重视、关注

jue：

决：代表破坏、伤害、损害；代表决定、确定

觉：代表重视、关注

爵：代表等级、级别；代表重视、关注

jun：

军：代表追求、追逐

君：代表尊重、尊敬；代表重视、关注

均：代表平均、均衡、平衡；代表全都、全部

菌：代表基础、基本

ka：

卡：代表控制、限制、掌控；代表束缚、约束

咖：代表增进、增加、增多、增强

kai：

开：代表开始、开启；代表公开、展现、表现、呈现；代表开具、开出、给出；代表控制、限制、掌控；代表开创、构建、建立、建造；代表开动、行动

凯：代表获得、获取、得到

铠：代表守护、保护、护卫

楷：代表规则、规范、规律；代表追求、追逐

kan：

刊：代表修正、改正；代表展现、表现、呈现

坎：代表阻碍、阻拦；代表关键、核心

槛：代表阻碍、阻拦；代表限制、束缚、约束

kang：

康：代表稳定、稳固；代表失控；代表健康；代表获得、获得、得到

亢：代表过度；代表对抗

ke：

苛：代表苛刻、严厉；代表破坏、伤害、损害

坷：代表阻碍、阻拦

科：代表分类、类型、类别；代表规则、规范

柯：代表阻碍、阻拦；代表控制、限制、掌控；代表基础、基本

壳：代表守护、保护、护卫；代表限制、束缚、约束

渴：代表需要、需求

克：代表控制、限制、掌控；代表破坏、伤害、损害；代表解决、处理

客：代表配合；代表协助、辅助、帮助；代表影响

课：代表学习；代表教学、教授；代表分析、研究；代表任务、责任；代表重视、关注

ken：

肯：代表认同、认可；代表愿意、乐意

kong：

空：代表没有、空无、空泛；代表放弃、舍弃；代表基础、基本；代表控制、掌控、管控；代表不可控、失控

孔：代表基础、基本；代表失控；代表控制、限制、掌控

ku：

枯：代表控制、限制、掌控；代表失控、丧失

哭：代表痛苦、悲痛；代表展现、表现、呈现

窟：代表基础、基本；代表失控、混乱

苦：代表苦味；代表痛苦、难受、悲伤；代表持续、延续、继续

库：代表存储、储备、储藏；代表守护、保护、护卫

裤：代表守护、保护、护卫

酷：代表严厉、严重；代表特别、特殊

kuai：

筷：代表控制、限制、掌控

kuan：

宽：代表增进、增多、增加、增强；代表宽松、放松；代表丰富、丰沛

款：代表重视、关注；代表展现、表现、呈现；代表组成、部分；代表价值；代表控制、限制、掌控

kuang：

匡：代表协助、辅助、帮助；代表控制、限制、掌控；代表基础、基本

筐：代表协助、辅助、帮助

狂：代表失控；代表过度；代表混乱；代表破坏、伤害、损害

况：代表情况、状况

矿：代表价值

框：代表控制、限制、掌控

kui：

盔：代表守护、保护、护卫

溃：代表失控

kun：

坤：代表协助、辅助、帮助；代表基础、基本

昆：代表延续、持续、继续；代表依靠、依赖；代表基础、基本

kuo：

扩：代表增进、增加、增多、增强

括：代表控制、限制、掌控

阔：代表分离、分别；代表丰富、丰沛；代表基础、基本；代表增进、增加、增多、增强

la：

拉：代表控制、限制、掌控；代表运送；代表拉出、排出；代表引导、引领；代表协助、辅助、帮助

辣：代表刺激；代表破坏、损坏、损害；代表凶狠、凶残

蜡：代表控制、限制、掌控；代表失控

腊：代表控制、限制、掌控；代表失控

lan：

兰：代表尊重、尊敬；代表重视、关注

栏：代表守护、保护、护卫；代表位置、定位

蓝：代表规则、规范、规律

缆：代表控制、限制、掌控

lang：

郎：代表尊重、尊敬；代表重视、关注；代表依靠、依赖

狼：代表破坏、伤害、损害；代表攻击、打击

朗：代表展现、表现、呈现

浪：代表变化、改变；代表失控、混乱

lao：

捞：代表捞取、获取、获得、得到

劳：代表劳动、行动；代表慰劳、慰问；代表破坏、伤害、损害

牢：代表守护、保护、护卫；代表限制、束缚、约束；代表稳定、稳固

老：代表稳定、稳固；代表失控；代表过度；代表理解、懂得、明白

佬：代表基础、基本；代表重视、关注；代表尊重、尊敬

酪：代表稳定、稳固

le：

乐：代表享乐、享受；代表重视、关注

lei：

累：代表累积；代表破坏、伤害、损害

雷：代表影响；代表破坏、伤害、毁坏；代表打击、攻击

类：代表类型、分类

leng：

冷：代表减弱、减少、降低；代表隐藏、隐蔽；代表忽视、轻视、无视

li：

狸：代表理解、懂得、明白

离：代表距离；代表分离、离别；代表离开、离去；代表放弃、舍弃；代表缺少、缺失

梨：代表利益、有益；代表价值

黎：代表依靠、依赖

礼：代表尊重、尊敬；代表重视、关注

里：代表内在、内部；代表基础、基本；代表距离；代表处于、位于

李：代表理解、了解、懂得、明白

鲤：代表理解、了解、懂得、明白

力：代表力量；代表能力；代表用力、行动

历：代表经历、经验、体验；代表延续、持续、继续；代表全部、完全；代表依靠、依赖

厉：代表严厉、严格；代表凶狠、凶猛；代表控制、限制、掌控

立：代表建立、设立；代表控制、限制、掌控

丽：代表美丽、美好；代表赞美、赞颂、赞扬；代表美化

利：代表获得、获取、得到；代表利益；代表价值；代表控制、限制、掌控

荔：代表利益、益处、有益

隶：代表隶属、从属、属于；代表控制、限制、掌控；代表基础、基本

粒：代表组成、部分

lian：

连：代表连续、延续、持续、继续；代表连带；代表联合、联结

帘：代表阻挡、阻拦

莲：代表延续、持续、继续

练：代表练习、训练；代表强化、增强、增进

炼：代表提升、提高；代表限制、束缚、约束

恋：代表追求、追逐

链：代表延续、持续、继续

liang：

良：代表获得、获取、得到；代表很多、众多；代表擅于、擅长

凉：代表减弱、减少、降低；代表失去、丧失；代表享受、享乐

梁：代表依靠、依赖

量：二声：代表判断、评估；代表控制、限制、掌控；四声：代表容量、容纳；代表数量；代表控制、限制、掌控

粮：代表基础、基本

亮：代表展现、表现、呈现

liao：

辽：代表辽阔、广阔；代表辽远、遥远；代表巨大

疗：代表清理、清除、去除

料：代表预料、预判；代表基础、基本

lie：

裂：代表破坏、伤害、损害

列：代表延续、持续、继续；代表众多；代表展现、表现、呈现；代表安排、安置

劣：代表破坏、伤害、损害；代表忽视、鄙视、轻视

烈：代表破坏、伤害、损害；代表尊重、尊敬

猎：代表猎取、获取、获得；代表攻击、打击；代表伤害、破坏、损害

lin：

邻：代表相邻；代表邻近、靠近、接近

林：代表众多；代表基础、基本；代表延续、连续、持续

临：代表临近、接近、靠近；代表到来、到达、抵达；代表面对、遭遇

霖：代表延续、持续、继续

赁：代表出租、出借、借用

ling：

令：代表控制、限制、掌控；代表引导、引领；代表推动、推进；代

表重视、关注

灵：代表灵验、有效；代表灵活、变化、改变；代表领悟、感悟；代表追求、追逐；代表尊重、尊敬；代表重视、关注

领：代表控制、限制、掌控；代表引领、引导；代表获得、获取、得到

liu：

刘：代表重视、关注

留：代表停留、驻留；代表留下；代表保留、保存；代表重视、关注

榴：代表停留、驻留；代表处于、保持、维持

瘤：代表停留、驻留；代表失控、混乱；代表控制、限制、掌控

柳：代表追求、追逐

六：代表基础、基本

long：

龙：代表提升、提高

笼：代表控制、限制、掌控；代表束缚、约束

lou：

楼：代表提升、提高

lu：

卢：代表守护、保护、护卫

芦：代表守护、保护、护卫

炉：代表基础、基本；代表控制、限制、掌控

卤：代表控制、限制、掌控；代表失控

鲁：代表控制、限制、掌控；代表失控

陆：代表基础、基本；代表延续、连续、持续

录：代表选择、选定；代表选用、采用；代表记录

鹿：代表基础、基本

lü：

驴：代表协助、辅助、帮助

吕：代表协助、辅助、帮助

旅：代表协助、辅助、帮助

律：代表规则、规范、规律；代表控制、限制、掌控

绿：代表协助、辅助、帮助

滤：代表清理、清除、去除

luan：

卵：代表基础、基本

lue：

略：代表简略、粗略；代表忽略、简略；代表略微；代表安排、计划；代表占据、占领

lun：

伦：代表类型、分类；代表伦常、正常、平常；代表规则、规范、规律

轮：代表依靠、依赖；代表轮换、变换、变化、改变

论：代表判断、评估；代表依靠、依赖

luo：

罗：代表捕捉；代表收集、召集；代表控制、限制、掌控

骡：代表支持、支撑

螺：代表延续、持续、继续

裸：代表展现、表现、呈现；代表失控、混乱

洛：代表延续、持续、继续

骆：代表延续、持续、继续

落：代表落下、降落；代表落后；代表丧失、失去；代表落定、选定；代表位置、定位；代表落入、进入；代表建立、构建

ma：

麻：代表失控、混乱；代表控制、限制、掌控

妈：代表依靠、依赖

马：代表行动、行动力；代表基础、基本

mai：

买：代表获得、获取、得到

卖：代表付出、消耗、给予；代表展现、表现、呈现

麦：代表基础、基本

脉：代表延续、持续、继续；代表基础、基本

man：

曼：代表延续、持续、继续

蔓：代表延续、持续、继续

mang：

盲：代表盲目；代表未知

蟒：代表控制、限制、掌控；代表失控

mao：

毛：代表基础、基本；代表失控

矛：代表攻击、打击；代表破坏、伤害、损害

茅：代表基础、基本

牦：代表重视、关注

猫：代表安全感

帽：代表展现、表现、呈现；代表依靠、依赖；代表守护、保护、护卫

mei：

莓：代表赞美、赞颂、赞扬

眉：代表展现、表现、呈现

梅：代表赞美、赞颂、赞扬

美：代表美丽、美好；代表美化；代表赞美、赞颂、赞扬；代表开心、快乐

men：

门：代表依靠、依赖；代表门类、分类、类型

meng：

盟：代表盟约、约定、承诺；代表协助、辅助、帮助

梦：代表追求、追逐

mi：

米：代表基础、基本；代表重视、关注；代表规则、标准

秘：代表隐秘、隐藏、隐蔽

密：代表隐秘、隐藏、隐蔽；代表细致、精致；代表亲密、亲近；代表密集、集中

幂：代表隐秘、隐藏、隐蔽

蜜：代表享受、享乐；代表赞美、赞颂、赞扬

mian：

棉：代表基础、基本

面：代表面对、当面、直接；代表展现、表现、呈现；代表基础、基本

miao：

苗：代表基础、基本

妙：代表享受、享乐；代表特殊、特别、独特

庙：代表尊重、尊敬

mie：

灭：代表消除、去除；代表破坏、伤害、损害；代表丧失、失去

min：

民：代表基础、基本；代表组成、部分

敏：代表细致

ming：

名：代表展现、表现、呈现；代表重视、关注；代表尊重、尊敬

明：代表展现、表现、呈现；代表明了、明白、明确，象征理解、了解、懂得；代表判断、评估；代表感知、感觉

冥：代表隐藏、隐蔽、隐性

命：代表基础、基本；代表引导、引领；代表创建、构建、建立

mo：

模：代表规则、规范、规律；代表展现、表现、呈现；代表模范、典范

摩：代表判断、评估；代表影响；代表控制、掌控、限制；代表失控；代表清理、清除

磨：二声：代表提升、提高；代表阻碍、障碍；代表破坏、伤害、损害；四声：代表控制、限制、掌控

魔：代表破坏、伤害、损害；代表特殊、特别、独特

漠：代表忽视、轻视、无视

墨：代表展现、表现、呈现；代表失控、混乱

mou：

谋：代表谋划、计划、安排；代表追求、追逐

mu：

母：代表守护、保护、护卫

牡：代表守护、保护、护卫

木：代表基础、基本

目：代表重视、关注

牧：代表守护、保护、护卫

幕：代表守护、保护、护卫；代表展现、表现、呈现；代表控制、限制、掌控

墓：代表丧失、失去；代表重视、关注

穆：代表重视、关注；代表尊重、尊敬

na：

拿：代表控制、限制、掌控

nai：

奶：代表帮助、辅助、协助；代表基础、基本；代表耐心

nan：

南：代表追求、追逐

nang：

囊：代表守护、保护、护卫；代表失控、混乱

nao：

脑：代表思维、思路、想法；代表判断、评估；代表提升、提高

闹：代表享受、享乐；代表攻击、打击；代表破坏、伤害、损害；代表展现、表现、呈现

nei：

内：代表内在；代表内部；代表守护、保护、护卫

neng：

能：代表能力；代表能量；代表能够、做到、达到；代表追求、追逐

ni：

尼：代表守护、保护、护卫；代表阻碍、阻力

泥：代表失控；代表控制、限制、掌控

匿：代表隐蔽、隐藏

nian：

年：代表基础、基本；代表成长、提升、提高

念：代表念头、想法、思路；代表重视、关注；代表展现、表现、呈现

niang：

娘：代表依靠、依赖

酿：代表制造、创造；代表累积；代表享受、享乐

niao：

鸟：代表追求、追逐

尿：代表失控、混乱；代表清理、清除、去除；代表厌恶、讨厌

ning：

宁：代表宁静、平静；代表稳定、稳固；代表重视、关注

柠：代表稳定、稳固

niu：

牛：代表基础、基本；代表坚持、坚定；代表延续、持续、继续

nong：

农：代表基础、基本

nu：

奴：代表控制、限制、掌控；代表束缚、约束；代表协助、辅助、帮助

努：代表提升、提高；代表失控

nuan：

暖：代表守护、保护、护卫；代表享受、享乐

nüe：

虐：代表破坏、伤害、损害

疟：代表破坏、伤害、损害

ou：

欧：代表赞美、赞颂、赞扬；代表重视、关注

鸥：代表重视、关注

偶：代表偶然；代表配偶；代表偶数、对偶；代表配合

pa：

爬：代表爬行，基础行动；代表提升、提高

pai：

排：代表排出；代表排斥；代表排除、去除、清理；代表安排、计划

牌：代表安排、规划；代表依靠、依赖；代表展现、表现、呈现

派：代表分支、部分；代表指派、指定；代表展现、表现、呈现

pan：

攀：代表依靠、依赖；代表追求、追逐；代表提升、提高

盘：代表依靠、依赖；代表控制、限制、掌控；代表交易

判：代表判断、评估；代表控制、限制、掌控

叛：代表反叛、反对

pang：

庞：代表庞大、巨大；代表众多；代表旁边

旁：代表旁边、旁侧；代表协助、辅助、帮助

螃：代表协助、辅助、帮助

pao：

泡：代表控制、限制、掌控；代表失控

炮：一声：代表控制、限制、掌控；四声：代表打击、攻击；代表破坏、伤害、损害；代表失去、丧失；代表基础、基本

pei：

培：代表协助、辅助、帮助

佩：代表佩戴、携带；代表尊重、尊敬；代表重视、关注

配：代表匹配、配合；代表配置、安置、安排、计划；代表协助、辅助、帮助

pen：

盆：代表控制、限制、掌控；代表失控

peng：

烹：代表控制、限制、掌控；代表破坏、伤害、损害

朋：代表协助、辅助、帮助；代表重视、关注

棚：代表基础、基本；代表依靠、依赖

鹏：代表提升、提高

pi：

皮：代表守护、保护、护卫；代表基础、基本；代表失控、混乱

脾：代表基础、基本

匹：代表匹配、配合、适合；代表单独、独自

屁：代表基础、基本；代表厌恶、讨厌

pian：

片：代表组成、部分；代表基础、基本；代表控制、限制、掌控

偏：代表重视、关注；代表组成、部分

骗：代表破坏、伤害、损害；代表获取、获得、得到

piao：

票：代表依靠、依赖、依据；代表重视、关注

pin：

拼：代表拼接、拼合；代表整合、融合、联合；代表努力、奋力

贫：代表缺乏、缺失、不足；代表厌恶、讨厌；代表基础、基本

品：代表物品；代表类别、级别；代表判断、评估

ping：

平：代表平的；代表平衡；代表公平；代表平静；代表稳定、稳固；
代表基础、基本；代表一直

评：代表判断、评估

苹：代表稳定、稳固

凭：代表依靠、依赖

屏：代表依靠、依赖

瓶：代表依靠、依赖

萍：代表变化、改变

po:

泊：代表守护、保护、护卫

婆：代表协助、辅助、帮助

魄：代表控制、限制、掌控

pou:

剖：代表控制、限制、掌控；代表破坏、伤害、损害；代表分析、判断

pu:

仆：一声：代表扑倒、放倒；二声：代表协助、辅助、帮助

铺：代表控制、限制、掌控；代表展现、表现、呈现

qi:

七：代表引导、引领

妻：代表引导、引领

欺：代表欺骗、欺诈；代表攻击、打击

期：代表期望、预期、期待；代表规则、规范、规律

齐：代表一致、平整；代表共同、同样；代表齐全、全部

奇：代表奇特、特有、特殊、独特；代表惊奇、惊讶

骑：代表控制、限制、掌控；代表依靠、依赖

企：代表期望、预期

启：代表开启、开始；代表引导、引领

起：代表构建、构造；代表产生；代表开始、开启

气：代表基础、基本

汽：代表控制、限制、掌控

弃：代表放弃、舍弃

器：代表控制、限制、掌控；代表部分、组成；代表尊重、尊敬；代表重视、关注

qian：

千：代表众多、繁多

牵：代表引导、引领；代表牵连、连带

乾：代表尊重、尊敬；代表重视、关注

钱：代表价值；代表基础、基本

qiang：

枪：代表控制、掌控、限制；代表攻击、打击；代表破坏、伤害、损害；代表基础、基本

强：代表强力；代表坚强，象征坚持、坚定；代表强化、加强、增强；代表强迫、被迫

墙：代表守护、保护、护卫；代表基础、基本

qiao：

乔：代表变化、改变

桥：代表依靠、依赖

巧：代表提升、提高；代表过度

窍：代表基础、基本；代表提升、提高

qie：

茄：代表基础、基本

姜：代表协助、辅助、帮助

qin：

亲：代表重视、关注；代表亲密

秦：代表追逐、追求

禽：代表控制、限制、掌控

寝：代表休息

qing：

青：代表重视、关注

轻：代表减弱、减少、降低；代表变化、改变；代表方便、容易

清：代表控制；代表基础、基本；代表理解、懂得、明白；代表清理、清除

情：代表情形、情况；代表重视、关注

庆：代表庆祝、庆贺

qiong：

穷：代表缺乏、缺失、不足；代表限制、束缚、约束；代表完全、完结；代表重视、关注

琼：代表重视、关注

qiu：

丘：代表基础、基本

秋：代表理解、懂得、明白

囚：代表囚禁、约束、束缚

求：代表需求、需要；代表请求、求助；代表追求、追逐

球：代表追求、追逐；代表重视、关注

qu：

区：代表区域、界限；代表区分、区别、判断、评估

曲：代表改变、变化；代表展现、表现、呈现；代表重视、关注；代表控制、限制、掌控

驱：代表驱动、推动、推进；代表行动；代表去除、清除

屈：代表屈服；代表限制、束缚、约束

躯：代表基础、基本

趋：代表追求、追逐

取：代表获取、获得、得到；代表选取、采取

娶：代表获取、获得、得到

quan：

圈：代表范围、界限；代表基础、基本；代表圈定、设定、确定、划分

全：代表完全、全面；代表全部、全体

权：代表控制、限制、掌控；代表判断、评估

泉：代表重视、关注

拳：代表打击、攻击；代表控制、限制、掌控

犬：代表守护、护卫、保护

券：代表依靠、依据、凭证

que：

缺：代表缺乏、缺失、不足；代表空缺；代表破坏、伤害、损害

瘸：代表缺陷；代表失控

鹊：代表重视、关注

雀：代表展现、表现、呈现

qun：

裙：代表协助、辅助、帮助

群：代表众多；代表群体、分类；代表群集、汇聚

rao:

饶：代表众多；代表饶恕、宽恕；代表增进、增加、增多

re:

热：代表增进、增加、增强；代表重视、关注；代表失控、过度

ren:

人：代表任务、责任

仁：代表重视、关注；代表尊重、尊敬

忍：代表忍受、忍耐；代表重视、关注

任：代表信任；代表担任、承担、责任、任务；代表任何；代表忽视、轻视、无视

ri:

日：代表日子；代表延续、持续、继续；代表重视、关注

rong:

戎：代表攻击、打击；代表破坏、伤害、损害

绒：代表守护、保护、护卫

容：代表展现、表现、呈现；代表接纳、接受

荣：代表获得、获取、得到；代表尊重、尊敬；代表重视、关注

rou:

柔：代表基础、基本；代表柔软、柔韧；代表变化、改变；代表温柔、柔顺、柔和

揉：代表清理、清洁、清除；代表控制、限制、掌控

肉：代表基础、基本、根基；代表组成、构成

ru：

儒：代表追求、追逐

乳：代表协助、辅助、帮助；代表基础、基本

ruan：

软：代表柔软；代表延续、持续、继续；代表变化、改变；代表失控

rui：

锐：代表追求、追逐；代表迅速、快速

瑞：代表预期、预判

睿：代表尊重、尊敬

run：

润：代表协助、帮助、辅助；代表获得、获取、得到

ruo：

弱：代表弱小；代表减弱、减少、降低；代表破坏、伤害、损害

sa：

萨：代表尊重、尊敬；代表重视、关注

sai：

腮：代表基础、基本

塞：一声：代表控制、限制、掌控；四声：代表重视、关注

赛：代表比赛、竞赛、竞争；代表赛过、胜过、比过；代表尊重、尊敬；代表重视、关注

san：

伞：代表依靠、依赖

sao：

扫：代表清理、清除、去除；代表失去、丧失；代表控制、限制、管控

嫂：代表尊重、尊敬

se：

色：代表展现、表现、呈现；代表类型、种类；代表享乐、享受

塞：代表阻塞、限制、束缚、约束

sen：

森：代表众多

seng：

僧：代表追求、追逐

sha：

杀：代表破坏、伤害、损害；代表攻击、打击；代表控制、限制、掌控

沙：代表基础、基本；代表失控；代表破坏、伤害、损害

纱：代表控制、限制、掌控

砂：代表基础、基本；代表打击、攻击；代表破坏、伤害、损害

傻：代表愚蠢、无知；代表基础、基本；代表失控、混乱

厦：代表依靠、依赖

煞：代表破坏、伤害、损害；代表重视、关注；代表控制、限制、掌控

shan：

山：代表基础、基本；代表重视、关注；代表展现、表现、呈现；代

表依靠、依赖

闪：代表展现、表现、呈现；代表躲避、逃避；代表破坏、伤害、损害

扇：一声：代表攻击、打击；代表推动、推进；四声：代表推动、推进

善：代表赞美、赞颂、赞扬；代表擅长、擅于

shang：

伤：代表伤害、破坏、损害；代表打击、攻击

商：代表商量、讨论、探讨；代表价值、有价值

赏：代表奖赏、奖励、鼓励、推动；代表享受、享乐；代表尊重、尊敬；代表重视、关注

尚：代表处于、位于；代表尊重、尊敬；代表重视、关注

shao：

烧：代表制造、制作、烹饪；代表控制、限制、掌控；代表破坏、损害、伤害

勺：代表控制、限制、掌控

绍：代表延续、持续、继续；代表引导、引领

she：

奢：代表过分、过度

舌：代表控制、限制、掌控；代表失控；代表展现、表现、呈现

蛇：代表破坏、伤害、损害；代表破解、解决

设：代表设置、布置、安排；代表设立、建立、构建；代表假设、设想

社：代表重视、关注；代表尊重、尊敬；代表依靠、依赖

舍：三声：代表舍弃、放弃；四声：代表依靠、依赖

射：代表发射、射出；代表打击、攻击；代表影响

shen：

申：代表申请、请求；代表展现、表现、呈现

身：代表基础、基本

绅：代表尊重、尊敬

神：代表追求、追逐；代表基础、基本；代表赞美、赞扬、赞颂；代表规则、规范、规律；代表尊重、尊敬；代表超越、超级

审：代表控制、限制、掌控；代表判断、评估

肾：代表基础、基本；代表控制、限制、掌控

sheng：

升：代表提升、提高

生：代表生命、生存；代表基础、基本；代表产生、产出；代表未成熟、待成熟、未完成、陌生

声：代表表现、展现、呈现；代表传播、传递；代表消息、信息

牲：代表基础、基本

绳：代表基础、基本；代表标准、准则；代表控制、限制、掌控

省：代表重视、关注；代表控制、限制、掌控；代表省略

圣：代表尊重、尊敬；代表重视、关注

胜：代表胜利；代表胜过、超过；代表尊重、尊敬；代表承受、承担

盛：代表增进、增加、增多、增强；代表众多；代表传播、传递；代表尊重、尊敬；代表重视、关注

shi：

尸：代表失去、丧失；代表破坏、伤害、损害；代表基础、基本

失：代表失去、丧失；代表失误；代表失控；代表违反、违背

师：代表引导、引领；代表师法、效法、学习；代表任务、责任；代表尊重、尊敬；代表重视、关注；代表破坏、伤害、损害

诗：代表重视、关注

狮：代表破坏、伤害、损害；代表攻击、打击；代表尊重、尊敬

施：代表实施、实行、推行；代表增进、增加、增多、增强；代表给予

湿：代表失控；代表控制、限制、掌控

十：代表全部、全面；代表众多

石：代表基础、基本；代表稳定、稳固；代表破坏、伤害、损害

时：代表时间；代表时下、当下、现在；代表时常、常常；代表时代；代表时机、机会；代表重视、关注

识：代表识别、辨识；代表判断、评估；代表懂得、理解、明白

实：代表充实、充满；代表实际、真实；代表果实、成果、结果；代表具有、具备、拥有

食：代表获得、获取、拥有；代表失去、丧失

史：代表过程、历程、经历；代表协助、辅助、帮助；代表记录；代表重视、关注

矢：代表攻击、打击；代表重视、关注；代表破坏、伤害、损害

使：代表使用、运用；代表推行、推动、推进；代表协助、辅助、帮助

驶：代表行动

始：代表开始、开启

屎：代表厌恶、讨厌

士：代表追求、追逐；代表重视、关注；代表攻击、打击；代表协助、辅助、帮助

氏：代表尊重、尊敬；代表重视、关注

示：代表展现、表现、呈现

市：代表基础、基本；代表位置、定位；代表组成、部分；代表重视、关注

世：代表世代；代表世间、现世；代表现实、实际

仕：代表追求、追逐；代表协助、辅助、帮助

式：代表样式、形式；代表展现、表现、呈现；代表方式、方法

事：代表重视、关注；代表事务、任务、责任；代表协助、辅助、帮助；

代表能力；代表破坏、伤害、损害

　　侍：代表协助、辅助、帮助

　　势：代表控制、限制、掌控；代表追求、追逐；代表形式

　　试：代表尝试、试用、试验；代表考试、考验

　　饰：代表协助、辅助、帮助；代表美化；代表掩饰、掩盖

　　视：代表看到；代表重视、关注

　　适：代表适当、合适

　　逝：代表失去、丧失

　　shou：

　　收：代表获得、获取、得到；代表收回、召回；代表完结、结束；代表控制、限制、掌控

　　手：代表操作、处理、解决；代表控制、限制、掌控；代表攻击、打击；代表手段、手法、方式、方法；代表具有、具备；代表展现、表现、呈现；代表基础、基本

　　守：代表守护、保护、护卫；代表保持、坚持、持续；代表守候、等候

　　首：代表重要、关注；代表控制、限制、掌控；代表首次、首先

　　寿：代表享受、享乐

　　受：代表受权、授予；代表接受；代表忍受、遭受；代表获得、获取、得到；代表享受、享乐

　　狩：代表守候、等候

　　兽：代表破坏、伤害、损害；代表基础、基本

　　瘦：代表瘦弱、瘦小；代表较少、减弱、降低；代表限制、束缚、约束；代表缺乏、缺失、不足；代表基本、基础

　　shu：

　　书：代表展现、表现、呈现；代表基础、基本

　　叔：代表依靠、依赖

殊：代表特殊、特别、独特

疏：代表引导、引领；代表忽视

舒：代表舒适、舒服；代表舒展、舒张

输：代表运输、输送、运送；代表失去、丧失、损失；代表展现、表现、呈现

熟：代表成熟、熟了、熟的；代表充分、充足；代表熟练；代表熟悉、理解、懂得、明白；代表控制、限制、掌控

属：代表属于、所属；代表类型、分类

鼠：代表破坏、伤害、损害；代表小的、短的

署：代表确认、确定；代表安排、规划

薯：代表安排、计划

术：代表技术、方法、方式

束：代表束缚、约束、限制；代表控制、掌控

树：代表树立、建立、构建；代表基本、基础

数：三声：代表判断、评估；四声：代表数目、数量；代表基础、基本；代表判断、评估

墅：代表依靠、依赖

漱：代表洗漱、清理、清除

shua：

刷：代表清理、清除、去除

shuai：

帅：代表引导、引领；代表控制、限制、掌控；代表赞美、赞颂、赞扬

率：代表率领、引导、引领；代表忽视、轻视、无视；代表展现、表现、呈现

shuang：

双：代表加倍、双倍；代表匹配、匹敌；代表交互、互相

爽：代表享受、享乐；代表直爽、直接；代表失去、丧失；代表放弃、舍弃；代表舒服

shui：

水：代表基础、基本；代表依靠、依赖

睡：代表休息、放松

shun：

顺：代表依靠、依赖；代表顺从、服从；代表适合、适应

shuo：

说：代表表达、展现、表现、呈现；代表引导、引领

朔：代表重视、关注

硕：代表巨大

si：

丝：代表联系、连接；代表延续、持续、继续

司：代表控制、限制、掌控；代表判断、评估

私：代表获得、获取、得到；代表隐藏、隐蔽

思：代表思考、思索；代表思路、想法；代表思念、想念

斯：代表分析、判断、评估

死：代表失去、丧失；代表放弃、舍弃

四：代表支持、支撑

寺：代表依靠、依赖

song：

松：代表放松、松弛；代表松开、放开；代表控制、限制、掌控

宋：代表赞美、赞颂、赞扬

颂：代表赞美、赞颂、赞扬

su：

苏：代表获得、获取、得到；代表基础、基本

酥：代表控制、限制、掌控；代表失控

夙：代表延续、持续、继续

肃：代表尊重、尊敬

素：代表基础、基本

宿：代表休息；代表延续、持续、继续

塑：代表控制、限制、掌控

suan：

酸：代表基础、基本；代表攻击、打击；代表破坏、伤害、损害；代表失控

蒜：代表基础、基本

算：代表判断、评估；代表计划、安排

sui：

髓：代表核心、中心

岁：代表基础、基本

碎：代表破坏、损害、伤害；代表组成、部分；代表失控

隧：代表引导、引领

sun：

孙：代表延续、持续、继续

笋：代表基础、基本

suo：

缩：代表收缩；代表缩小、减少、降低；代表逃避

所：代表地点、位置；代表展现、表现、呈现

索：代表控制、限制、掌控；代表追求、追逐

锁：代表控制、限制、掌控；代表束缚、约束

tai：

台：代表基础、基本；代表控制、限制、掌控；代表失控

胎：代表基础、基本；代表守护、保护、护卫

苔：代表基础、基本

太：代表重视、关注；代表尊重、尊敬；代表特别、极端

泰：代表稳定、稳固

tan：

滩：代表累积

摊：代表展开、展现、表现、呈现；代表控制、限制、掌控；代表分摊、分担、承担、责任、任务；代表遭遇、遭受

坛：代表重视、关注；代表基础、基本

弹：代表控制、限制、掌控

坦：代表展现、表现、呈现

毯：代表守护、保护、护卫

tang：

汤：代表基础、基本；代表守护、保护、护卫；代表破坏、伤害、损害

唐：代表展现、表现、呈现

堂：代表依靠、依赖；代表重视、关注；代表尊重、尊敬；代表组成、部分

糖：代表享受、享乐；代表赞美、赞扬、赞颂；代表基础、基本

烫：代表破坏、伤害、损害；代表控制、限制、掌控

tao：

涛：代表变化、改变

陶：代表重视、关注；代表享受、享乐

桃：代表守护、保护、护卫；代表享受、享乐；代表分析、研究

萄：代表重视、关注

套：代表守护、保护、护卫；代表配合、匹配；代表控制、限制、掌控；代表破坏、伤害、损害

te：

特：代表特殊、特别、特有、独特

teng：

疼：代表破坏、伤害、损害；代表重视、关注

腾：代表提升、提高；代表增进、增加、增多

藤：代表依靠、依赖

ti：

体：代表基础、基本；代表组成、部分；代表样式、形式；代表体会、感受、感知

梯：代表依靠、依赖；代表组成、部分

提：代表控制、限制、掌控；代表提升、提高；代表提出、提起、发起；代表获取、获得、得到

替：代表替代

tian：

天：代表基础、基本；代表追求、追逐；代表重视、关注

添：代表增添、增加、增进、增强、增多

田：代表基础、基本；代表依靠、依赖

甜：代表享受、享乐、快乐、幸福；代表赞美、赞颂、赞扬

填：代表填充、填入

tiao：

条：代表延续、持续、继续；代表控制、限制、掌控；代表规则、规范、规律

跳：代表行动；代表控制或失控；代表改变、变化

tie：

帖：代表顺服、顺从；代表稳妥、稳定；代表重视、关注

贴：代表贴近、靠近、临近；代表增进、增加、增多

铁：代表稳定、稳固；代表攻击、打击；代表控制、限制、掌控

ting：

厅：代表守护、保护、护卫；代表控制、限制、掌控

听：代表获取、获取、得到；代表判断、评估

廷：代表重视、关注

庭：代表重视、关注

亭：代表依靠、依赖

蜓：代表重视、关注

tong：

通：代表通过、通行；代表沟通、交流；代表通达、到达；代表理解、懂得、明白；代表传达、传递；代表全面、整体、普遍；代表能力

同：代表共同；代表相同；代表如同；代表协同

桐：代表协助、辅助、帮助

铜：代表稳定、稳固；代表获得、获取、得到；代表基础、基本

童：代表基础、基本；代表协助、辅助、帮助；代表未成熟

瞳：代表重视、关注

统：代表统一、专一；代表规则、规范、规律；代表控制、限制、掌控

桶：代表控制、限制、掌控

痛：代表痛苦、悲痛

tou：

偷：代表破坏、伤害、损害；代表隐蔽、隐藏

投：代表投入；代表追求、追逐

透：代表透过、通过；代表透彻、彻底

tu：

秃：代表失控、混乱

突：代表突然、突发；代表突破、突出

图：代表追求、追逐；代表展现、表现、呈现

屠：代表破坏、伤害、损害

土：代表基础、基本；代表依靠、依赖；代表区域、范围

吐：三声：代表吐出；代表展现、表现、呈现；四声：代表失控、混乱

兔：代表追求、追逐；代表失控、混乱

tuan：

团：代表控制、限制、掌控；代表失控、混乱；代表追求、追逐；代表重视、关注

tui：

推：代表推行、推动、推进、促进；代表推掉、推脱；代表推出、展现、表现、呈现

腿：代表支持、支撑；代表行动

退：代表减少、减弱、降低；代表退出；代表放弃、舍弃；代表失去、丧失

tun：

吞：代表获得、获得、得到；代表控制、限制、掌控；代表吞并、合并、兼并

囤：代表囤积、累积

豚：代表囤积、累积

臀：代表囤积、累积

tuo：

托：代表支持、支撑；代表依靠、依赖

拖：代表引导、引领；代表延续、连续、继续

脱：代表脱离、摆脱；代表脱落；代表去除、清除、清理；代表失去、丧失；代表逃脱、逃避；代表失控、混乱

鸵：代表逃脱、逃避

妥：代表稳妥、稳定、稳固；代表妥协、让步

拓：代表开拓、开辟、开发

wa：

娲：代表依靠、依赖

蛙：代表控制、限制、掌控；代表失控

娃：代表基础、基本

瓦：代表基础、基本

袜：代表守护、保护、护卫

wai：

外：代表外在、外部、外边；代表轻视、忽视、无视

wan：

弯：代表弯曲；代表控制、限制、掌控

湾：代表弯曲；代表变化、改变；代表依靠、依赖

丸：代表控制、限制、掌控

完：代表完全、完整、完备；代表完结、完成、结束；代表没有、缺失、缺乏、不足

玩：代表享受、享乐

晚：代表晚上、夜晚；代表晚期；代表晚了、迟了；代表失去、丧失；代表帮助、协助、辅助

万：代表众多、繁多

腕：代表控制、限制、掌控

wang：

汪：代表展现、表现、呈现

王：代表尊重、尊敬；代表重视、关注；代表控制、限制、掌控

网：代表控制、限制、掌控；代表获得；代表互动、沟通、联通

亡：代表死亡；代表失去、损失、丧失；代表放弃、抛弃

妄：代表失控、混乱

忘：代表失去、丧失；代表放弃、舍弃

旺：代表旺盛；代表促进、促使；代表容易；代表获得、获取、得到

望：代表查看；代表重视、关注；代表尊重、尊敬；代表期望、盼望、希望、期待

wei：

危：代表破坏、伤害、损害；代表丧失、失去；代表控制、限制、掌控

威：代表攻击、打击

微：代表微小、细微；代表减弱、减少、降低；代表改变、变化；代表隐藏、隐蔽

薇：代表改变、变化

为：二声：代表作为、处理；代表成为、达成；代表认为、以为、判断、评估；四声：代表协助、辅助、帮助；代表朝向

围：代表周围、环境；代表控制、限制、掌控；代表守护、保护、护卫

违：代表分开、分离；代表背离；代表破坏、伤害、损害

维：代表维持、延续、持续、继续；代表守护、保护、护卫；代表展现、表现、呈现

伟：代表尊重、尊敬；代表重视、关注

尾：代表尾端、末端；代表结束、完结；代表跟随

委：代表控制、限制、掌控；代表失控、混乱；代表结束、完结

卫：代表守护、保护、护卫

未：代表不曾、没有

位：代表位置、定位

味：代表感受、感觉；代表影响

胃：代表获得、获取、取得

畏：代表畏惧、恐惧；代表重视、关注

尉：代表守护、保护、护卫

魏：代表守护、保护、护卫

wen：

温：代表稳定、稳固；代表重视、关系；代表基础、基本

文：代表展现、表现、呈现；代表基础、基本

闻：代表听闻、知道、了解；代表信息、消息；代表知名、有名

吻：代表重视、关注；代表亲密

蚊：代表破坏、伤害、损害

稳：代表稳定、稳固、安稳

问：代表询问；代表重视、关注；代表控制、限制、掌控

weng:

翁：代表依靠、依赖

wo:

窝：代表依靠、依赖；代表守护、保护、护卫；代表控制、掌控；代表限制、束缚、约束

蜗：代表守护、保护、护卫

沃：代表丰富、丰沛；代表增进、增强、增多

卧：代表卧倒；代表依靠、依赖；代表守护、保护、护卫；代表隐藏、隐蔽

wu:

乌：代表混乱、杂乱、无序、失序、失控；代表控制、限制、掌控

巫：代表守护、保护、护卫；代表攻击、打击；代表破坏、伤害、损害

屋：代表组成、部分；代表依靠、依赖；代表保护、守护、护卫

恶：代表厌恶、讨厌

吴：代表提升、提高

武：代表行动；代表控制、限制、掌控；代表打击、攻击；代表破坏、伤害、损害

务：代表事务、任务、责任；代表追求、寻求

物：代表物品；代表基础、基本；代表重视、关注

雾：代表影响

xi:

吸：代表获得、获取、得到；代表吸力、吸引力

西：代表分析、理解、懂得、明白

希：代表稀少、特殊、特别；代表希望；代表重视、关注

析：代表破坏、伤害、损害；代表分析、理解、懂得、明白；代表控制、

限制、掌控

息：代表平息、停止；代表获得、获取、得到

悉：代表知悉、懂得、理解、明白

习：代表练习、学习；代表习惯；代表习得、获得、获取、得到

席：代表依靠、依赖

袭：代表袭击、攻击、打击；代表破坏、伤害、损害；代表沿袭、延续、持续、继续

洗：代表清洗、清理；代表去除、清除

喜：代表喜欢、喜爱；代表喜乐、快乐；代表庆祝、庆贺；代表适合、适应

戏：代表享受、享乐；代表展现、表现、呈现

系：代表延续、持续、连续；代表重视、关注；代表控制、限制、掌控；代表展现、表现、呈现

细：代表细小；代表细致、精致；代表仔细

xia：

虾：代表基础、基本

侠：代表协助、辅助、帮助

狭：代表限制、约束、束缚

峡：代表限制、约束、束缚；代表控制、掌控

夏：代表追求、追逐

xian：

仙：代表领先、超越；代表尊重、尊敬；代表重视、关注

先：代表先前、之前；代表领先、超越；代表尊重、重视

鲜：代表新鲜、鲜嫩；代表赞美、赞扬、赞颂；代表展现、表现、呈现；代表获得、获取、得到

闲：代表空闲；代表闲置；代表悠闲、放松

贤：代表贤能、才能；代表尊重、尊敬；代表重视、关注

衔：代表控制、限制、掌控；代表具有、具备；代表级别、等级

险：代表危险、风险；代表破坏、伤害、损害

县：代表控制、限制、掌控

限：代表限制、控制、掌控

现：代表展现、表现、呈现；代表现在、当下、当时；代表现有、具有、具备、拥有

线：代表控制、限制、掌控；代表展现、表现、呈现；代表延续、连续、继续

宪：代表控制、限制、掌控；代表规则、规范、规律

陷：代表陷入、掉入、进入；代表失控、混乱；代表破坏、伤害、损害

腺：代表控制、限制、掌控

献：代表奉献、付出

xiang：

乡：代表依靠、依赖

相：一声：代表互相、相对；代表展现、表现、呈现；代表选择、选定；四声：代表预测、预期、预判；代表展现、表现、呈现；代表协助、辅助、帮助

香：代表赞美、赞颂、赞扬；代表影响；代表尊重、尊敬；代表重视、关注

箱：代表守护、保护、护卫

祥：代表享受、享乐

翔：代表延续、持续、继续

享：代表获得、获取、得到；代表享受、享乐

响：代表展现、表现、呈现；代表影响

想：代表思想、想法、思路；代表预想、预判、预测；代表想要、希望、期望；代表想念、怀念

向：代表朝向；代表重视、关注

项：代表重视、关注；代表组成、部分

象：代表展现、表现、呈现；代表想象

像：代表好像、好似、类似；代表匹配、适合；代表展现、表现、呈现

xiao：

宵：代表消耗、耗费、付出

消：代表消除、去除、清除、清理；代表消耗、耗费；代表消失、失去、丧失；代表减少、减弱、降低

销：代表消除、去除、清理；代表消耗、耗费；代表销售、出售；代表组成、部分

削：代表削去、去除；代表削减、减弱、减少、降低；代表破坏、伤害、损害

晓：代表展现、表现、呈现；代表晓得、理解、懂得、了解

孝：代表尊重、尊敬；代表重视、关注

笑：代表开心、快乐；代表享受、享乐

校：代表引导、引领

效：代表效果、效用；代表有效、有益；代表效仿、模仿

xie：

蝎：代表破坏、伤害、损害；代表威胁

协：代表协助、辅助、帮助

写：代表展现、表现、呈现

泄：代表排出、去除；代表破坏、伤害、损害

泻：代表排出、排除、去除

卸：代表排出、清除、去除；代表放弃、舍弃

屑：代表轻视、忽视、无视

谢：代表感谢；代表去除、清除；代表失去、丧失

蟹：代表守护、保护、护卫；代表威胁

xin：

心：代表核心、中心；代表追求、追逐

辛：代表破坏、伤害、损害；代表打击、攻击

芯：代表核心、中心

欣：代表享受、享乐

新：代表新的；代表更新、重构、重建

薪：代表基础、基本

信：代表信任、信念；代表信息、消息；代表重视、关注

xing：

兴：代表追求、追逐；代表推动、推进

星：代表影响、影响力；代表重视、关注；代表基础、基本；代表预期、预测

猩：代表重视、关注

腥：代表破坏、伤害、损害；代表厌恶、恶心

刑：代表刑罚、惩罚；代表破坏、伤害、损害；代表控制、限制、束缚、约束

行：代表行动；代表进行、从事；代表行为、行径；代表处理、解决；代表能力、能干；代表基础、基本

形：代表形式；代表展现、表现、呈现

型：代表类型、类别、分类；代表展现、表现、呈现

省：代表反省、反思；代表重视、关注

醒：代表重视、关注；代表影响、吸引；代表懂得、理解、明白；代表解决、去除

杏：代表追求、追逐

性：代表性质；代表性格；代表特质；代表本能、基础、基本

幸：代表获得、获取、得到；代表侥幸；代表重视、关注

xiong：

凶：代表破坏、伤害、损害；代表攻击、打击

兄：代表依靠、依赖

胸：代表基础、基本；代表内在、内心、心里

雄：代表攻击、打击；代表尊重、尊敬；代表重视、关注

熊：代表攻击、打击；代表破坏、伤害、损害；代表软弱、无能

xiu：

休：代表休息；代表休止、停止；代表放弃、舍弃

修：代表修改、修正、改正；代表改变、变化；代表构建、建造；代表成长、提升

秀：代表展现、表现、呈现；代表秀丽、美丽、美好

xu：

须：代表必需、需要；代表延续、持续、继续

虚：代表虚无；代表虚弱；代表减弱、减少、降低；代表虚假；代表控制、限制、掌控

需：代表需要、需求

徐：代表徐缓、缓慢；代表逐渐、逐步

许：代表允许、准许；代表许诺、承诺；代表奉献、付出；代表判断、评估

旭：代表展现、表现、呈现

序：代表规则、规范、规律；代表引导、引领

绪：代表引导、引领；代表延续、持续、继续

续：代表延续、继续、持续

蓄：代表积蓄、储蓄、累积

xuan：

宣：代表宣布、公布；代表宣传、宣扬、传播

玄：代表玄奥、奥秘、秘密、隐秘；代表隐藏、隐蔽

悬：代表控制、限制、掌控；代表失控；代表展现、表现、呈现

选：代表选择

癣：代表失控

xue：

削：代表削减、削弱、减弱、减少、减低；代表削除、去除

靴：代表守护、保护、护卫

薛：代表减弱、减少、降低

穴：代表依靠、依赖

学：代表学习；代表判断、评估

雪：代表清理、清除；代表去除、解除；代表削弱、减弱、降低；代表困难、困境、阻碍

xun：

薰：代表控制、限制、掌控；代表破坏、伤害、损害

寻：代表寻找、寻觅、发现；代表寻求、追求、追逐

循：代表遵循、遵照、遵守、依照

讯：代表审讯、审问；代表讯息、信息、消息

训：代表引导、引领

迅：代表迅速、快速

驯：代表驯化；代表驯养；代表驯服、顺服

汛：代表失控

ya：

压：代表压力；代表控制、限制、掌控；代表解决、处理；代表失控；代表靠近、接近、临近；代表累积；代表基础、基本

鸦：代表控制、限制、掌控；代表失控

鸭：代表基础、基本

牙：代表基础、基本；代表攻击、打击；代表伤害、破坏、损害

崖：代表边缘

涯：代表边界、边缘；代表控制、限制

哑：代表控制、限制、掌控；代表失控

雅：代表规则、规范、标准；代表尊重、尊敬；代表重视、关注；代表赞美、赞扬、赞颂；代表持续、延续、继续

亚：代表基础、基本

yan：

烟：代表展现、表现、呈现；代表享受、享乐；代表影响

延：代表延续、持续、继续

严：代表严紧、严密；代表严格、严厉；代表延续、持续、继续

盐：代表延续、持续、继续

阎：代表限制、束缚、约束

颜：代表展现、表现、呈现

眼：代表觉察、判断；代表重视、关注；代表展现、表现、呈现；代表眼下、当下

宴：代表款待、招待；代表享受、享乐

艳：代表赞美、赞颂、赞扬；代表享受、享乐

燕：代表协助、辅助、帮助

雁：代表追求、追逐

yang：

央：代表基础、基本；代表请求、恳求；代表结束、完结；代表追求、追逐

鸯：代表追求、追逐

阳：代表基础、基本；代表展现、表现、呈现

扬：代表展现、表现、呈现

羊：代表展现、表现、呈现；代表提升、提高

杨：代表重视、关注

洋：代表众多；代表先进、高级；代表尊重、尊敬；代表重视、关注

养：代表养育、抚养；代表培养；代表休养；代表守护、保护、护卫

氧：代表协助、辅助、帮助

yao：

妖：代表破坏、伤害、损害；代表厌恶、讨厌

腰：代表需求、追求、追逐

药：代表方式、方法；代表解决、处理

钥：代表方式、方法

ye：

爷：代表依靠、依赖

野：代表外在、外部；代表失控、不可控、放任、混乱；代表范围、区域

业：代表基础、基本；代表追求、追逐

叶：代表基本、基本；代表展现、表现、呈现

页：代表组成、部分

yi：

伊：代表依靠、依赖

衣：代表依靠、依赖、凭借；代表展现、表现、呈现；代表守护、保护、护卫

医：代表依靠、依赖；代表医治、治疗、控制、限制、掌控

依：代表依靠、依赖

义：代表付出、奉献、给予

宜：代表适合、适当、配合

怡：代表喜悦、开心

姨：代表依靠、依赖

移：代表转移、变化、改变、变动

乙：代表协助、辅助、帮助

蚁：代表付出、奉献、给予；代表控制、限制、掌控

艺：代表技艺、技能、才能

易：代表容易；代表改变、变化、变动；代表交换；代表控制、掌控、掌握

益：代表增益、增进、增加、增强；代表有益、益处、利益；代表协助、帮助、辅助

意：代表意思、想法；代表重视、关注

yin：

阴：代表基础、基本；代表阴暗、暗淡；代表隐藏、隐性、隐秘、隐匿

音：代表展现、表现、呈现；代表消息、信息；代表意思、表达

引：代表引导、引领

饮：代表获得、获取、得到；代表拥有、具有、具备

隐：代表隐藏、隐性、隐秘、隐匿

印：代表展现、表现、呈现；代表印证、证明

ying：

英：代表尊重、尊敬；代表重视、关注

鹰：代表攻击、打击；代表破坏、伤害、损害

迎：代表迎接、接待；代表迎合；代表面对、直面

荧：代表展现、表现、呈现；代表变化、改变

萤：代表展现、表现、呈现；代表变化、改变

盈：代表盈满、充盈；代表获得、获取、得到

营：代表运营、运行、行动；代表安排、规划、部署；代表获得、获取、得到

蝇：代表获得、获取、得到；代表厌恶、讨厌

赢：代表赢得、获得、获取、得到

影：代表展现、表现、呈现；代表影响

映：代表展现、表现、呈现

yong：

佣：代表协助、辅助、帮助

拥：代表重视、关注；代表拥有、具有、具备

庸：代表基础、基本；代表需要

永：代表延续、连续、持续；代表彻底、完全

勇：代表勇敢、勇气、勇于

涌：代表涌现、展现、表现、呈现

you：

优：代表赞美、赞颂、赞扬；代表重视、关注；代表尊重、尊敬

尤：代表尊重、尊敬；代表重视、关注；代表特殊、特别、独特

邮：代表邮递、传递、传播；代表依靠、依赖、凭证

油：代表基础、基本；代表变化、改变

游：代表游动、行动；代表变化、改变

鱿：代表变化、改变

柚：代表依靠、依赖

诱：代表引诱、引导、诱使

yu：

于：代表处于、位于、定位；代表影响

余：代表剩余、多余、剩下

鱼：代表预测、预判；代表预期、期望

娱：代表享受、享乐

渔：代表获取、获得、得到；代表夺取、夺得

愚：代表基础、基本；代表愚昧、无知；代表失控、混乱；代表享受、

享乐；代表欺骗

羽：代表守护、保护、护卫

宇：代表预见、预期、预测

雨：代表基础、基本；代表影响

驭：代表驾驭、控制、限制、掌控

玉：代表重视、关注；代表尊重、尊敬

育：代表守护、保护、护卫；代表引导、引领

郁：代表限制、束缚、约束；代表展现、表现、呈现

浴：代表清理、清洁、清除

预：代表预期、预判；代表控制、限制、掌控

欲：代表欲望、欲求、欲念；代表希望、期望

寓：代表守护、保护、护卫；代表隐藏、隐蔽

狱：代表限制、束缚、约束

yuan：

鸳：代表重视、关注

渊：代表基础、基本；代表深渊、深远；代表深刻、深奥

元：代表基础、基本；代表重视、关注；代表尊重、尊敬；代表组成、部分

园：代表守护、保护、护卫

员：代表组成、部分；代表责任、任务

圆：代表基础、基本；代表重视、关注；代表守护、保护、护卫；代表全面、全部；代表完全、完成

原：代表基础、基本；代表开始、开启

缘：代表追求、追逐；代表持续、延续、继续

源：代表基础、基本

猿：代表变化、改变

远：代表长远；代表遥远；代表延续、持续、继续；代表疏远、远离

苑：代表守护、保护、护卫

院：代表帮助、协助、辅助

愿：代表愿望、希望、期望；代表追求、追逐

yue：

约：代表约定；代表规则、规范、规律；代表控制、掌控；代表限制、约束、束缚；代表简约、简单；代表判断、评估

月：代表追求、追逐；代表基础、基本

乐：代表展现、表现、呈现

岳：代表尊重、尊敬；代表重视、关注

悦：代表喜悦、愉悦，象征开心、快乐

跃：代表展现、表现、呈现；代表越过、超越

越：代表越过、超越；代表增进、增加、增强；代表破坏、伤害、损害

粤：代表越过、超越

yun：

云：代表基础、基本；代表展现、表现、呈现

允：代表允许、准许、同意、认可

孕：代表孕育、培育、养育

运：代表运行、执行、行动；代表运用、使用；代表运气

za：

杂：代表杂乱、混乱、失控、不控制；代表控制、限制、掌控

zai：

灾：代表伤害、损害、破坏

栽：代表控制、限制、掌控；代表失控

宰：代表控制、限制、掌控

载：代表承担、负担、责任；代表获得、获取、得到；代表展现、表现、

呈现

zang:

赃：代表非法获得、非法所得

脏：一声：代表失控、混乱；代表破坏、损害、伤害；代表厌恶、讨厌；

四声：代表控制、管理、管控

葬：代表隐藏、隐蔽；代表放弃、舍弃；代表失去、丧失

藏：代表储藏、储存、累积；代表控制、限制、掌控

zao:

遭：代表遭遇、遭受、遇到；代表周遭、周围

糟：代表基础、基本；代表破坏、伤害、损害

枣：代表获得、获取、得到

蚤：代表破坏、伤害、损害

澡：代表洗澡、清洁、清理

藻：代表美丽、美好；代表美化

灶：代表制造、创造、构造、构建

皂：代表控制、限制、掌控；代表混乱、失控

造：代表创造、制造、建造

燥：代表失控；代表控制

ze:

泽：代表累积；代表协助、辅助、帮助

责：代表负责、责任、任务；代表责怪、指责；代表责罚、惩罚

zei:

贼：代表破坏、伤害、损害

zeng：

曾：代表增进、增加、增强

zha：

扎：代表安排、安置、设置；代表控制、限制、掌控；代表破坏、伤害、损害

吒：代表展现、表现、呈现

札：代表控制、限制、掌控；代表展现、表现、呈现

炸：二声：代表控制、限制、掌控；四声：代表破坏、伤害、损害；代表失控

蚱：代表破坏、伤害、损害

zhai：

斋：代表重视、关注；代表尊重、尊敬

宅：代表守护、保护、护卫；代表依靠、依赖；代表基础、基本

窄：代表基础、基本；代表减弱、减少、降低；代表限制、约束、束缚

寨：代表基础、基本；代表守护、保护、护卫

zhan：

占：一声：代表预测、预判；四声：代表占据；代表占有、拥有、具有

战：代表追求、追逐；代表失控

栈：代表支持、支撑

站：代表站立、站着；代表守护、保护、护卫；代表定位、位置

zhang：

张：代表展现、表现、呈现；代表控制、限制、掌控；代表失控

章：代表规则、规范、规律；代表展现、表现、呈现

蟑：代表失控、混乱

长：代表尊重、尊敬；代表重视、关注；代表生长、成长、提升

掌：代表支持、支撑；代表掌管、掌控、控制、限制；代表攻击、打击

丈：代表控制、限制、掌控；代表依靠、依赖

仗：代表攻击、打击；代表控制、限制、掌控；代表依靠、依赖

帐：代表屏障、守护、保护、护卫；代表依靠、依赖

杖：代表依靠、依赖；代表攻击、打击

胀：代表增进、增多、增强；代表失控、混乱

账：代表依靠、依赖、凭证；代表债务、亏欠、欠缺、不足

障：代表阻碍、阻挡；代表守护、保护、护卫

zhao：

爪：代表攻击、打击；代表破坏、伤害、损害

召：代表引导、引领

沼：代表变化、改变

兆：代表预示、预判；代表众多

赵：代表守护、保护、护卫

罩：代表守护、保护、护卫；代表控制、限制、掌控

照：代表守护、保护、护卫；代表展现、表现、呈现；代表懂得、理解、了解；代表依靠、依赖；代表通知

zhe：

蜇：代表伤害、破坏、损害

折：代表减少、降低、减弱；代表丧失、失去；代表放弃；代表挫折；代表控制、限制、束缚、约束

哲：代表分析、思考、判断、评估

喆：代表判断、评估

浙：代表变化、改变

zhen：

贞：代表尊重、尊敬；代表坚贞、坚持

针：代表攻击、打击；代表处理、解决；代表引导、引领

侦：代表隐藏、隐蔽

珍：代表珍宝、宝贵；代表重视、关注

真：代表真实

甄：代表分析、判断

诊：代表诊断、判断、评估

枕：代表依靠、依赖

阵：代表攻击、打击；代表持续、连续、继续

振：代表变动、变化、改变；代表提升、提高

镇：代表控制、限制、掌控

震：代表震动、变化、改变；代表破坏、伤害、损害

zheng：

正：代表正确、正当；代表正道、正规；代表判断、评估；代表改正、修正、改变、变化

争：代表争夺、竞争；代表争论、争辩；代表争取、获取

征：代表打击、攻击；代表征集、收集、召集；代表获取、获得、得到

整：代表整体、全体、全部、完整；代表控制、限制、掌控；代表攻击、打击

证：代表凭证、依靠、依据

郑：代表重视、关注

政：代表规则、规范、规律

症：代表症状、状况；代表展现、表现、呈现

zhi：

支：代表支持、支撑；代表分支、组成、部分

汁：代表基础、基本

芝：代表追求、追逐

知：代表知道、了解、懂得、明白；代表认知、判断、评估

肢：代表支持、支撑

枝：代表组成、部分；代表支持、支撑

脂：代表支持、支撑

执：代表执行、行动、进行；代表控制、掌控、掌握；代表执着、固执、坚持

直：代表直接、直爽；代表正值、正义；代表直着

值：代表价值；代表值得、有价值；代表结果；代表执行、进行

职：代表职责、责任、任务；代表控制、限制、掌控

殖：代表控制、限制、掌控；代表增进、增加、增多

植：代表构建、建立、树立

止：代表停止、终止、禁止；代表控制、限制、掌控

旨：代表追求、追逐

纸：代表基础、基本；代表展现、表现、呈现

指：代表控制、限制、掌控；代表基础、基本；代表引导、引领

趾：代表基础、基本

志：代表追求、追寻；代表重视、关注

质：代表基础、基本；代表判断、评估；代表依靠、依赖；代表质疑、怀疑、疑问

治：代表控制、限制、掌控；代表惩治、惩罚；代表解决、处理

制：代表控制、限制、掌控；代表制造、制作

痔：代表限制、束缚、约束

智：代表想法、思路；代表认知、判断、评估；代表分析、解决；代表智力、能力、才能

置：代表安置、放置、布置、设置；代表控制、限制、掌控

稚：代表未成熟、未完善；代表待成熟、待完善；代表基础、基本

zhong：

中：一声：代表中心、核心；代表中间；代表中部、内部；代表内在、

内心；四声：代表获得、获取、得到；代表遭遇、遭受

忠：代表重视、关注

钟：代表重视、关注

衷：代表重视、关注

肿：代表重视、关注；代表失控、混乱

种：三声：代表种类、类型；代表基础、基本；代表重视、关注；四声：代表控制、限制、掌控

众：代表众多

仲：代表重视、关注

重：代表重视、注重、重要、关注；代表众多；代表控制；代表再次、反复；代表基础

zhou：

州：代表定位；代表部分、组成

舟：代表追求、追逐

周：代表周期；代表周围、环境；代表基础、基本；代表全面、完备、细致

洲：代表定位；代表部分、组成

轴：代表控制、限制、掌控

咒：代表控制、限制、掌控；代表失控；代表方式、方法

宙：代表规则、规律、规范

zhu：

朱：代表重视、关注；代表尊重、尊敬

诸：代表众多

猪：代表存储、累积

蛛：代表存储、累积

竺：代表追求、追逐

烛：代表展现、表现、呈现；代表依靠、依赖；代表觉察、判断

主：代表拥有者、所有者、控制者；代表主张、判断、评估；代表控制、限制、掌控；代表主宰；代表主要、重要；代表尊重、尊敬；代表重视、关注

注：代表注入；代表关注、重视

柱：代表支柱、支持、支撑；代表基础、基本

蛀：代表破坏、伤害、损害

著：代表展现、表现、呈现；代表构建、创造

铸：代表铸造、创造、构造

筑：代表建筑、建立、建造、构建

zhuan：

专：代表专注、关注、重视；代表专有、独有、特有

砖：代表依靠、依赖、凭证

转：代表转动、行动；代表转变、变化、改变；代表传递、传送

传：代表传记、记录

赚：代表获得、获取、得到

zhuang：

庄：代表控制、限制、掌控

妆：代表基础、基本；代表展现、表现、呈现

桩：代表基础、基本；代表控制、限制、掌控

装：代表展现、表现、呈现；代表装备、装置；代表安装、安置、设置；代表控制、限制、掌控

壮：代表强壮、有力；代表增强、增进、增多

状：代表状况、情况、状态；代表依靠、依赖、凭证；代表展现、表现、呈现

zhui：

椎：代表控制、限制、掌控

锥：代表控制、限制、掌控；代表追求、追逐

zhuo：

桌：代表协助、辅助、帮助

卓：代表卓越、超越

啄：代表控制、限制、掌控

琢：代表控制、限制、掌控

zi：

姿：代表展现、表现、呈现

咨：代表重视、关注

资：代表价值；代表基础、基本；代表帮助、协助、辅助

滋：代表滋生、产生；代表增进、增多、增加；代表感受、感觉

子：代表延续、继承、传递；代表基础、基本；代表小的

籽：代表延续、继承、传递

紫：代表尊重、尊敬；代表重视、关注

字：代表组成、部分；代表依靠、依赖、凭证；代表基础、基本；代表展现、呈现、表现

zong：

宗：代表尊敬、尊重；代表重视、关注；代表引导、引领

综：代表综合、整合、融合、结合

棕：代表综合、整合、融合、结合

踪：代表展现、表现、呈现

总：代表总体、整体

纵：代表控制、限制、掌控；代表失控、不控制

粽：代表重视、关注

zou：

邹：代表基础、基本

奏：代表展现、表现、呈现

zu：

租：代表租用、借用、利用；代表出租、出借；代表付出

足：代表支持、支撑；代表行动；代表足够、充分、完全

组：代表基础、基本；代表组建、创建、构建

祖：代表基础、基本；代表尊重、尊敬；代表重视、关注；代表追求、追逐

zuan：

钻：代表重视、关注；代表控制、限制、掌控

zui：

嘴：代表展现、表现、呈现

醉：代表失控、不控制；代表控制、限制、掌控；代表重视、关注

zun：

尊：代表尊敬、尊重；代表重视、关注

遵：代表重视、关注

zuo：

佐：代表协助、辅助、帮助

作：代表展现、表现、呈现；代表工作、执行、行动、进行；代表创作、创造

座：代表座位、位置；代表支持、支撑；代表引导、引领

做：代表做事、操作、执行、行动；代表创作、创造、制造；代表作为、成为